飞行原理
相关典型安全问题研究

费景荣　柳文林　张保雷　徐彦军　郭卫刚　丁　祥　著

北京航空航天大学出版社

内 容 简 介

本书是一部从飞行原理角度研究飞行安全问题的论文汇编。书中46篇论文密切结合飞行安全实际，涉及固定翼飞机的失速螺旋、机动飞行越界、着陆“冲、偏、掉”、积冰“舵面过补偿”、不对称推力飞行，以及直升机的涡环状态、异常振动、自转着陆、单发飞行等典型安全问题。这些论文的研究成果准确实用，对保障飞行安全、预防失控飞行以及飞行中的特情处置具有较好的指导作用。

本书对飞行员以及从事飞行安全管理、教育和工程的技术人员具有一定的参考价值，也可作为高等学校飞行动力学与飞行安全研究方向师生的参考书。

图书在版编目(CIP)数据

飞行原理相关典型安全问题研究 / 费景荣等著. 北京 ：北京航空航天大学出版社，2025. 4. -- ISBN 978-7-5124-4633-5

Ⅰ. V212；V328

中国国家版本馆 CIP 数据核字第 2025C6B227 号

飞行原理相关典型安全问题研究

费景荣　柳文林　张保雷　徐彦军　郭卫刚　丁　祥　著

策划编辑　董　瑞　　责任编辑　董　瑞

*

北京航空航天大学出版社出版发行

北京市海淀区学院路37号(邮编100191)　http://www.buaapress.com.cn

发行部电话：(010)82317024　传真：(010)82328026

读者信箱：goodtextbook@126.com　邮购电话：(010)82316936

北京中献拓方科技发展有限公司印装　各地书店经销

*

开本：787×1 092　1/16　印张：15.75　字数：403千字

2025年4月第1版　2025年4月第1次印刷

ISBN 978-7-5124-4633-5　定价：79.00元

前　　言

安全问题一直是航空界关注的首要问题。飞行原理与飞行安全密切相关，飞行原理理论主要包括“气动特性、操稳特性、飞行性能、飞行动作和特殊情况的操纵处置原理”等内容，飞行原理理论以飞机、直升机驾驶术原理为重点，是飞行职业生涯必须掌握的内容，该理论对保证飞行安全起着非常重要的作用。飞机、直升机的很多典型性、多发性飞行安全问题都与飞行原理理论有关，也是飞行安全教育的主要内容。

本书围绕飞机、直升机飞行原理方面的典型问题，针对性地选取了作者在《飞行力学》《沈阳航空航天大学学报》《航空计算技术》《飞机设计》《直升机技术》《航空杂志》《航空科学技术》等国内科技期刊发表的46篇学术论文，按照“机型—典型状态或典型问题”的思路进行体系汇编。这些研究论文是作者团队30余年来服务一线有关课题的研究成果，部分论文在中国航空学会等科技学会举办的全国性学术研讨会上进行过交流。本书既是飞行原理理论在飞行实际中的具体应用，也是飞行原理理论的拓展和补充，具有较强的使用价值和一定的理论意义。本书的编撰对于强化团队成果传承，提高飞行原理理论与飞行训练实际结合的程度具有重要意义。

本书包括基础篇和专题篇两部分内容。

基础篇针对性地介绍了飞行原理的知识结构、重点与作用，并系统阐述了飞行原理在保证飞行安全中的作用、飞行原理理论应用的特点与未来发展等问题。这是因为飞行原理理论体系完整、内容繁杂，特别是基础理论涉及很多抽象概念、公式、曲线，理解、应用难度大，而有关论文涉及很多基础理论，且表述都较为简洁，故为更好地理解与运用后续内容，在此对飞行原理涉及的空气动力学和飞行动力学的基本内容进行了适当的扩展和加深。

专题篇包含以下五部分内容：专题1为歼击（轰）机飞行原理典型问题研究，包括机动飞行与失速螺旋、左边界飞行等问题。专题2为陆基起降和着舰典型问题研究，包括着陆下滑操控、舰载机着舰技术及逃逸复飞等问题。专题3为运输机飞行原理典型问题研究，包括积冰、不对称推力飞行、特殊条件下着陆等问题。专题4为直升机飞行原理典型问题研究，包括旋翼及尾桨涡环、特殊条件下着舰及着陆等问题。专题5为其他飞行原理相关问题研究，包括翼面损伤对全机气动特性、着陆迎角对飞机尾流影响等问题。

参加本书撰写的人员有海军航空大学费景荣（基础篇和专题4）、柳文林（基础篇和专题5）、张保雷（专题3）、徐彦军（专题1）、郭卫刚（专题2）、丁祥（专题4）。全书由柳文林负责统稿，张保雷负责编审工作。

本书在编写、出版过程中，得到了海军航空大学各级领导、机关的大力支持和指导；在撰写有关论文的过程中，参阅了相关文献、资料，在此表示衷心感谢！

由于水平所限，错误和不足之处在所难免，敬请读者朋友及业界同仁批评指正。

目　　录

基础篇

专题篇

专题 2 陆基起降和着舰典型问题研究

专题 3 运输机飞行原理典型问题研究

专题 4 直升机飞行原理典型问题研究

专题 5　其他飞行原理相关问题研究

基础篇

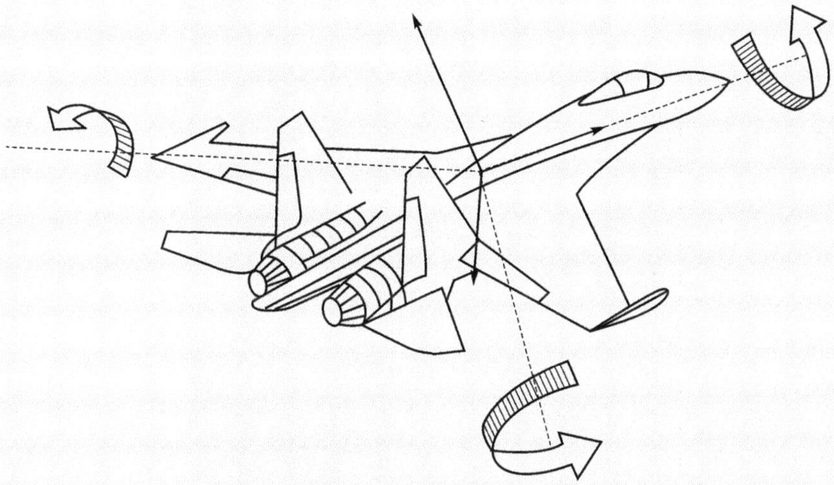

飞机的气动特性、操稳特性及飞行性能等飞行原理基础理论是操纵动作的基础，是飞行员技术和战术素养的奠基石，蕴含的科学驾驶观对整个飞行生涯都有很强的指导作用，且对各机型均通用，具有很强的共性，可称为“飞行哲学”。飞行员根据基础理论深研关键动作，精抠技术细节，深刻理解各种飞行动作的操纵原理、有关特情的处置原理，就能够明白正常情况下怎样操纵是合理的、关键时刻什么动作是致命的，这些对安全飞行至关重要。飞机飞行原理包括空气动力学和飞行动力学两大部分，如图 1.1 所示。飞机空气动力学主要研究飞机飞行时升力、阻力、侧力的产生及变化规律；飞行动力学主要研究力和力矩作用下的飞机运动特点；机型飞行原理是针对具体机型的空气动力学特性和飞行动力学特性进行研究。飞行原理知识伴随飞行员的整个飞行职业生涯，许多飞行问题的分析研判都需要用到飞行原理知识。

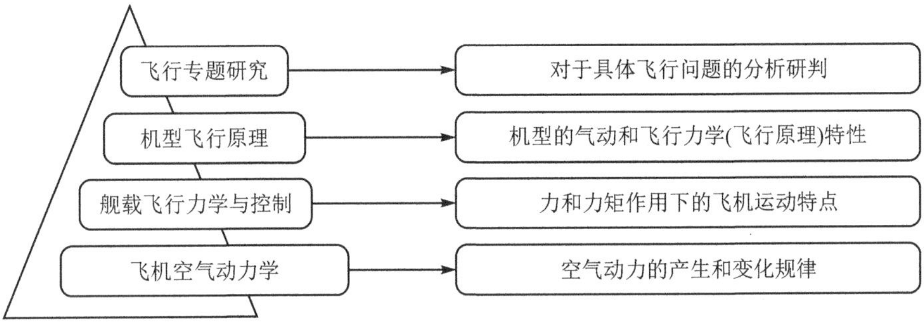

图 1.1 飞行原理涵盖主要内容及其相互联系

第 1 章 空气动力学的知识结构、重点与作用

气动特性包括升力特性、阻力特性及侧力特性；升阻比反映综合气动特性优劣。本节从低速、高速两个方面分别分析。飞机空气动力学研究的是飞机与空气相对运动时，空气动力的产生和变化规律。因此，气流特性和飞机的空气动力特性是其两大主要部分，由于初级教练机及特种机的动力装置采用螺旋桨，故还包括螺旋桨拉力产生和变化规律，以及螺旋桨的副作用等螺旋桨性能，如图 1.2 所示。

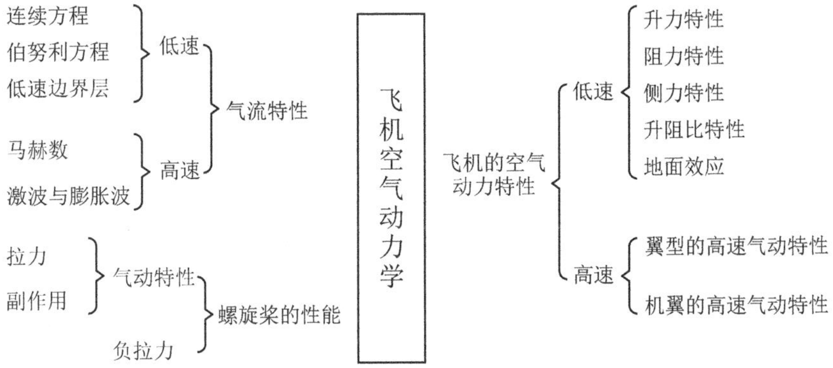

图 1.2 飞机空气动力学知识结构

飞机的升力、阻力和侧力统称飞机的空气动力。飞机的空气动力特性是分析计算飞行性能的重要依据，也是分析飞机平衡、稳定性和操纵原理的重要基础。空气动力特性(气动特性)是指空气动力的产生、分布和随飞机迎角、Ma 等的变化规律，主要包括升力特性、阻力特性、侧力特性以及升阻比特性等，在空气动力学中通常被分为低速和高速两部分来研究。

1.1 低速特性

低速气流的气动特性可概括如下：

低速气动特性：
- 气流特性：连续方程、伯努利方程
- 升力特性：$C_y-\alpha$ 曲线
- 阻力特性：$C_x-\alpha$ 曲线
- 侧力特性：$C_z-\beta$ 曲线
- 综合气动特性：$K-\alpha$ 曲线

重点结论与作用如下。

1. 表速取决于动压，反映气流与机翼作用的能量特点，与气动力大小直接相关

稳定飞行，升力一定，表速与迎角一一对应，因而与气动力大小直接相关。

表速的作用与本质：没有迎角指示器的飞机，飞行员看不到迎角，用特征表速如 $V_{\text{失速}}$，$V_{\text{有利}}$ 及 $V_{\text{着陆}}$，$V_{\text{起飞}}$ 等表示特征迎角；特征表速的本质是特征迎角。

2. 飞机气动特性是用 C_y，C_x，C_z 及 K 等系数及有关系数导数表示的

从数学的角度看，系数表示百分比；而百分比更能反映事物的本质。如，升力公式推导中的压力系数是指机翼上某点的静压与远前方气流静压之差跟远前方气流动压的比值，即静压变化(等于动压变化)占远前方气流动压(气流与机翼相互作用的能量)的百分比。百分比往往能反映事物的基本特征。

从物理的角度看，每个系数都有明确的物理本质，如压力系数的本质是气流与机翼相互作用过程中动能与势能之间转化的比例，决定着升力特性，因而只取决于迎角和翼型，与动压本身无关。再如，翼型升力系数(取决于压力系数)的本质：表示翼型的升力特性，只取决于翼型和迎角。

系数的作用：飞行原理中的系数及系数导数很多，是深入理解飞机气动特性、操稳特性的重要抓手。

3. 机型一定，低速范围的纵向气动特性 C_y，C_x，K 均取决于迎角

机翼迎角 α 是指飞机机翼纵向迎风的角度，表示相对位置关系，或表明风从哪里吹来。它与翼型共同构成了决定气动特性的要素。飞行中，常用特征迎角表示特殊状态与气动特性，常用的特征迎角，包括有利迎角、临界迎角、失速迎角等。

4. 机型一定，低速范围的侧力特性 C_z 取决于侧滑角

侧滑角 β 的是指飞机垂尾侧向迎风的角度，表示相对位置关系，或表明风从哪里吹来。$C_z-\beta$ 曲线与 $C_y-\alpha$ 曲线趋势相似，原因：机翼、垂尾产生气动力的道理相同。由此可推知：高速条件下，C_z-Ma 与 $C_y-\alpha$ 曲线趋势也相似。

5. 迎角、侧滑角的作用

从简单的风筝到现代各种复杂的飞行器，"风从哪里吹来"都是决定能否稳定飞行的根本性问题，当然也是必须关注的问题。

迎角、侧滑角直接反应了风向的特点，分别决定着飞机纵向、侧向气动特性，因而也是纵向、侧向状态(取决于纵向、侧向力和力矩特性)的参数。特别是迎角，不仅影响飞机的气动特性，而且全面影响飞机的操稳特性和飞行性能。迎角是最重要的飞行状态参数，用迎角控制状态的观点，是飞机操纵理念的进步，体现了"大道至简"的智慧。侧滑是一种非常特殊的状态，通常不允许出现，有些情况禁止出现，有些情况又需要出现，飞行员应全面、深刻地把握，这将在飞行动力学部分进一步介绍。

6. 低速飞行时：$C_x = C_{x废阻} + C_{X诱导}$

废阻力即型阻，包括摩擦阻力和压差阻力。

诱导阻力系数：$C_{x诱导} = AC_y^2$。这导致诱导阻力随迎角(或升力系数)的增大而急剧增大。原因在于其产生机理：气流下洗(随迎角增大而增大)→升力(随迎角增大而增大)后倾→诱导阻力产生。

作用与影响：上述特点使得小速度范围内诱导阻力随来流速度的减小而增大，即出现"反区"与轨迹不稳定。

7. 空气流过后掠翼、三角翼时的流动特点

空气从远前方流向机翼前缘，因受阻滞有效分速越来越小($V_{nA} < V_n$)，平行分速保持不变($V_{tA} = V_t$)。这样一来，越接近前缘，气流速度越小，方向越来越偏向翼尖。过前缘后，在从前缘流向最低压力点(见图1.3中C点)的途中，有效分速又逐渐加快($V_{nC} > V_{nB}$)，平行分速仍保持不变($V_{tC} = V_{tB}$)，气流方向又从翼尖转向翼根。随后，又因有效分速逐渐减慢，气流方向转向原来方向。于是，整个流线呈S形弯曲。

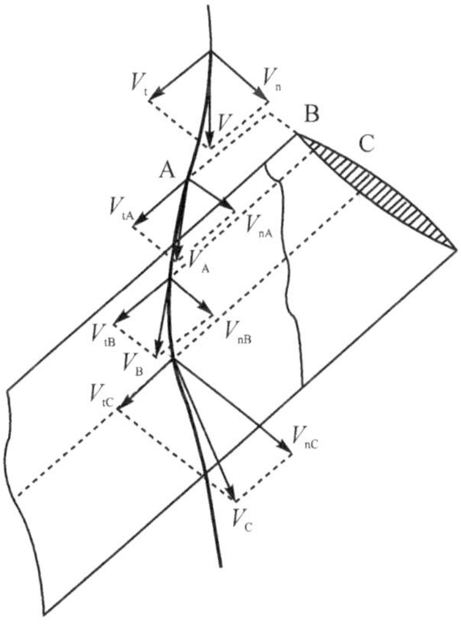

图 1.3 空气流过后掠翼的流动情形

8. 后掠翼的翼根效应和翼尖效应

空气流过后掠翼过程中，流线的左右偏斜会影响机翼的压力分布，从而导致后掠翼的翼根效应和翼尖效应。

如图1.4所示，在后掠翼翼根部分的上表面前段，流线向外偏斜，尽管与远前方相比流管变细，但与机翼中部相比流管扩张变粗；而在后段，流线向内偏斜，流管收缩变细。在低速条件下，翼根前段流管变粗，流速增加不多，压力降低不多，即吸力减小；后段流管变细，流速加快，吸力增大。与此同时，因流管最细的位置后移，使最低压力点位置向后移动，如图1.5所示，这种现象称为翼根效应。

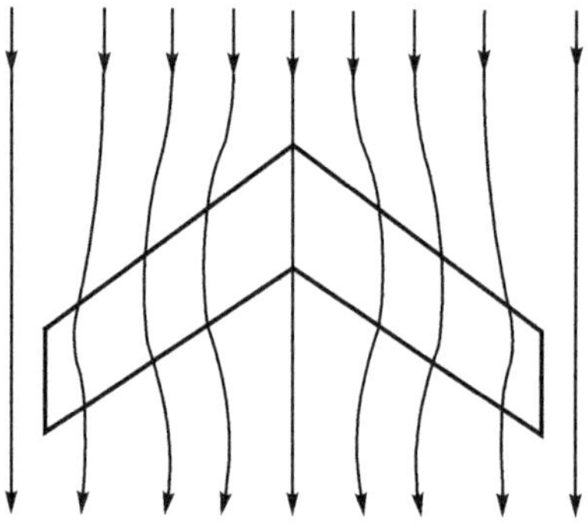

图 1.4 空气流过后掠翼的流动情形

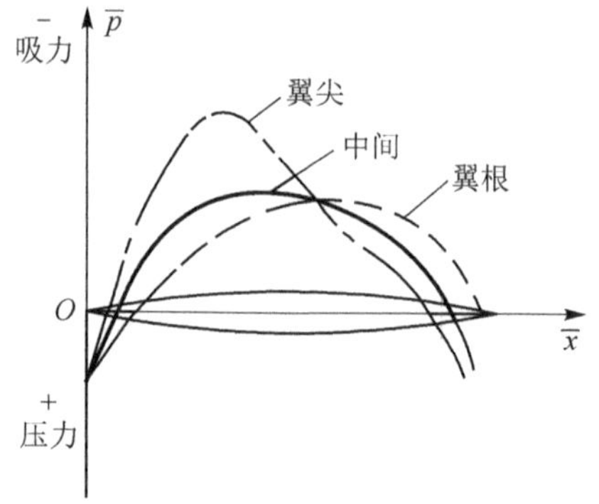

图 1.5 翼根效应与翼尖效应对压力沿弦向分布的影响

翼尖部分的情况与翼根部分相反。因翼尖外侧的气流径直向后流去，而翼尖部分上表面前段流线向外偏斜，故流管收缩变细，流速增大得多，压力减小得多，即吸力增大；在后段因流线向内偏斜，故流管扩张变粗，流速降低，吸力减小。与此同时，因流管最细的位置前移，故最低压力点向前移动，如图 1.5 所示，这种现象称为翼尖效应。

1.2 高速特性

高速气流气动特性如图 1.6 所示。

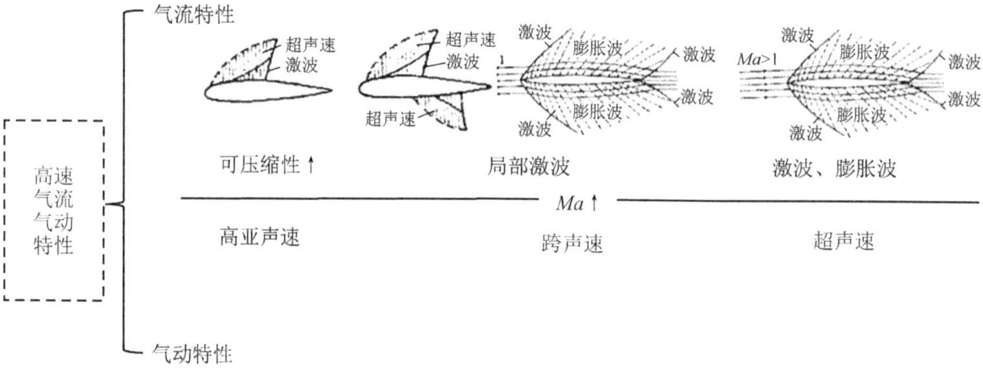

图 1.6 高速气流气动特性

重点结论与作用如下。

1. 亚声速

压缩性→$Ma\uparrow$，$\rho\downarrow\downarrow$→吸处更吸，压处更压→C_y 和 $C_y^\alpha\uparrow$、$\alpha_{临界}$ 和 $C_{y\max}\downarrow$

2. 跨声速

局部激波与局部超声速变化→C_y—Ma 曲线“两起两落”压心变化；

局部超声速区 $P_{吸}\uparrow$ 且 $P_{吸}$ 后倾→$C_{X波阻}\uparrow\uparrow$。

3. 超声速

“波”后倾→$P_{上}\uparrow$，$P_{下}\downarrow$→$C_y\downarrow$，$C_y{}^{\alpha}\downarrow$，$C_x\downarrow$。

第2章 飞行动力学的知识结构、重点与影响

飞行动力学主要包括飞机的稳定性、操纵性、飞行性能与操纵原理、反常状态等相互关联的知识模块。操稳特性属于操纵、处置动作的认知基础，但由于与具体的操纵动作关联不直接，且较为抽象，具有“隐性”特点，容易被忽视。本节在介绍知识总体结构的基础上，重点介绍静稳定性、静操纵性两部分内容。由于该部分内容重点结论及有关影响较为简洁、直观，故内置于知识结构中。

2.1 知识结构

飞行动力学主要包括飞行品质(飞机的稳定性、操纵性等)、飞行性能与操纵原理(机动飞行、起降等)、特情(失速、螺旋等反常状态)三个方面相互关联的知识，如图2.1所示。

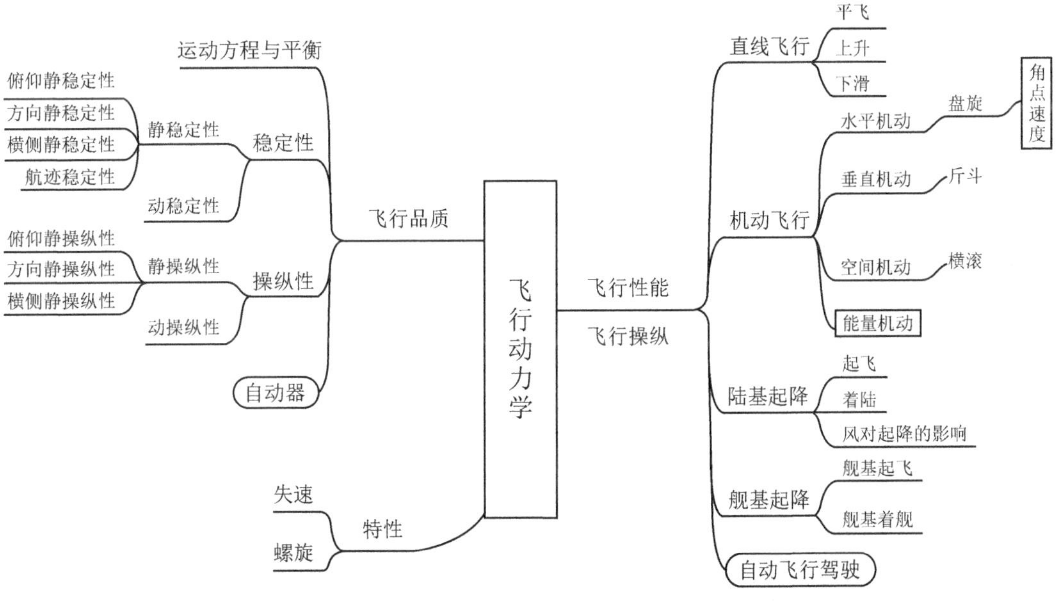

图2.1 飞行动力学知识结构

飞行性能与操纵原理、特情和具体机型密切相关，具有“显性”特点，重视程度较高。而操稳特性属于操纵、处置动作的认知基础，但由于与具体的操纵动作关联不直接，且较为抽象，具有“隐性”特点，容易被忽视。因此本章在介绍知识总体结构的基础上，主要介绍稳定性和操纵性，由于静稳定性是动稳定性的必要条件，故重点介绍静稳定性和静操纵性两部分内容。

2.2　静稳定性知识结构、重点与影响

为便于全面、深刻、熟练地掌握有关内容，按照“起点—着力点（内含抓手）—落脚点”建立三个方面静稳定性的知识结构。

迎角静稳定性

- 起点：迎角 α 有关概念
- 着力点
  - 取决于俯仰稳定力矩——$m_z^\alpha\alpha$（力、力臂）；产生状态条件：$\alpha>\alpha_0$
  - 内因及影响：气动布局——平尾、机翼共同作用→力臂变化影响大→$m_z^\alpha=-C_y^\alpha(X_F-X_G)$——抓手，即焦点与重心相对位置（力臂）
  - 外因及表现：飞行条件——重心，迎角、Ma
  - 稳定条件：焦点在重心之后，或 $m_z^\alpha, m_z^{cy}<0$
- 落脚点
  - 影响因素
    - 迎角：后掠翼翼尖效应→焦点前移→失速后自动上仰→状态恶化
    - 油门：油门大→迎角静稳定性弱→改出螺旋前需收小油门
    - 重心：靠前→迎角静稳定性增强；靠后，相反→重心前、后限
    - Ma：跨、超声速飞行，焦点后移→迎角静稳定性过强
  - 飞行中体现：机头追气流

方向静稳定性

- 起点：侧滑角 β 等有关概念
- 着力点
  - 取决于方向稳定力矩——$m_y^\beta\beta$（力、力臂；产生状态条件：$\beta\neq0$）
  - 内因：气动布局——垂翼起主要作用→力臂变化影响不大→m_y^β 取决于 $C_{Z垂尾}$
  - 外因：飞行条件——迎角、Ma
  - 稳定条件：方向静稳定度 $m_y^\beta<0$
- 落脚点
  - 影响因素
    - 迎角：大 α 下，α 下降，共性规律——某两型战机的失速均属方向发散型
    - Ma：Ma 增大，m_y^β 先基本不变，再增大后减小，共性规律。
    - 油门：加油门，方向静稳定性减弱
  - 飞行中的体现：机头追气流

横侧静稳定性

- 起点：侧滑角 β 等有关概念
- 着力点
  - 取决于横侧稳定力矩——$m_x^\beta\beta$（力、力臂；产生状态条件：$\beta\neq0$）
  - 内因：气动布局——机翼→力臂不变→$m_x^\beta\beta$ 取决于两翼升力差
  - 外因：飞行条件——迎角、Ma
  - 稳定条件：横侧静稳定度 $m_x^\beta<0$
- 落脚点
  - 影响因素
    - 迎角：
    - 上反角：$\Delta Y_{\psi前后}=\Delta C_{y前后}\dfrac{1}{2}\rho V^2S\to\alpha<\alpha_{临界}$，$m_x^\beta$ 基本不变
    - 后掠角：$\Delta Y_{\chi前后}=C_y\dfrac{1}{2}\rho(V_{\perp前}^2-V_{\perp后}^2)S\to\alpha$ 升高较大范围，m_x^β 增大，影响大
    - Ma：亚声速，$\Delta C_{y前后翼}$ 基本不变；跨声速，前翼 $Ma_{临界}$ 小→随 Ma 先增大后减小；超声速，减小
  - 作用体现：机头追气流

2.3 静操纵性的重点与影响

飞机的操纵性是指飞机听从飞行员操纵杆、舵、油门、襟翼、减速板等改变飞机状态的特性。由于飞行中，飞行员经常操纵的是杆、舵，因此一般讲的飞机操纵性仅指飞机在飞行员操纵杆、舵的情况下改变飞行状态的特性。研究飞机的操纵性，主要从以下两个方面进行：一是静操纵性和动操纵性（也称操纵的稳态反应和动态反应）。静操纵性是指飞机在飞行员操纵杆、舵后重新稳定下来，各力矩取得新的平衡时，杆、舵操纵与飞行状态之间的关系。

1. 迎角对横侧静操纵性的影响

在小迎角下，横侧操纵性比较好；在大迎角下，横侧操纵性明显变差，甚至出现向压杆反方向滚转的横侧反操纵现象。这是因为在实际飞行中，不仅因滚转而产生侧滑，还因偏转副翼引起两翼阻力不等而产生侧滑，这将影响飞机的横侧操纵。如飞行员向左压杆，一方面，右副翼下偏，升力增大，左副翼上偏，升力减小，形成向左滚转的横侧操纵力矩；另一方面，右副翼下偏，阻力增大，左副翼上偏，阻力减小，两翼阻力差形成一个使机头右偏的偏转力矩，出现左侧滑，产生使飞机向右滚转的横侧稳定力矩，其方向正好和横侧操纵力矩相反，起到了抵消操纵力矩的作用。小迎角时，左、右副翼上、下偏转对两翼阻力影响小，造成的侧滑角不大，所以横侧操纵性好。但在大迎角时，副翼偏转引起的两翼阻力相差较大，造成的侧滑角也大，对横侧操纵影响大，横侧操纵性变差。迎角大于某一迎角时，横侧稳定力矩会大于横侧操纵力矩，这时飞行员向左压杆飞机不但不向左滚转，反而向右滚转。

大迎角飞行时，如着陆平飘，飞机出现倾斜时，飞行员单压杆往往不能及时修正，甚至有时飞机出现倾斜加剧的现象，危及飞行安全，所以大迎角出现倾斜时需要飞行员手脚一致地压杆、蹬舵修正。

2. 横侧操纵与方向操纵的相互影响

实际飞行中，不论飞行员只压杆或只蹬舵，都将引起飞机滚转和偏转，比如飞行员蹬右舵，飞机向右偏转，产生左侧滑，左侧滑产生的横侧稳定力矩又会使飞机向右滚转，因此，飞机将会右偏、右滚。又如向右压杆，飞机向右倾斜，但此时机头也会稍向左偏（两翼阻力差形成的力矩），升力和重力的合力使飞机轨迹向右弯曲，飞机产生右侧滑，会产生方向稳定力矩，促使机头向右偏转，因此飞机会右滚、右偏。

另外，偏转方向舵，垂直尾翼侧力（Z_v）不仅对飞机重心形成偏转力矩，而且对飞机重心形成滚转力矩（见图 2.2）。压杆偏转副翼，不但要形成滚转力矩，而且由于两翼阻力差还要形成偏转力矩。在飞机偏转和滚转的过程中，不但有阻尼力矩产生，同时还有滚转、偏转力矩产生。例如，飞机在滚转中，左、右两翼迎角不同，两翼阻力还能构成偏转力矩，也使飞机偏转（见图 2.3）。

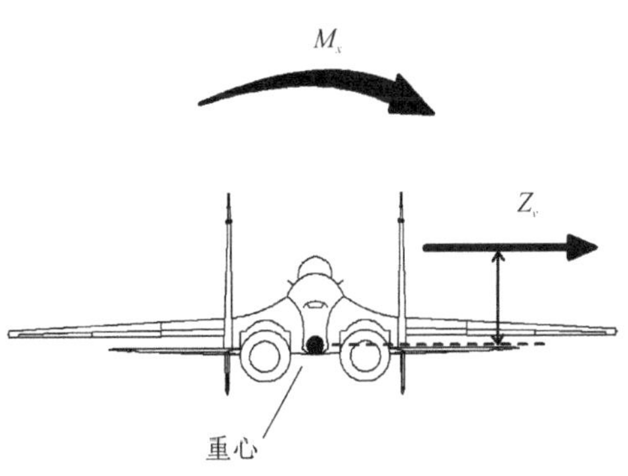

图 2.2 Z_v 形成滚转力矩

将上述偏转方向舵形成的滚转力矩、偏转副翼形成的偏转力矩和在偏转、滚转中形

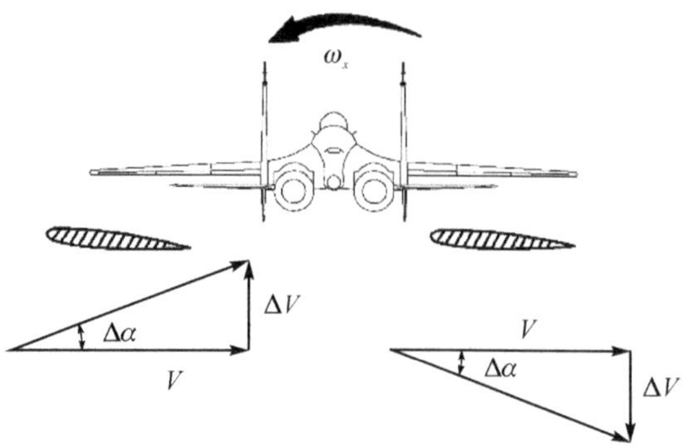

图 2.3 滚转中左右两翼 α 不同

成的横侧、方向力矩统称为交叉力矩，其力矩系数导数统称为交叉导数，其形式为 $m_x^{\delta_y}$、$m_y^{\delta_x}$、$m_x^{\omega_y}$、$m_y^{\omega_x}$，其数值通常由实验得出。在分析侧向力矩的关系时，应将上述交叉力矩考虑进去。只有当交叉力矩较小，对运动状态影响不大时才可以忽略。

第3章 飞行原理在保证飞行安全中的作用

统计分析表明：飞行事故的具体原因涉及“人、机、环”系统中的诸多方面，但人的因素，特别是飞行员操纵因素始终占到一半以上①。因此，飞行员在各种复杂的情况下正确地操纵飞机，是保证安全的根本性措施。飞行原理知识是操控飞机的基本依据，飞行员通过深入掌握操稳特性及飞行性能，能深刻了解飞行品质，看透飞机秉性，正确应对特殊情况，具体作用表现为相关反常状态的预防、判断、处置及对特殊状态的控制。

飞行原理与飞行安全的关系如图3.1所示。

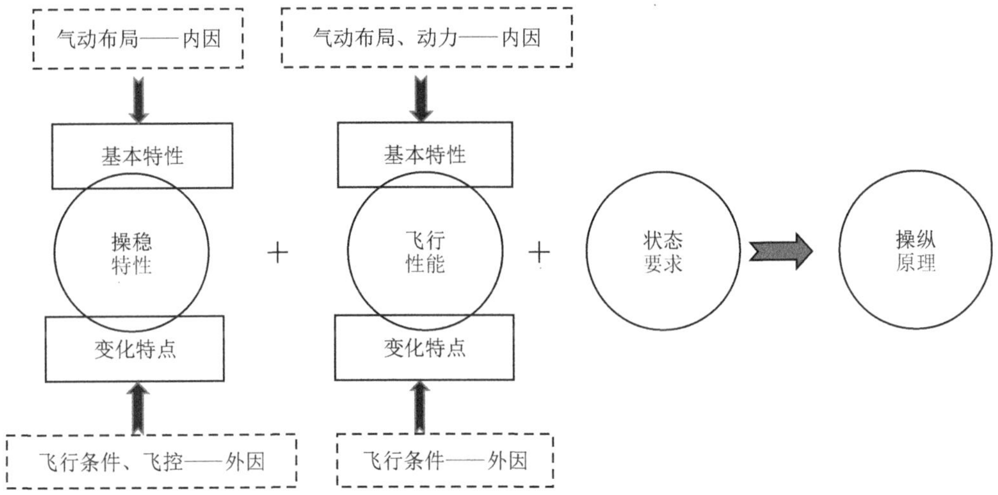

图3.1 飞行原理与飞行安全的关系

3.1 深刻理解近包线边界的重点操控动作，有效预防反常状态

以固定翼飞机为例，反常状态主要包括失速、螺旋、“反区”失控、急盘旋下降、气动惯性旋转、着陆跳跃、小速度离地等。这些状态处于飞行包线之外，飞机的操稳特性显著变差甚至严重恶化，判断、处置难度较大，所以有效预防是保证安全的第一环节，也是重要环节。

近包线边界状态，往往是飞行状态从量变到质变的关键阶段，也必然是预防反常状态的关键阶段。此阶段安全裕量小，对操纵要求高，有些关键动作甚至被视为原则，如“正确拉杆是预防失速的关键”“大迎角下防侧滑”是一条铁律；再如，试飞员通过理论与实践的结合总结出“失速后压杆制滚就是自杀”“倒扣状态速度过小顶杆也是自杀”等真知灼见。可见，要有效预防反常状态，关键是在近包线边界正确操纵。

但要强调的是，重点操纵动作的背后都蕴含着丰富的内涵，如果飞行员对此一知半解，紧

① 刘选民，李凡. 大中型运输机飞行事故[M]. 北京：航空工业出版社，2012.

急情况下由于情绪过度紧张，就极易出错。以“机动、修偏正确拉杆”这一基本要求为例，实际上，正迎角失速几乎都是飞行员“拉”出来的！那么，不同状态下如何才能“正确拉杆”？这涉及很多认知问题。

问题一，拉杆的根本作用是什么？

曾发生过多次飞机在“反区”飞行高度意外下降时，飞行员单纯拉杆修正而导致的事故。这就涉及拉杆的作用问题。从飞行中的一些表面现象看，拉杆似乎可改变高度。但实际上，无论在“正区”还是在“反区”，拉杆控制的是速度，油门才从根本上决定高度。

图 3.2 所示为稳定上升时沿运动方向的作用力。稳定上升时沿运动方向的作用力与上升角、上升率的表达式为

$$P = X + G\sin\theta_{上}$$

$$\sin\theta_{上} = \frac{\Delta P}{G}$$

$$V_y = V_{上}\sin\theta_{上} = \frac{\Delta P V_{上}}{G}$$

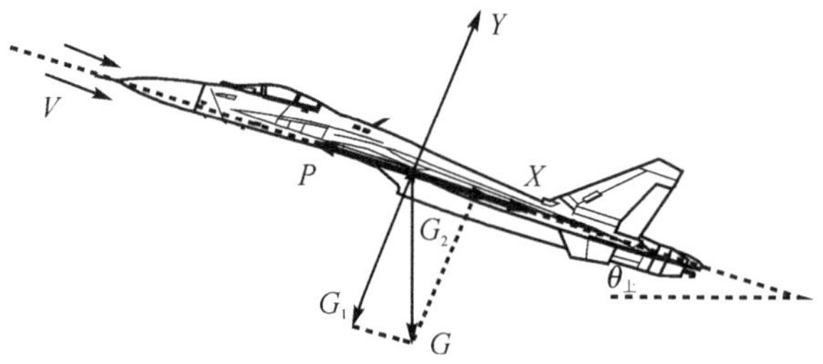

图 3.2 稳定上升的作用力关系

可见，从外力角度看，上升是靠剩余推力 ΔP 把飞机“拽”起来，而非拉起来。从能量角度看，上升是通过剩余推力 ΔP 做功，使飞机势能增加。即要使飞机稳定上升，关键是加油门而非拉杆；上升时先拉杆再回杆，做了个往复动作后回到原位，使得操纵过渡时间缩短，操纵精确性提高，这可以起辅助作用。

拉杆的基本作用是：增大迎角、减小速度；“拉起来”是表象，实际上拉杆后飞机不能稳定上升；小速度或“反区”急拉杆减速过快，极易失速。

问题二，急拉一定能快转吗？

回答这个问题可从盘旋的半径和角速度公式说起，它们分别为

$$R = \frac{V^2}{g\sqrt{n_y^2 - 1}}$$

$$w = \frac{g\sqrt{n_y^2 - 1}}{V}$$

速度小导致可用过载小，盘旋性能差，只有中等速度才能取得最佳盘旋性能。因而各型战机都规定了最小机动表速。总之，必须清醒而深刻地认识到：机动中，拉够杆即可，使劲拉没用；升降舵就是个半失速装置，粗猛地把飞机“拉起来”是错误的，容易把自己置于险境；小速

度、“反区”尤甚。

问题三,拉杆的超调量。

超调量是指在阶跃操纵的过渡过程中,动态反应超出稳态值的最大偏差与稳态值的百分比。以 $\Delta n_y(t)$为例,其超调量

$$\sigma\% = \frac{\Delta n_y(t_p) - \Delta n_y(\infty)}{\Delta n_y(\infty)} \times 100\%$$

超调量($\sigma\%$)大,说明飞机运动参数变化幅度大。以过载为例,$\sigma\%$大,不仅变化幅度大,且容易超过最大允许值,导致结构损坏。为此应限制 $\sigma\%$,使它不大于 30%。但由于高速战机的飞行速度和高度范围大,往往容易超出这些限制,所以在操纵上应注意,切忌粗猛。因为,粗猛拉杆时,虽然杆位移一定,但由于迎角和过载达到稳态值的时间短、上仰角速度大,超调量就大,小表速飞行时容易使飞机失速,大表速飞行时容易引起超载。

3.2 深刻理解告警信号,及时、正确地判断与处置

先进战机典型反常状态的告警信号有两类:自然告警信号,即飞行状态异常变化;人工告警信号,如语音、灯光等告警信号。按理说,如此多的告警信号足以保证飞行员做出正确判断,但事实并非如此。下面的事故非常典型、令人深思。

2018 年某涡桨运输机因平尾失速而发生严重事故。平尾失速是涡桨运输机在积冰条件下着陆时的一种典型特情,20 世纪国内外曾多次发生过此类事故,引起广泛关注。所以在 20 世纪八九十年代,国内外就对此问题进行了深入地研究,并进行过多次试飞。有关理论也已非常成熟,教材中对有关机理与对策的分析全面、深入,手册中的预防、判断及处置措施也非常明确。根据事故通报,当日军地天气预报、空中军地飞机通报、塔台指挥预警、机载设备告警均表明飞机已经出现积冰;特别是放下襟翼后飞机的轨迹出现了两次明显俯仰摆动;根据舱音记录,第一次俯仰摆动结束后,机组判定有积冰。此时的俯仰摆动被称为“海豚跳”,是判断平尾失速一个重要的自然告警信号。但令人非常遗憾的是,在上述诸多积冰信号及“海豚跳”共同叠加作用下,机组仍未能做出正确的判断与应对,最终导致了惨剧的发生。

实际飞行中,因飞行员对诸多告警信号视而不见导致的事故还有很多。其原因固然有多方面的,如一些人工告警信号存在不足,有些信号对应的裕度偏大,容易导致飞行员麻痹大意,有些信号反应的情况不够全面,有时存在虚假信号;又如,有些飞行手册的相关表述不够严谨,容易引起飞行员误解等。但其中一个非常重要原因是,就飞行状态异常变化这一重要的自然告警信号的辨识及认知来看,往往存在一对不容忽视的现实矛盾:一方面,由于反常状态附近飞行状态本身往往较复杂,降低了状态异常变化信号的可辨识度;另一方面,由于飞行员对状态异常变化缺乏实际感知,如果再对其成因、机理认知不深刻,辨识及认知能力就大大减弱,这一对矛盾直接影响了对关键告警信号的深刻感知与对状态的正确判断。上述涡桨运输机平尾失速事故就是由于飞行员未能在理论上对“海豚跳”(见图 3.3)的成因、动态及影响理解不透彻,对异常动态不敏感,混淆了“海豚跳”与积冰条件下飞机的颠簸,影响了及时、正确地做出判断。

必须深刻认识到:告警信号是及时、正确做出判断的依据,但感觉到的东西不一定理解它,只有理解了的东西才能更深刻地感觉它;感觉只能解决现象,理解才能解决本质,深入掌握飞

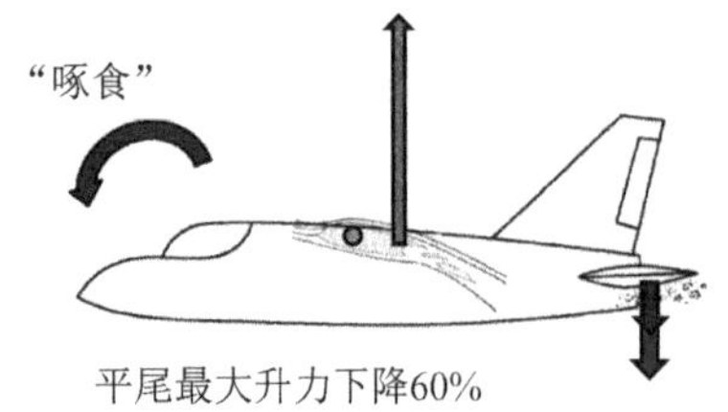

图 3.3　平尾深度失速与“啄食”

行原理理论有利于飞行员深刻理解与正确辨识有关重要告警信号，进而及时、正确地做出判断。此外，对于失速、螺旋等复杂的反常状态，可通过理论分析其发生过程中各节点信号的逻辑关联，构建“概念模型”。一旦进入非常状态，通过把现时信息和“概念模型”加以对照，结合身体感受，就容易迅速做出正确判断。失速“概念模型”的构成：特定状态＋粗拉杆＋失速限制、告警＋非正常现象。螺旋“概念模型”的构成：失速告警及变态＋杆舵未“平、中”＋螺旋动态特征。

3.3　提升认知水平，力戒反常状态处置中的错误“本能反应”

在反常状态的处置中，一个最为突出的问题是要力戒错误的“本能反应”。

“本能反应”，又称“第一反应”（0.1～0.2 s），往往是在紧急情况下起直接作用的因素。根据飞行心理学理论，飞机操纵动作的生理机制表现为巴甫洛夫的“动力定型”，即飞行员经过反复练习、一系列条件反射形成操纵动作“自动化”，或者说建立了“动力定型”，以保证意识在最低限度下仍能有序、准确地完成动作。正常条件下飞行员的操纵多为“感觉—反应”模式：压杆修正倾斜；推拉杆修正高度的变化等，这些动作属于简单反应，经过长时间建立了“动力定型”，近乎形成“本能反应”。

须注意的是，通过正常操纵习惯形成的“本能反应”在一些特殊状态下是不合理的、甚至是错误的，如失速后压杆修正倾斜，在“反区”拉杆制止机头下俯等，由此导致的状态失控事故屡见不鲜。飞行时间越长，“本能反应”越牢固，在紧急情况下越容易出现错误的“本能反应”。

“认之深、行之坚”。实践证明，对有关问题，如果飞行员能切实做到“自己把自己讲明白”，有助于紧急时刻用理性战胜“本能反应”，保证飞行安全。

3.4　提高复杂状态的预判和控制能力

与正常状态相比，在“反区”、不对称推力飞行、积冰、低空小速度、起降偏差等复杂状态下，飞行状态的变化往往存在很大差异；而复杂状态下安全裕量小、风险高，不能正确预判状态变化，及时进行操作，极易导致严重后果。

事例 1——1 台发动机停车后的迷茫与失误。多发涡桨飞机在低空改出右盘旋下降时，1 台发动机停车，由于不满足自动顺桨条件，螺旋桨进入风车状态，机组没有启动人工顺桨机构，并将全部发动机油门加大，飞机随即快速地左偏、左滚和下俯，短时形成了大坡度和大俯角，进入急盘旋下降而坠海。这起事故的具体原因是多方面的，从状态控制的角度看，飞机飞参数据表明，尽管在事故发展过程中，飞行员始终坚持向右压盘、向右蹬舵，但由于在停车初期未能蹬满舵制偏，产生了外侧滑角，致使坡度迅速增大，最终导致事故的发生。那么，停车后飞行员为何没有及时蹬满舵制偏呢？

这与未能预判 1 台发动机停车后状态变化有重要关系，主要涉及以下问题：一是风车状态负拉力很大，接近正常工作时的正拉力，因而对状态变化影响放大；二是飞机转动惯量大，在不对称偏转力矩作用下具有“开始不易转、转起来不易停”的特点；三是1＃发动机停车、意外偏转后，导致滚转，当时高度低、掉高的因素多，危害大。概括起来说，就是对复杂状态的深刻认知与预判能力弱。

事例2——冒险升限飞行的莽撞、迷茫与失措。2004年10月4日，一架庞巴迪CL-600-2B19于21:21左右起飞。该机升限为41 000 ft[①]，计划巡航高度为33 000 ft。

飞机的飞行过程如下。

21:23:55，高度14 000 ft，机组接通自驾；

21:27:15，高度15 000 ft，机组断开自驾，操纵飞机爬升，仰角达到17°；

21:35:26，机长申请爬升到升限41 000 ft。

21:36:13，ATC同意爬升到升限41 000 ft。

21:44:44，机长和副驾驶讨论爬升到41 000 ft。

21:44:48，副驾驶：“兄弟，我们能做到”。

21:52:04，副驾驶(笑着说)：这太棒了！

21:52:08，飞机以高度41 000 ft平飞，迎角5.7°，空速从开始爬升时的203 kn[②]（0.63*Ma*）减至163 kn(0.57*Ma*)。

21:52:22，机长：“看，我们多高啊！”，问副驾驶喝点什么，副驾驶回答想喝苏打水，然后机长离开座位去拿水。

21:53:28，堪萨斯城空中交通管制中心一名管制员：“我从来没见过你们飞到41 000 ft高度”。

21:53:28，机长：“我们机上没有旅客”。

21:53:59，机长：“我们要输了，我们马上就要下来了”。

大约3 s后，机长：“这东西不能保持高度，是吗?”

副驾驶：“它不够男人，我们爬升到这来，但他停留不住”。

21:54:32，机长：“管制，看来我们在这里待不下去了，下降39 000或39 000”。

21:54:32，抖杆器启动，空速降至150 kn，迎角7.5°。

21:54:45，抖杆器启动了3次，迎角增至12°，俯仰角由7°变为-20°，1＃，2＃发动机的N1和燃油量指示开始下降。

21:54:57，抖杆器启动第5次，迎角增至27°最大测量值，俯角29°。随后飞机左滚，坡度82°、俯角32°，两发熄火，因未能成功重新启动坠毁。

这起事故与飞行员未能深刻掌握预判高空飞行的风险、正确预判状态变化有重要关系，主要涉及以下问题：一是高空飞行表速小、迎角大，接近甚至进入“反区”，不具有轨迹稳定性；二是发动机功率输出减小，剩余功率小甚至没有，一旦出现扰动容易持续掉高、减速。三是飞行*Ma*大，受空气压缩性的影响，抖动迎角、失速迎角都减小，失速特性变差，更容易失速。

诸多事故都表明，复杂状态预判能力是飞行员特情处置的一个核心能力。而深刻掌握状态本质与变化趋势的机理，是正确预判的基础。

---

① ft，英尺，高度单位。1 ft=0.304 8 m。

② kn，节，是航空及航海领域中的速度单位，1 kn≈0.514 4 m/s。

第4章 飞行原理理论应用的特点与未来发展

4.1 飞行原理理论应用特点

理论联系实际、指导飞行实践，是航空飞行类院校飞行原理理论的题中之意；深入研究飞行原理有关的典型安全问题，是飞行原理教员的本职工作。在以往的研究过程中，我们牢牢把握“服务于部队飞行安全与战斗力建设”这一基本目标，突出以下三方面特点。

（1）注重问题选择的聚焦性。即围绕战机实战化训练特点，聚焦实际飞行中的多发、疑难、典型安全问题。如固定翼飞机，由于战机机动性强，特技动作复杂，进入失速、螺旋的概率相对较大，就三代机机动飞行小速度控制，近左边界飞行的操控，失控飞行训练，失速、螺旋的特点与预防，负迎角失速螺旋特性等问题进行了研究。又如，由于飞机起飞、着陆阶段速度小、高度低、风险高，在航空领域有“危险的 11 min”之说，因而就某型战机在岛礁机场“冲、掉”防范对策进行了系统、深入的研究。再如，涡桨飞机的飞行速度和高度范围决定了其出现积冰概率较喷气式飞机更高，同时，其气动布局特点和飞行速度范围决定了积冰后对飞行安全的危害更大，因而就此问题进行多层次的研究。

（2）注重应对策略的实用性。采取了如下两方面措施提高实用性：一是结合典型事故剖析，注重采纳飞行员的意见。首先，多数飞行事故的原因都很复杂；其次，飞行操纵的实践性极强，飞行原理理论又非常抽象，两者的充分结合是飞行活动复杂性的必然要求，理论教员对飞行实际存在不同程度的认知不足，这是毋庸置疑的客观事实。因此，分析飞行安全问题，必须深入剖析典型事故，并注重采纳飞行员的意见，已发表操纵类论文的作者均包括飞行员。二是弄清相关学科的交叉问题。飞行原理方面的安全问题不仅仅是本学科的问题，还与发动机性能、减速系统（包括刹车、减速伞）特性、风的特点及环境等诸多因素有关，因而在分析问题过程中，应加强横向联系，增强对策的实用性。

（3）注重方法、手段的创新性。例如，中断起飞决断速度 V_1，是影响飞机起飞安全的一个关键数据，其准确性十分重要，以往的很多此类事故都与飞行员对 V_1 掌握不准有关。针对“不易准确确定的多种误差源叠加导致中断起飞决断速度 V_1 计算精度较低”的现状，利用新型战机“黑匣子”的功能，提出了基于纵向过载飞参数据的 V_1 计算方法，将多种误差转化为单一误差，提高了计算精度。

又如，某机曾连续多次发生侧风着陆偏出跑道事故（征候），经分析，原因主要包括如下五方面。一是采用短尾臂布局，且前机身长、两侧扁平，使其方向稳定性总体较弱；同时，后掠上单翼布局，使其横侧稳定性相对较强。即该机侧向稳定性匹配不够理想，着陆滑跑放 35°襟翼、贴地时尤甚。由于方向稳定性较弱，机头不易逆侧风偏；又由于横侧稳定性强，两翼的升力差大，主轮摩擦力矩大，易顺侧风偏。这两个因素的叠加作用，使机头易顺侧风偏，飞行员概括为“着陆怕侧风”。二是着陆时如果掉伞、伞未开或误投时，因伞的方向稳定作用消失，必然会引起机头意外偏转甚至突偏，大速度下此现象更明显；而此时飞行员减速的压力较大，操纵动作易变形，在一定程度上影响了保持滑跑方向。三是脚蹬的复合功能使飞行员过度紧张时易出现操纵偏差。四是随着着陆滑跑速度减小，机头顺侧风偏转的方向稳定力矩和减速伞力矩迅速减小；而使机头逆顺侧风偏转的主轮两个摩擦力矩之和减小较慢，从而出现“滑跑一定距离后顺侧风偏转”的规律。五是由于该机主轮距较小，差动刹车修偏能力弱；加之前轮操纵受限，导致小速度滑跑防偏、修偏能力弱，机头一旦偏转后易持续偏转。综上，该机侧风着陆偏出跑道事故的根本原因是，客观存在着“滑跑抗侧风能力弱（易偏）与差动刹车修偏能力低（难修）”的矛盾；放伞异常和操纵偏差则起到“催化”作用。对策要点如下：

下滑线稍向侧风偏，水平接地不交叉；
接地速度、姿态好，防偏修偏基础牢；
大速度压杆作用强，刹压渐增舵放平；
适当提前放前轮，防偏顶杆、修松杆；
难修前轮关减摆，小速度修偏前轮转；
修偏操纵要点繁，实际运用视情选。

4.2 飞行原理理论应用的发展

理论是灰色的，实践之树常青，这句话强调的是实践不断发展变化的特点。这反过来要求理论必须与时俱进，持续发展创新，及时有效地指导实践，解决实际问题，最终实现理论之树长青。国内外复杂多变的形势与现代科学技术引领着军事飞行实践更为迅速地发展与变化。笔者认为，未来对飞行原理有关典型安全问题的研究，首先应坚持“着眼边界状态，把握机型特点”原则。其中，“着眼边界状态”是因为在边界状态附近任何飞机安全裕度都显著下降，特别是在大迎角状态，气动特性普遍具有非线性、交叉耦合、空气动力迟滞（如非对称涡脱体和涡破裂与相应的气动力、力矩变化对于迎角和侧滑角的变化很敏感）、时间相关性、构型相关性等复杂特性，飞行品质都会变差甚至恶化，有很多灰色区域需要深入研究。“把握机型特点”是因为不同机型气动布局不同，气动特性、操稳特性也存在很大差异，必须具体问题具体分析。在上述原则基础上，应进一步关注以下 3 方面的问题。

（1）飞行综合控制系统带来的飞行安全新特点。现代战机为了最大限度地提高整体作战效能，多以综合航电系统为核心，采用总线技术将电传操纵系统、自动控制系统、惯性导航系统、大气数据系统、自检与故障综合系统交联在一起。这种综合控制给飞行安全带来了新特点与新风险，特别是飞控系统在边界状态附近出现异常，会使状态进一步恶化，风险显著增大。如某战机曾因轮载开关故障，飞控系统一直工作在地面模态，性能下降，导致飞机以小速度飞行时进入失速、平螺旋而坠毁。再如，某型双机实施战斗机基本机动，僚机在接近最小机动表速时滚转产生大侧滑。由于飞机此时处于大左侧滑角、大迎角状态，右侧机头产生气流分离，右迎角传感器处于非定常涡流区，引起迎角指示异常，左右迎角指示差值变大，超过迎角表决失效上限，飞控系统按设计切除迎角传感器表决值，进行飞控逻辑重构。由于飞控重构后迎角载荷限制功能自动切除，无法完整实现副翼—方向舵交联，无法就大迎角情况下的滚转速率指令作特别限制，在迎角较大的机动飞行中飞机的操稳特性下降，导致飞行员判断处置不当，意外进入失速、尾旋，改出不成功被迫跳伞。

（2）复杂环境对操纵与安全飞行的影响，如舰面环境、海上环境、夜间环境等。以前的飞行品质规范只把飞行环境条件分为仪表飞行和目视飞行，而对目视条件下飞行员对环境的感知程度（或所获信息量）未做进一步区分。实际上，环境信息对飞行安全影响很大：如果目视条件差，任务难度和飞行员负荷都会显著增大，对飞行品质与飞行员的操纵要求更高。其根本原因在于一对客观矛盾：低能见度时的安全余地小，对飞行品质和操纵要求高；与此同时，低能见度时直升机速度往往小，操稳特性差，且飞行员情绪紧张，操纵品质也下降。近年来我军直升机夜间、海上飞行事故充分证明了这一结论。

为此，ADS－33 把不同目视条件下飞行员对直升机三轴姿态和两维速度的目视信息划分为 5 个等级（VCR），如图 4.1 所示，VCR 值越小，表示能够目视的信息越多，对飞行品质、操控要求越低。在不同目视条件下试飞，取飞行员对姿态和速度控制等级评价平均值中的最大量值（最差），得到可用感示环境（usable cue environment，UCE）级别图，如图 4.2 所示。其中，UCE＝1，相当于昼间良好能见度；UCE＝3，相当于昼间晴空满月且无起伏地貌。如果要提高 UCE 等级，就必须借助夜视镜等助视装置。

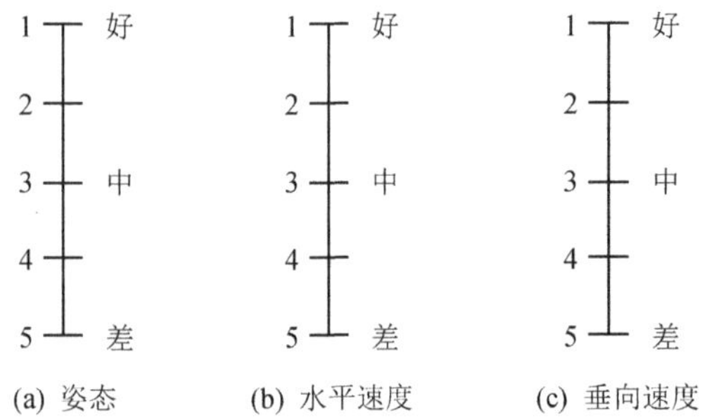

图 4.1 目视信息等级 VCR 的评估尺度

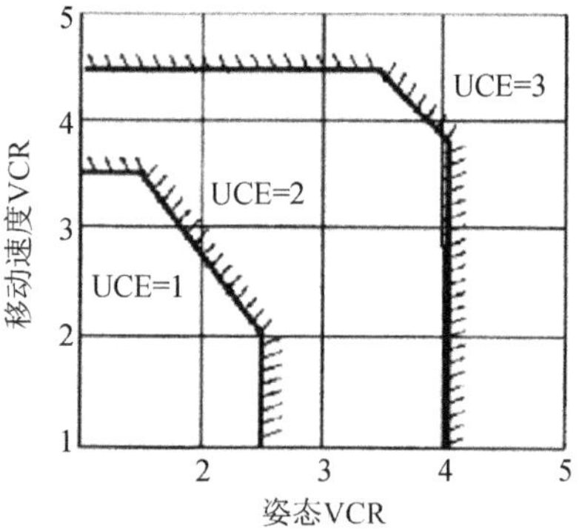

图 4.2 可用感示环境级别

可见，目视条件越差，对操纵要求就越高。惨痛的教训警示我们，必须通过模拟和真实的特情训练以及案例分析等措施，将直升机在低能见度条件下的操纵动作规范化。将抽象的目视信息与感示环境情况科学地量化为具体数据，能使认识更深刻、效果更显著。这种理性思维和科学精神一定要贯彻到实际飞行中。

复杂环境的影响是军事飞行实践拓展带来的新领域，其影响具有一定的模糊性和混沌性，我们对此领域的认知仍不完善、不全面、不深入、不细致，需要通过深入理解掌握有关理论，并与飞行实践充分结合才能发挥作用。

（3）飞行员身心特点对操纵与安全飞行的影响。飞行员的操纵动作是一种特殊、复杂行为，不仅与飞行员的飞行原理等航空理论知识有直接关系，而且还受其身心特点的影响，具体包括如下两种情况。一是身心正常时的影响，如曾有某飞行员在飞机进入失速状态后，做出了正确判断，但由于受飞机下降掉高机头过程中机头明显下俯的影响，飞行员推杆动作不到位，未能及时改出失速，所幸后舱飞行员及时正确操纵，才化险为夷；又如，前述错误的“本能反应”也属于此类。二是身心异常的影响，如实际飞行中，出现高度意外急剧下降时，由于飞行员过度紧张、粗猛拉杆而进入失速螺旋状态的事例。可见，飞行员在理论指导下的操纵行为是基于理性认识，受身心影响的行为则基于感性认识。显然，应通过理论作用与理性认知克服身心异常与感性认识的不利影响。

专题篇

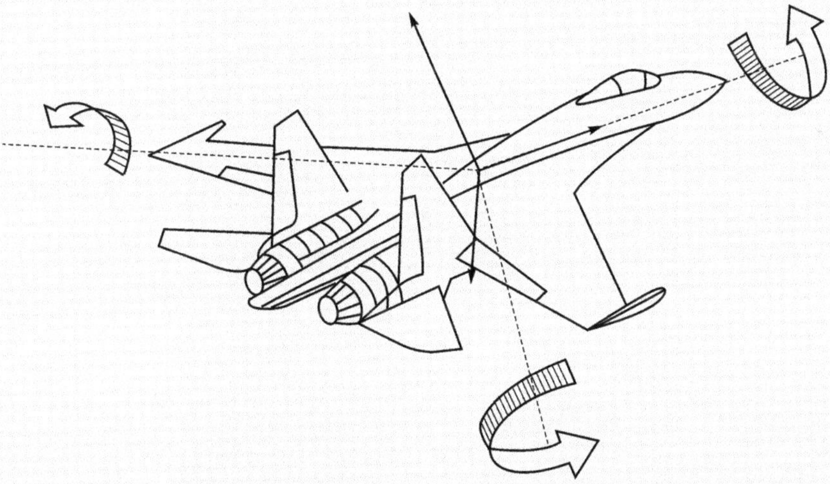

专题 1
歼击(轰)机飞行原理典型问题研究

三代机失速、螺旋的特点与预防

摘要： 结合国内外8起三代机失速螺旋典型事件，归纳总结了三代机失速螺旋四个方面的共性特点，针对其具有的在包线内飞控正常时更好、左边界外飞控异常时更差的两极分化特点，提出了向上减速机动、大迎角、小速度倒飞以及飞控系统相关部件故障时有效预防失速的对策建议。

关键词： 三代机；失速；螺旋；无忧虑操纵

三代机在设计阶段普遍采用了“主动控制技术”，主要包括放宽静稳定性、增加飞行控制系统等方面，因而大迎角操稳特性与二代机存在显著差异。实践证明，这些差异给三代机的失速、螺旋特性带来了新特点。本文结合国内外三代机的失速、螺旋事件，就其特点与预防进行初步分析。

1 三代机失速、螺旋典型事件

国内外三代机服役以来，已发生多起失速、螺旋等不安全事件，下面根据有关资料介绍一些典型事例。

1.1 近年来国内三代机失速、螺旋典型事件

(1) 某三代机空战对抗前，飞行员关闭极限状态限制器。高空机动攻击过程中，飞机进入右平螺旋，未能改出，发生二等飞行事故。

(2) 某三代机向上机动，在垂直位置速度小于正常值；反仰角状态速度不断减小；最后指示为“零”，此后过载为负，进入负迎角失速。飞行员正确操纵、抗螺旋模态接通后改出失速。

(3) 某三代机在对抗空战上升急转机动中迎角大、减速快，飞机失速，迅即坠入平螺旋。飞行员改出未果，因高度低被迫跳伞，发生二等飞行事故。

(4) 某三代机起飞离地后，由于机轮承载开关信号未正常转换，飞控系统的迎角反馈通道未接通，飞机纵向操稳品质恶变，失速后迅即坠入螺旋。因高度低，飞行员被迫跳伞，发生二等飞行事故。

(5) 某三代机着陆接地前，平尾舵机故障致使飞控系统失效，接地后滑跑过程中仰角剧增。飞行员推杆无效，在飞机近垂直姿态时跳伞不成功，发生一等飞行事故。

1.2 国外三代机失速螺旋典型事件

(1) 2000年8月3日，美军一架F-15C在基本战斗机机动中进入左平螺旋。飞行员按应急处置程序做了多种尝试，均未成功，在3 657.6 m(12 000 ft)最低改出高度弹射。调查认为，事故原因是机动过于剧烈，空速低于规定的555.6 km/h(300 kn)，迎角超出30°最大允许

值，且左右机翼燃油不平衡。

(2) 2003年6月4日，美军一架F-15E在高度5 120 m(16 800 ft)、速度777.84 km/h (420 kn)，进行攻击性右急转弯(break turn)时，过载瞬间达到6.5，随后保持过载5.2。空速降至592.6 km/h(320 kn)时，迎角增加，在约5 364.5 m(17 600 ft)高度进入左平螺旋。

飞行教员接管飞机，根据座舱显示的螺旋改出程序改出，左转6圈后，在3 505.2 m (11 500 ft)高度改平，增速到370 km/h(200 kn)，增加过载至2，再次进入左螺旋。确定无法改出后弹射。事故原因是飞行控制异常及右安定面作动器故障，右安定面无法达到25°全偏位置。

(3) 2005年6月1日，瑞典空军一架JAS39A(“鹰狮”)战斗机在5 500 m高度进行格斗训练。当该机受到“攻击”时，飞行员未完全意识到飞机速度低，就以仰角60°爬升规避，随后系统出现低速警报。飞行员试图用加力补偿和反向筋斗消除报警，致使飞机瞬间达到最大迎角，倒扣后停止翻转，开始下沉，并失控坠海。

2 三代机失速、螺旋特性的一些共性特点

上述事件反映出三代机失速、螺旋特性一些值得关注的共性特点。

2.1 失速、螺旋的“机防”功能存在缺陷

三代机先进的飞控系统使其对失速、螺旋的预防由二代机的“人防”为主变为“机防”和“人防”相结合。不同三代机失速、螺旋“机防”措施主要有三种：一是当迎角、过载接近和达到允许值时，通过驾驶杆抖动和杆力突增限制拉杆；二是当迎角超过允许值后通过飞控指令使舵面回偏，避免迎角、过载超过失速值；三是当迎角超过允许值后通过飞控指令使舵面产生附加下俯力矩。迎角静稳定性放宽至接近中立的三代机主要采用第一种；迎角静不稳定的三代机主要采用第三种，有些也同时采用第一种或第二种。

需注意的是，各型三代机失速、螺旋的“机防”功能仍不同程度地存在一些缺陷：第一、第二种措施只能限制飞行员持续拉杆导致的迎角过大或超限，而对于由速度过小、高度剧降导致的迎角突然增大则难以有效限制；对第三种措施来说，如果速度过小，舵面效能降低，飞控系统抑制纵向发散的作用降低甚至丧失。在上述事件中，因低于当时条件下的最小允许速度而进入失速的占5起。

此外，对某机来说，如果拉杆粗，首先由于极限状态限制器受力过大，超过允许迎角后，无法感到驾驶杆抖动信号；其次，由于迎角变化滞后于平尾偏转，当迎角剧增时，在超调量作用下，即使停止拉杆甚至推杆，也不足以制止迎角超限；再次，减速机动中速度小于一定值后，即使拉杆力不变，迎角仍将增加；最后，该机没有负迎角限制和外挂不对称状态的迎角限制功能。

实践证明，三代机“可无忧虑操纵”的观点过于乐观，必须全面、深入地研究其失速、螺旋特性，采取有效的针对性防范措施。

2.2 飞控系统及相关部件异常容易诱发飞机失速变态

在上述8起事件中，有3起的直接原因是飞控系统及相关部件异常。因为三代机本体的迎角静稳定性较弱，甚至为静不稳定，所以需通过飞控系统加以补偿。而飞控系统又与其他系统高度交联。如果飞控系统及相关部件异常，飞机的稳定性下降甚至丧失，很容易诱发飞机失速变态。

2.3 机动中减速过快、过多时更易失速

在上述8起事件中，有5起的直接原因是机动中减速过快、过多。因为飞控系统的控制都是通过舵面偏转实现的，如果速度过小，舵面效能弱化，再好的控制律也难于实现；加之三代机本体的静稳定性弱或静不稳定，因而小速度下迎角增大后更易发散、失速，此特点需要引起高度重视。

减速机动需重点关注筋斗、上升急转、急跃升、大仰角态势感知与改出等动作。其中，由于急上升转弯的实战性较强，拉杆本来就易粗，加之以下两方面的状态特点，更容易使迎角、仰角额外增大而减速失速：一是由于上升急转中存在较大的偏转角速度、滚转角速度，因而有较大的惯性上仰力矩；二是上升急转中坡度容易自动增大，主要原因包括飞机带上升角偏转、带坡度上仰及内外机翼的速度差，而坡度自动增大容易导致高度上升慢、飞行员拉杆粗。拉杆粗引起迎角、仰角额外增大，致使减速的气动阻力和重力分力增大，速度急剧减小；同时，迎角进一步增加，纵向状态参数迅速发散。

2.4 失速后处置不当进入平螺旋的概率较大

高速战机从失速到螺旋的演变状态一般包括失速偏离、不稳定螺旋、陡螺旋、平螺旋。演变过程的本质就是在反常旋转下降运动中迎角不断增大。其中，影响迎角变化与演变特点的力矩主要有俯仰操纵力矩、俯仰惯性力矩和俯仰稳定力矩。其中，俯仰操纵力矩和俯仰惯性力矩均为上仰力矩，且失速阶段这两个力矩均不大。显然，俯仰稳定力矩对从失速到螺旋演变的特点产生重要影响。

对二代战机来说，由于较大迎角下仍具有迎角静稳定性，迎角发散、失速发展较慢，往往经过失速偏离、陡螺旋，在较长时间后才可能进入平螺旋，还可能在进入平螺旋前就已改出。而对放宽迎角静稳定性的三代机来说，由于飞机本体的迎角静稳定性弱，甚至静不稳定；加之小速度下，飞控指令舵面抑制纵向发散的作用降低，因而速度过小情况下，失速后，迎角容易迅速增大发散，迅速进入平螺旋的概率较大。在上述8起事件中，有4起进入了平螺旋，有1起已初步呈现平螺旋特征，因高度低来不及发展为平螺旋。

综上所述，三代机本体大迎角特性较差，需由飞控补偿的特点，决定了其失速螺旋特性具有“在包线内、飞控正常时更好，在左边界外、飞控异常时更差”的两极分化特点，由于速度过小失速后，进入平螺旋的概率较大，改出难度也大，因而有效预防三代机失速是保证安全的关键。

3 预防三代机失速的对策建议

3.1 加强三代机失速、螺旋的风险评估与管控

鉴于三代机失速、螺旋不仅与本体特性有关，还与飞控系统及相关部件有关，非常复杂；加之目前左边界体验飞行、自由空战已常态化，应完善传统粗放式的失速、螺旋风险管控手段，运用现代航空安全风险评估理论，对三代机失速、螺旋的风险进行科学评估。

确定危险源时，需重点把握的问题主要包括易失速的条件、“机防”功能不足和有关部件故障。需注意的是，三代机各系统密切交联带来一个重要后果：小部件故障可能牵一发动全身，引发大问题。因此，应认真吸取有关事故教训，举一反三，围绕飞控系统，从结构强度、制造工艺、余度设计等方面，总结梳理已知风险，分析预测未知风险和衍生风险。在此基础上，采取有效措施管控风险。比如，针对“机防”功能不足和易失速的条件，应规范有关条件下的操纵规程，加强教育等。

3.2 注重更新理念，提升应对能力

一是要正确认识三代机失速与速度的关系。为强调失速的本质，将二代机失速与速度的关系概括为小速度易失速，但不是一定失速；大速度不易失速，但不是一定不失速。但对三代机来说，由于减速过快、过多时更易失速，且失速后进入平螺旋的概率较大，因而更应强化“小速度不一定失速，但速度过小很容易失速”的理念。二是鉴于三代机进入平螺旋概率大、改出难度大的实际，在新战机研制或改型过程中应视情借鉴国外做法，将螺旋改出程序在座舱显示器上显示。

3.3 掌握预防失速的基本原则

高速战机的失速预防已有成熟的经验，针对三代机，还需强调以下问题。

(1) 向上减速机动时注意控制速度、迎角。

因为，向上减速机动中，迎角、仰角增加会导致速度减小；同时，速度减小使作为向心力的升力减小，速度矢量的跟随性变差，迎角易增大，即迎角、仰角增加与速度减小互为因果。若拉杆过急，两者会形成明显的恶性循环，极易导致纵向发散而急剧失速。

对速度的控制，必须重视最小允许速度告警。尽管有些机型开始告警时的速度较大，但其设计逻辑已考虑飞机加减速特性和姿态，所以一旦告警，就应及时控制速度。控制迎角应以最佳机动迎角为准。飞参数据表明，以最佳机动迎角机动，不仅机动性能好，而且迎角不易发散。

(2) 大迎角下防止侧滑、不得压杆。

高速战机飞行员特别应把“大迎角下防侧滑”当成一条铁律。因为大迎角一旦出现侧滑，很容易导致失速变态。原因主要有：一是大迎角下飞机本机的方向静稳定性减弱甚至静不稳定。这主要由于大迎角下机翼和机身对垂尾的遮蔽、垂尾处于机翼涡流区，且垂尾的有效后掠角增大、有效展弦比减小，加之双垂尾战机大迎角出现侧滑时翼根边条涡上移、侧移，这些因素都导致垂尾效能与方向静稳定性降低，这属于共性规律，很多高速战机的失速都是方向发散型的。二是在较大迎角范围内飞机的横侧静稳定性仍较强。这主要由于三角翼、后掠翼的横侧

静稳定作用取决于侧滑时两翼升力差；而高速战机的临界迎角较大（大于失速迎角）。正由于大迎角下方向稳定性弱、横侧稳定性强，飞机易侧、易滚，使状态恶化。

曾有国内资深战机试飞员说过“大迎角压杆就是自杀”。因为大迎角下副翼处于机翼涡流区，效能降低；加之压杆后两翼阻力差产生的偏转力矩与侧滑较大，相应的横侧稳定力矩与操纵力矩相反，因而压杆后不仅横侧操纵效能降低甚至出现反效，而且容易出现侧滑，使状态恶化。所以，机动飞行大迎角下出现坡度后，应反向碎舵修正。

（3）过垂直位置后或小速度倒飞时不推杆。

因为过垂直位置后推杆，一方面飞机不能迅速从爬升减速状态中改出，使飞行速度继续降低；另一方面，飞机迎角持续减小并可能由正变负，从而进入负迎角失速，甚至反螺旋。其次，小速度倒飞时推杆，易引起负迎角失速和进入反螺旋。“过垂直位置后或小速度倒飞时推杆是自杀”已得到多次事故证明，也是飞行员应树立的一个观点。

（4）飞控系统相关部件故障时谨防迎角超限。

如前述，三代机飞控系统相关部件故障后，飞机总体的稳定性明显下降，容易诱发飞机失速而造成飞行状态急剧变化，因而有关资料对这种情况下的迎角均作出明确限制。如某型机规定：俯仰角速率传感器、迎角传感器、滚转或偏航角速度传感器及前缘襟翼故障后，最大允许迎角明显减小。一旦出现上述故障，应注意严格遵守最大允许迎角使用规定。

4 结束语

失速和螺旋是复杂且危险的飞行现象，在未被充分理解和有效解决前，经常引发严重的飞行事故。针对三代机的失速螺旋特情，必须清醒认识到有效预防三代机失速是保证飞行安全的关键，同时要树立正确的改出失速螺旋特性观念，加强失速螺旋的风险评估与管控，更新理念提升应对能力，采取针对性防范措施保证飞行安全。

参考文献

[1] 高金源.飞机飞行品质[M].北京：国防工业出版社，2003.
[2] 刘选民，李凡. 国外现代战斗机飞行事故[M].北京：航空工业出版社，2011.
[3] [美]罗伯特·肖.战斗机空战：战术与机动[M].杨毅，译.北京：中国市场出版社，2016.

失控飞行训练借鉴

摘要：以美航空兵高级教练机 T－45 飞机为例，说明美军航空兵飞行员对失控飞行的认识及训练过程，包括失控飞行的特点和判断、失控飞行中飞行员的错觉及误操纵、失控飞行处置、典型失控飞行训练。美对该机型失控细节的细致划分，以及对实战中典型失控现象的体验和处置训练，值得我航空兵部队借鉴。

关键词：失控飞行；T－45 飞机；飞行训练；飞行处置

1 引 言

美航空兵部队很重视失控训练，认为失控是飞行的一部分，是驾驶飞机到达极限的自然结果，无需害怕。下面以美军高级教练机 T－45 飞机为例，说明美航空兵飞行员对失控飞行的认识及训练过程。美对该机型失控细节的细致划分，以及对实战中典型失控现象的体验和处置训练，值得我航空兵部队借鉴。①

2 失控飞行的特点和判断

T－45 飞机的失控飞行包括失速、偏离、偏离后旋转、初始螺旋、稳态螺旋 5 个阶段。一般情况下，飞机即将出现失控飞行时，会显示出操纵反应迟钝、操纵没反应、振动和噪声、机翼摇晃等一种或多种现象；而出现偏航速率增大、急转急滚、减速和不可控的掉高度现象时，表明飞机已经进入失控飞行。

失控飞行很可能让人产生错觉。如果飞行员要改出，就要迅速判明相应的失控阶段。光凭视觉和座椅感觉对于 5 个阶段的判断是不充分的，判断状态可信的办法是参考仪表。有 4 种仪表信息提供失控状态，分别是高度表、迎角指示、空速指示、转弯指针。高度表主要提供高度安全信息，其他 3 块仪表能为飞行员提供所有需要的识别和改出信息。飞行员必须参考高度表确定还有多少改出可用时间，如果 10 000 ft 高度还看不出改出迹象则跳伞。迎角指示主要确定偏离后旋转、螺旋是正还是反以及螺旋改出情况。稳定螺旋中，空速稳定，或绕着一个稳定值波动；如果空速大于或小于某一范围，或是稳定增加，表明飞机不是稳定螺旋。螺旋中，转弯指针锁定指向螺旋方向，因为在极端状态飞行员可能产生错觉，必须依靠转弯指针确定旋转方向，但转弯指针不能提供其他关于飞行阶段的信息。

3 失控飞行中飞行员的错觉及误操纵

研究表明，在失控飞行压力状态，飞行员的平均感知时间要比实际时间快 5 倍，这就是所

① 为了确保数据的准确性，本文沿用资料原文中的英制单位。其中，1 ft＝0.305 m，1 kn＝1.852 km/h。

谓的时间扭曲，导致飞行员不愿意用足够长的时间保持改出动作，从而可能发生这样的情况：飞行员感觉保持改出已经足够长时间了，飞机该有改出动作了，是时候尝试停止改出动作，做点别的了。避免时间扭曲问题发生的有效办法是准确分析问题，清楚飞机的改出程序，耐心保持改出操纵。如果实在没有办法，高度 10 000 ft 时还没有改出则跳伞。

失控飞行中三轴方向载荷交变会使飞行员对情况作出错误判断，实施不合适的改出操纵。这就要求飞行员在失控飞行状态要保持清醒，不要凭过载感知，要相信仪表。

从操纵角度看，飞行员对于失控飞行的初始反应往往与需要的操纵相反，主要是杆的横向操纵。例如，当遇到翼尖下掉或滚转偏离时，本能的反应是反向压杆，这就会引起飞机反偏，加剧偏离，可能导致螺旋。对于需要顺杆改出螺旋的飞机，可能会感觉这样做很不自然。飞行员要合理操纵，还要操纵到位，要确实检查操纵在正确的位置。

另外，失控飞行可能会把飞行员抛起来，够不着操纵杆。尽可能系紧安全带会帮助克服这个问题。在较大的负过载、交变载荷时，即使安全带系紧，也要费力才能够着驾驶杆。

4　失控飞行处置

针对失控飞行的特点，T－45 飞机给出了图 1 所示的座舱显示情况以及不同阶段的改出方法。

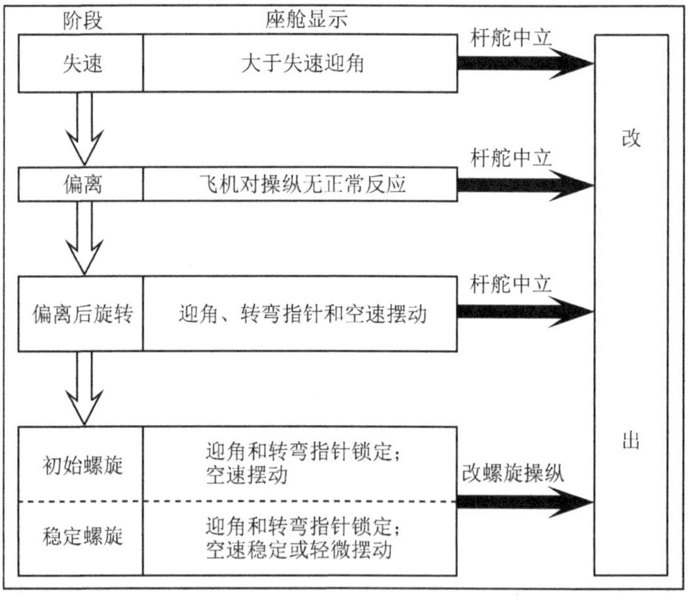

图 1　失控飞行和改出程序

美国海军航空兵训练标准中，偏离、螺旋对应的具体改出程序为：杆舵中立，减速板收起，油门慢车，检查高度、迎角、空速、转弯指针。如果是反螺旋（迎角 0 单位①），反舵、反向压杆、

---

① 单位（unit），迎角的刻度单位，比度（°）稍小，各型飞机的单位与度的换算关系并不一样。美军飞机迎角用单位表示的目的：一是让飞行员更好地感知迎角操纵的精细化和敏感性，知道迎角到某一单位值具有什么样的品质（操纵反应特点）；二是所有飞机统一标准，飞机迎角到了一定单位值，都具有相近的特点，这样减轻了飞行员换装各型飞机的负担。

纵向杆中立;如果是正螺旋(迎角大于 28 单位),反舵、顺向压杆、杆纵向中立;如果发现改出或者空速大于 160 kn,杆横向中立,方向舵中立;如果失去控制高度低于 10 000 ft 则跳伞。

5 飞行训练

为进一步了解和掌握失控飞行的特点,美军除进行近左边界和左边界训练外,还进行不同状态的深失速后训练,也就是失控飞行训练。下面是其中几个典型的失控训练过程。

5.1 深失速训练

训练程序如下,高度 19 000 ft,开始空速 200 kn,干净构型。收油门慢车,抬机头 10°,动能换势能,飞机减速到 17 单位迎角,空速过了 200 kn 不要再进行杆力配平,迎角 20 个单位时,飞机方向舵、副翼效能还可以。

随着迎角增大到 21.5 单位,能感到舵振动,迎角 24~26 单位,机翼下掉,迎角 25~26 单位,飞机轻微抖动,可能会遇到轻微的海豚跳,注意到方向舵副翼效能减小,注意到副翼差动偏转引起反向偏转。

柔和有力拉杆,迎角 27~28 单位。会经历抖动加剧,翼尖下掉,失速噪声,下降率很大。空速 110~120 kn,飞机深失速,副翼失去效能,只能用舵保持翼尖水平。不要用副翼操纵反制滚转。如果飞机滚转 90°坡度或更大,改出。如果能用舵保持机翼水平,用舵产生偏离,拉杆到底,半舵产生 30°坡度。反舵到底试着改回坡度。飞机开始向反舵方向滚转,然后又快速向初始半舵方向回转和偏离。

如果飞机偏离,执行失控改出程序。飞机会很快改出,空速 150 kn,滚转向最近的天地线改平,用最优迎角(17 单位)拉起,迎角不要超过 17 单位,避免在改出中再次进入螺旋。

5.2 低空速偏离

低空速偏离的目的是验证惯性和失去气动力的影响。零空速,唯一的力就是重力和达到零空速前产生的惯性力。低空速偏离在空速很小、气动力可以忽略的任何时候发生,飞机就像弹道一样运动。为了避免飞机进入尾冲,发动机异常,不能在垂直姿态 20°内开始低空速偏离。

飞机仰角 70°偏离的训练程序是:进入,最小空速 300 kn,高度大于 14 000 ft,迎角 15~17 单位,拉到仰角 70°,减速到 150 kn 以下,油门慢车。拉杆,参考地平仪,保持仰角 70°减速,机动中不要配平杆力。随着飞机偏离,执行偏离改出程序。空速指零(50 kn 以下就指零)机头下掉就表明偏离了。杆舵失效后杆舵中立,机头下掉过程中,不要反制任何摆动。零空速附近,没有控制力制止摆动,增速过程中,杆舵离开中立位置可能使状况加剧。如果操纵正确,飞机在惯性力作用下,机头下掉过 90°,追气流。随着空速增加,过了 150 kn,如同大迎角失速偏离一样,改平到最近天地线位置,拉起。

飞机仰角 110°偏离的训练程序是:进入,最小空速 350 kn,高度大于 14 000 ft,迎角 15~17 单位,拉到仰角 110°,减速到 150 kn 以下,油门慢车,参考地平仪,需要的话,减速过程中,回杆保持 110°仰角。随着飞机偏离,执行偏离改出程序。空速减小到零,杆舵中立,和仰角 70 机头偏离一样。注意检查油压告警灯,由于负载荷,油压告警灯可能会闪烁。拉出正载荷后,灯会熄灭。

5.3 横向压杆反向偏离

横向压杆反向偏离验证在大迎角下的转弯和反转(基础战术机动中出现),需要杆舵配合。这也显示,一旦飞机偏离,就是时候停止作战,并执行改出了。

训练程序是:高度大于 19 000 ft,空速 260 kn。飞机仰角 15°,油门慢车,坡度 80°～90°。确定发动机转速下降后,空速 250 kn,用力拉杆,向转弯的反向压杆到底,方向舵中立。压反杆到底、方向舵中立的目的是验证大迎角下的压杆响应。而通常在大迎角下操纵需要杆舵配合。飞行员会注意到,飞机反应迟缓,有压杆反向的趋势,这是由于横向压杆反向偏离引起的。当飞机失控时,执行失控改出程序,改出。

6 结束语

美军航空兵要求,每名战斗机飞行员必须准备好处置失控飞行。要了解飞机和海军航空兵训练标准中对失控飞行特性的说明,了解处置程序。改出程序必须变成习性;一旦失去控制,主动杆舵中立,油门慢车,直到改出,或者明确进入稳定螺旋,采用相应方法;要保持耐心,粗猛处置会带来麻烦;注意检查高度表,如果对高度没有信心,跳伞,没有理由为了改出飞机失去生命。

失控飞行只是飞行的另一个阶段,每一名飞行员都能处置它。如果飞行员知道程序,大脑清醒,会很快恢复控制,继续飞行。

对三代机向上机动纵向状态控制的思考

摘要： 结合三代机向上机动时迎角、速度及仰角等关键参数，分析了依据迎角、速度、操纵量精准控制纵向状态的机理，给出了向上机动速度过小时的预防与处置措施，为飞行中快速安全地向上机动提供理论依据。

关键词： 三代机；向上机动；纵向状态控制；迎角；速度

1 引 言

飞机机动飞行中的纵向状态控制主要是处理好迎角、速度及仰角等方面的关系。仰角是飞机纵向姿态的主要体现，迎角和速度则是影响飞机纵向状态的关键和体现。现代战机能够显示迎角的大小，为控制飞机的纵向状态提供了基本保障。理论和实践证明，“根据迎角控制飞机的纵向状态”，具有简单、精准的优点，体现了“大道至简”的智慧，是飞机操纵理念的进步。战机机动飞行的复杂性、纵向状态控制的精准性，都要求我们深入研究向上机动飞行时的迎角与速度特性，为空战中快速安全地向上机动提供理论依据。

2 向上机动时要注意依据迎角和速度控制纵向飞行状态

2.1 迎角决定气动特性、影响飞行性能

机翼的迎角如图1所示，是指相对气流与翼弦的夹角，反映了机翼迎风的角度及与来流相互作用的特点，决定了飞机的气动特性，直接影响飞行性能，且对飞机纵向及侧向操稳特性有着重要影响。迎角是表征飞机纵向状态特性的一个重要参数，控制住迎角就从根本上控制住了纵向状态。迎角的内涵非常丰富，作用非常显著，飞行员应仔细揣摩、领会并科学控制、应用。

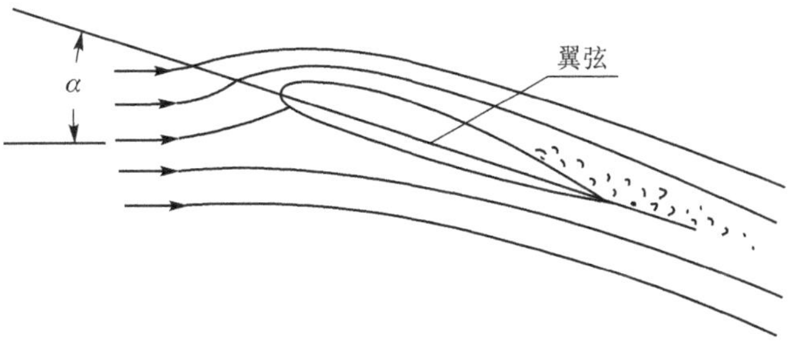

图1 机翼的迎角

老式飞机没有迎角的直观显示，飞行员不知道迎角大小，只能根据迎角与速度的对应关系，用$V_{失速}$，$V_{有利}$等特性速度反映$\alpha_{失速}$，$\alpha_{有利}$特性迎角，用$V_{着陆}$，$V_{起飞}$，$V_{陡升}$等特性速度反映

$\alpha_{着陆}$,$\alpha_{起飞}$,$\alpha_{陡升}$等特性迎角,进而控制飞行状态。但上述速度都随重量、外挂及坡度等飞行条件而变,使用不方便。现代飞机有了迎角的显示,并且通过飞控计算机实时显示出不同外挂构型、不同飞行状态下的迎角指示,直观反映出飞机当前的气动特性和飞行性能,为飞行员控制飞行状态提供依据。

2.2 处理好迎角与速度的关系

迎角和速度反映了飞机纵向状态特征,且相互关联、相互影响。在平直飞行的定常状态下,由于升力一定,迎角与速度一一对应;在机动飞行的非定常状态,迎角与速度并非一一对应,载荷,也就是纵向操纵量破坏了其对应关系。比如,向上机动的反扣状态时,一方面,由于向下的向心力大、速度的方向向下偏转较快,在规定的操纵量范围内,在顶点附近迎角并不很大,距失速迎角有足够余量,大可不必担心负迎角失速;另一方面,若超出规定操纵量,即使速度较大,也会进入失速状态。概括起来:一是速度小,迎角通常较大,拉杆粗容易导致迎角过大而失速;二是迎角与阻力增大,会导致速度减小。

2.3 根据迎角、速度、操纵量综合控制状态

"根据迎角控制状态"就是为了通过科学地控制迎角,在有足够安全余量的前提下充分发挥飞机性能。其中,直线飞行,主要参考有利迎角(升阻比最大)及起飞离地迎角、着陆接地迎角等特定状态的迎角进行控制;向上垂直机动可参考最佳垂直机动迎角(某三代机为14°左右)进行控制,对应旋转角速率较大、曲率半径小、垂直机动性能较好,这是考虑到向上机动中的重力减速作用,为防止速度过小,迎角不宜过大。

机动飞行中要综合考虑迎角、速度、操纵量来实现向上机动飞行状态的控制。比如,斤斗的顶点速度还受进入高度、进入速度、拉杆特点(即载荷规律)等因素影响;再如,变向斤斗中垂直段时间长,会导致速度偏小,甚至过小。况且,上升急转、斜斤斗、跃升等向上战术机动并没有强调根据最佳迎角控制状态,还要考虑速度、操纵量等因素来更好地达成向上机动纵向状态控制效果。

3 警惕三代机向上机动速度过小

虽然三代机气动布局与升力特性好,最小平飞速度、机动速度都较小,且总体操稳特性优良,但是也要警惕向上机动时速度过小的问题。

3.1 能量小,最大允许使用过载减小,机动性下降

能量是飞机机动中需控制使用的对象,也是飞机机动的基础。机动速度小,飞机可用的动能与过载就小。空战机动中的一个常见问题就是拉杆粗,导致速度与过载急剧减小,机动性能急剧下降,不仅不能攻击敌机,而且极可能陷入被动挨打的局面,并危及飞行安全。

因此,空战机动时要进行能量管理,做进攻性机动时通过一定技巧,迫使敌机将能量消耗至更低,同时使自己的能量保持在相对高的状态,以便在进入目标控制区、达到发射武器条件后,还有足够的能量将机头对准敌机。国外有资料提出了"角度战术"和"能量战术"的概念,其中"能量战术"就是合理利用初始能量或机动(如滚转剪式机动)获得能量优势,并将其转为位

置优势，取得攻击机会。具体来说，是在不失去决定性位置优势的前提下，获取相较于对手的能量优势，然后在不牺牲整体能量余度的条件下，将能量优势转为有效的位置优势，较“角度战术”更为谨慎、安全。而在“角度战术”中，为防止急转引起的速度与能量迅速下降，可采用下降转弯的方法。

3.2 机动速度过小易进入失速螺旋

国内外已发生的多起此类事故，其主要原因是：战机小速度下机动时迎角容易过大；而小速度下三代机本体的迎角静稳定性弱、制止迎角增大的能力弱。以下进行具体分析。

小速度机动拉杆后正迎角过大的原因：速度小，迎角通常较大，拉杆粗容易导致迎角过大；大迎角下速度急剧减小会导致升力减小、高度下降，使迎角进一步增大，特别是机动飞行中多带有坡度，飞机更容易失速。2002 年 8 月 21 日，日本嘉手纳空军基地一架 F－15C 战斗机执行机动训练任务时，在快速向左滚转过程中急剧拉杆，且没有发现空速急剧下降，导致迎角增加、失速，进入陡螺旋坠毁。

向上机动顶点附近速度过小时负迎角增加快的原因：如图 2 所示，在倒扣状态下，飞机的向心力由升力和较大的重力第一分力组成，较正飞曲线飞行时大得多，所以在大的向心力作用下、小的速度的方向向下偏转较快，即正迎角减小与负迎角增加都快，这种现象也可称为“掉进”负迎角失速。此类事故已发生多起，应引起足够重视。

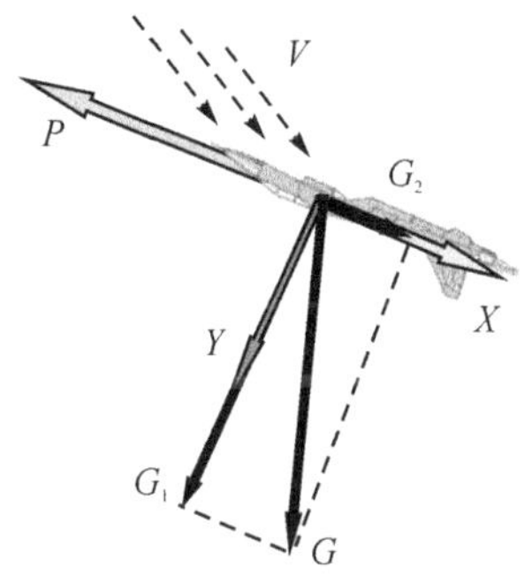

图 2 顶点附近的作用力关系

速度过小时三代机本体迎角静稳定性弱的原因：三代机本体的迎角静稳定性总体较二代机弱得多，因而需靠飞控系统补偿；速度过小时舵面效能低，飞控系统对迎角静稳定性的补偿作用明显不足。比如，某机发生反螺旋事故，飞参数据表明，该机向上机动过程中杆近中立略靠后基本不变，迎角自动由正变负。可见，由于顶点附近速度过小，甚至可能小于该机起飞前轮抬起速度，舵面效能很低，飞控系统补偿作用弱，加剧了负迎角自动增加。

传统上对于失速与速度的认识为小速度易失速，但不是一定失速；大速度不易失速，但不是一定不失速。三代机由于本体的迎角静稳定性弱，而速度过小时飞控系统的补偿作用也弱，这就导致小速度时迎角易迅速增加而失速。空战机动中，为达成战术目的，充分发挥飞机性能而进行的向上机动飞行也不能过多地减小速度。

4 向上机动纵向状态控制的注意事项

战机向上机动中，在按规定控制好迎角的同时，还应注意速度过小的预防与处置。

4.1 向上机动速度过小的预防

尽管三代机较二代机的气动特性好、推重比大，向上机动减速慢；但由于向上机动中，迎角、仰角增加会导致速度减小；同时，小速度下过载小，拉杆后速度矢量跟随性差，因而迎角增加多，即迎角、仰角增加与速度减小互为因果。若拉杆过急，两者形成明显的恶性循环，极易导致速度急剧减小。因此,向上机动预防速度过小应注意把握上升急转、斤斗、急跃升、HARST等动作的有关操纵要求。

一是避免倒扣状态下速度过小而进入负迎角失速与反螺旋。具体情况既包括正常的反仰角状态下对速度的控制,也包括大的正仰角下操纵不当使飞机滚转而意外进入小速度倒扣状态,由于这种情况下飞行员思想准备不充分,处置不及时,危险性更大。这方面的教训很多,应引起足够重视。

二是由于上升急转实战意义较强,拉杆易粗,且存在偏、滚角速度,产生一定的惯性上仰力矩,易导致迎角过大、速度减小快。此外,上升急转中坡度的变化也易对速度保持产生影响。因为,飞机带偏转和滚转时易导致坡度自动增大,高度上升慢,飞行员容易多拉杆,导致速度急剧减小。此外,如果进入阶段形成坡度过晚、过小,或转弯中压反杆过多,也容易造成上升角过大与改出时速度过小。

三是注意飞行中的"速度小"告警。有些三代机具有机动飞行最小速度告警功能,其设计逻辑已考虑飞机加减速特性和姿态影响,尽管开始告警时的速度较大,但是一旦告警,就应及时控制速度。

4.2 处置向上机动速度过小应重点关注的方面

以某三代机处置上升中速度小的偏差为例,重点强调的是,鉴于其倒飞状态速度过小时,正迎角减小与负迎角增加都快,且飞控系统增稳作用弱,所以在仰角超过规定值和倒飞位置机头下沉、速度小于一定值时,要按规定拉杆,并保持一定迎角,以避免负迎角失速和进入反螺旋。需要特别注意的是,向上机动顶点附近速度过小时,不得顶杆,以免导致飞机进入负迎角失速和反螺旋。

战机的机动失速速度比平飞失速速度大得多,机动失速动态比直线失速动态复杂得多。因此,飞行员应深刻认知平飞最小速度的前提条件与内涵,不宜把严格按规定操纵、特定小速度状态的动态特点推广到空战机动的各种复杂状态;应充分考虑三代机向上机动速度过小后可能的状态变化趋势及潜在隐患,综合机动性能、操稳特性,确定并强化向上机动小速度的限制边界,注重完善空战机动中短时突破小速度限制后的应对措施。特别是有些机型升级过程中应增加机动飞行的小速度告警信号,为飞行员空战机动提供可靠保障。

5 结束语

飞机机动飞行中的纵向状态控制,主要是处理好迎角、速度及仰角等方面的关系。战斗机向上机动时要注意依据迎角和速度控制纵向飞行状态,尤其是要警惕三代机向上机动速度过小,更需要处理好迎角与速度的关系,根据迎角、速度、操纵量综合控制飞行状态,从而保证飞行中快速安全地向上机动。

参考文献

[1] 罗伯特·肖,战斗机空战:战术与机动[M]. 杨毅,译. 北京:中国市场出版社. 2016.

[2] 高金源. 飞机飞行品质[M]. 北京:国防工业出版社,2003.

[3] 刘选民,李凡. 国外现代战斗机飞行事故[M]. 北京:航空工业出版社,2011.

三代机负迎角失速、反螺旋问题分析

摘要： 结合三代机顶点附近速度小、操纵不当易导致负迎角失速、反螺旋的问题，对其负迎角失速和反螺旋特性进行了分析，结合近年来发生的相关事故分析了主观和客观原因，提出了有效应对负迎角失速和反螺旋的对策建议。

关键词： 三代机；负迎角失速；反螺旋；过载

1 引　言

三代机采用了较先进的气动布局和飞控系统，具备迎角、过载等极限状态限制功能，抵御失速螺旋的能力改善明显，尤其是正迎角失速与正螺旋特性改善更为明显。但是，由于平台本身的负迎角失速与反螺旋特性存在一定程度的先天不足，而三代机又经常向上机动进入顶点反扣小速度状态，在一定程度上增大了负迎角失速、反螺旋的发生概率，导致了很多沉痛的教训。本文将结合有关事故做初步分析。

2 三代机负迎角失速、反螺旋特性分析

实践证明，三代机向上机动时，在顶点附近若速度过小且处置不当，迎角容易自动由正变负且不断增大，进而出现负迎角失速甚至反螺旋。原因涉及战机在顶点附近作用力与状态的一般特点、三代机飞控系统与迎角静稳定性特点、极限状态限制功能三个方面。

一是在顶点附近小速度时飞机的正迎角快速减小、负迎角快速增大。因为，在顶点附近倒扣状态下，飞机的向心力由升力和较大的重力第一分量组成，较正飞状态大得多；加之，顶点附近飞行速度小，所以在大的向心力作用下，小速度的方向向下偏转较快，即正迎角减小与负迎角增加都快。

二是在顶点附近小速度时，三代机本体的迎角静稳定性较二代机更弱，迎角变化时恢复慢。因为三代机本体的迎角静稳定性弱，靠飞控系统补偿；而在顶点附近，飞控系统对迎角静稳定性的补偿作用明显不足。其原因进一步分析如下：三代机飞控系统对迎角静稳定性的补偿通过迎角（过载）、俯仰速率两类参数的反馈实现。一方面，就迎角（过载）反馈看，由于在顶点附近小速度时舵面效能低，此类反馈的补偿作用就弱。另一方面，就俯仰速率反馈作用看，由于在倒扣状态飞机按机体轴和气流轴的转动方向相反，因而反馈后的作用是不稳定的，具体来说，在倒扣状态正迎角减小时，以气流轴系为基准，在本体俯仰稳定力矩作用下机头“下俯”以恢复原迎角；但若以机体轴系为基准，此时机头却是“上仰”的，而俯仰速率的反馈是以机体轴为准，因而反馈结果实际起不稳定作用。

由于上述两方面原因，三代机顶点速度过小时若处置不当就容易出现“负迎角自动快速增大”的不利现象，如某机事故的飞参数据表明，向上机动在大仰角小速度状态，反仰角状态杆近中立略靠后不变，迎角自动由正变负。

三是部分三代机的极限状态限制器没有负迎角限制功能。有些三代机尽管有负迎角限制

功能，但由于在小速度下效能较低，也发生过负迎角失速问题，因而仍不容忽视。

综上，三代机机动量大，顶点附近速度易小，加之平台本身的缺陷，操纵不当就易导致负迎角失速、反螺旋，这对操纵提出了更高的要求。如某三代战机规定：处置“上升中速度小”的偏差，仰角超过80°和在倒飞位置机头下沉、速度小于某一值时，要拉杆到底，并保持规定的迎角，以避免负迎角失速。应强调的是，上述缺陷也是三代机预防负迎角失速和改出反螺旋有关操纵动作特点的重要原因，与二代机改出反螺旋时驾驶杆在纵向位于中立或略靠后不同，某三代机改出反螺旋时需要拉杆到底，以产生最大的下俯操纵力矩，克服迎角静稳定性弱与机头下俯慢的不利影响，尽快减小负迎角。

3 三代机负迎角失速、反螺旋事故原因分析

近些年发生的多起负迎角失速、反螺旋事故，带来了深刻的教训，需要引起高度警醒。

3.1 有关事故的客观原因

三代机的先天不足实际上构成了负迎角失速事故的客观原因。但这里要重点强调其中“迎角静稳定性弱”的深层次原因。近些年我军高速战机发生了数起负迎角失速、反螺旋事件。其中，三代机占绝大多数，其顶点附近“迎角静稳定性弱”属于固有的特性。另外，某二代机进行大仰角状态感知时，由于进入动作时重心与极限非常接近，迎角静稳定性也接近中立，加之飞行员判断、处置不准确，发生了失速性反盘旋下降事故。

由此可得到两个结论：第一，顶点附近“迎角静稳定性弱”是易出现负迎角失速、反螺旋的一个重要的深层次原因。这还可通过与二代机对比进一步证明：由于二代机大迎角下的迎角静稳定性普遍较强，负迎角失速、反螺旋事故发生的概率相对较小；且20世纪70年代某歼击机螺旋普训中曾试飞反螺旋数十次，试飞表明，尽管该歼击机全动平尾的效率较高，在倒飞状态只推杆仍达不到失速迎角；要进入反螺旋，除推杆外，还要再蹬舵使飞机旋转。此外，试飞证明，某二代教练机也不易进入反螺旋，曾有一次推杆在负迎角失速状态下，蹬舵后，在数秒内都没有进入反螺旋。第二、三代机在顶点附近易出现负迎角失速、反螺旋的特点具有一定的客观必然性，应深刻认识，加强防范。

3.2 有关事故的主观原因

总的看，失速螺旋事故主观原因主要包括飞行员感知缺乏、认知缺陷两方面。鉴于目前不具备真实体验感知三代机失速螺旋的条件，以下仅分析主观认知原因，主要表现在两个方面。

第一，对顶点附近速度过小后易出现“负迎角快速增加”的特点了解不深入，对推杆危害认识不足。如某三代机在向上垂直变向过程中，顶点速度过小，飞行员错误推杆，致使飞机负迎角失速，进入反螺旋，未能正确改出。又如，某三代机向上机动，在大仰角小速度状态飞行员也错误推杆，进入负迎角失速、右反平螺旋，未能正确改出。

显然，上述错误操纵的根本原因在于认知不足，飞行员对向上机动各阶段迎角大小掌握不准确，对顶点附近迎角变化的特点不够了解，加之从院校理论教学到实际飞行的长期过程中形成了“小速度对应大迎角”的牢固观点，因而出现“顶点速度过小”偏差后，心理紧张、不敢继续带杆、甚至错误地推杆。但实际上，上述顶点附近迎角变化特点决定了即使向上机动中不断拉杆，正迎角也不会很大。某三代机操纵程序规定，过垂直位置到顶点，规定保持的迎角值距失

速迎角值有很大余量，大可不必因担心失速而推杆，而应按规定柔和、适量拉杆。

第二，对失速后的动态演变特点了解不够，技术、心理准备不充分，不利于正确判断、处置。理论和实践证明，与正迎角失速螺旋相同，三代机负迎角失速后，也会出现“悬挂”、偏离摆动等变化过程，最终进入反平螺旋。如根据某次事故飞参记录，负迎角失速后进入深度失速性“悬挂”；期间，高度下降数百米，航向、反坡度往复变化；“悬挂”后转入摆动，接着进入右反平螺旋。如果飞行员不了解上述特点，一旦进入后就可能过度紧张，盲目处置。

4 三代机负迎角失速、反螺旋的应对分析

对三代机顶点附近易负迎角失速特性的先天不足必须引起高度重视，采取有效措施加以应对。

一是强化理论认知。要注重理解顶点附近受力特点及迎角静稳定性弱的影响，进而强化对三代机顶点附近易失速的根本原因与客观必然性的认知，掌握控制状态的原则。分析国外三代战机有关动作可知，在大仰角、小速度条件下保持一个合理的正迎角范围，注意避免“顶点附近速度过小”的偏差；一旦出现偏差要正确处置，特别要避免错误顶杆，这是避免状态异常的关键。

二是构建概念模型。就螺旋改出动作本身来讲，不属于高难动作，之所以出现错误，主要是因为准备不充分、过度紧张和判断错误。失速、螺旋动态复杂，且目前高速战机难以通过实际飞行真实体验其动态特点，为提高判断能力，应通过失速螺旋的前提条件、相关操纵、动态特征等信息，建立起清晰、实用的失速螺旋概念模型，并充分利用典型事故视频、动画、模拟机等间接手段，强化直观印象。这样，进入后只要把现时状态信息和失速螺旋概念模型加以对照，结合身体感受，就容易做出正确判断。

三是注重险情预想。地面准备时，飞行员在全身放松情况下，在头脑里演示险情的处置操作程序，想象情境时要逼真，仿佛亲眼所见，身临其境，并尽可能引发一定的情绪反应，并把它连同处置特情预案变成必要的应变形象，留在记忆中。由于飞行员在地面准备时头脑里建立了险情模式，在实际飞行中如遇到想象过的险情，就会产生似乎遇到过的心理体验，可减轻过度紧张情绪。需注意的是，飞行员记忆信息随时间推移会有所损失，因此，每一个飞行员不管其经验、等级如何，均必须定期进行险情想象飞行。

四是改善装备性能。鉴于进入负迎角失速、反螺旋后，飞行员承受负过载、身体悬空、头部可能充血、操纵不便；看不到天地线、状态不易判断；下掉高度快、心理影响大；特别是有些三代机没有自动改出失速螺旋功能，人工判断、改出难度大。如果安全带不紧，将给正确处置带来更大难度。因此，应设置座舱扶手、安全带预收紧等功能，为飞行员操纵飞机提供便利；还应完善有关机型的负迎角限制、自动抗尾旋等功能。

5 结束语

三代机经常向上机动进入顶点反扣小速度状态，容易进入负迎角失速和反螺旋，必须强化理论认知、提高判断能力、加强险情预想，从机理上分析清楚特情发生的原因和相应的应对措施，才能有效提高特情处置能力，降低事故发生概率。

参考文献

[1] 罗伯特·肖，战斗机空战：战术与机动[M]. 杨毅，译. 北京：中国市场出版社，2016.

[2] 高金源. 飞机飞行品质[M]. 北京：国防工业出版社，2003.

参考迎角和过载操控飞行

摘要：针对飞行员参考迎角和过载操纵飞机，根据飞机气动特性和作用力关系，对直线飞行中的等迎角飞行的优势，机动飞行中的迎角与载荷的控制原理和操控策略进行分析。分析结果对于新机型飞行员深入理解这种操控方式，保障飞行安全具有参考价值。

关键词：迎角；过载；飞行操纵

1 引 言

在传统的飞行中，飞行员主要参考速度、高度、姿态角、升降速度等飞行仪表参数、身体感觉和舱外信息来控制飞机。随着我军航空兵装备技术水平的提高，飞行员在飞行中获取的信息越来越丰富，人们提出了参考迎角和过载的操控方式。飞行理论分析表明，在很多飞行状态下，参考迎角、过载飞行能够更大地发挥飞机的潜能，更安全和准确地飞行。这种方式在飞行实践中，也为越来越多的飞行员所接受。本文将就此问题进行分析。

2 迎角、过载的概念

迎角是飞机飞行速度（相对气流）方向在飞机对称面内的投影与翼弦之间的夹角。如果不考虑侧滑和翼弦与飞机纵轴的安装角，迎角可以定义为飞行速度（相对气流）方向与飞机纵轴之间的夹角，如图 1 所示。

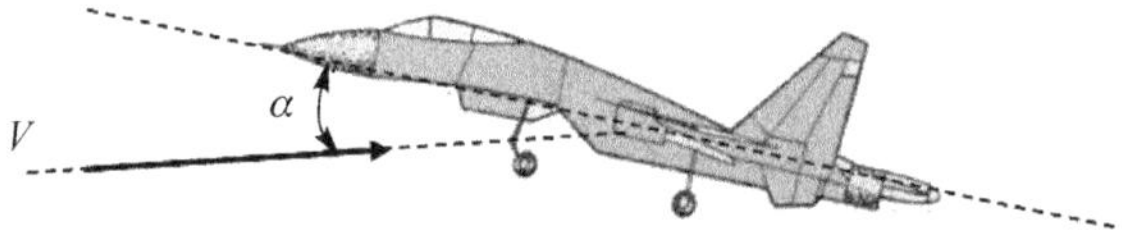

图 1 飞机的迎角

在飞机飞行中，迎角决定着飞机机翼气流流动状态和气动作用力的大小，迎角过小，机翼上产生不了足够的升力；迎角过大，就会发生气流分离，飞机失速抖动。飞行员纵向操纵驾驶杆的过程，实质上就是调整迎角大小从而调整升力大小的过程。

法向过载是飞机升力与重力的比值，其在三个方向过载中最为重要，因而法向过载通常即指过载。飞行中，过载越大，飞机的机动能力越强，但过载又受到飞行员和飞机承受载荷能力的限制。

下面将从直线飞行和曲线飞行两个方面对飞行员参照迎角、过载飞行进行分析。

3 直线等迎角飞行

直线等迎角飞行多用于较小速度的精确飞行中，如着陆和着舰的下滑飞行。此类飞行中，飞行员在引导信号(无线电或光学信号)的协助下，或是目视保持下滑点，可以保持精确的直线飞行轨迹。

直线飞行中，如果轨迹角 θ(上升或下滑角)比较小，飞机的升力和重力基本相等，即

$$\frac{1}{2}\rho V^2 SC_y = G \tag{1}$$

式中，ρ、V、S 和 C_y 分别代表大气密度、飞行速度、机翼面积和升力系数。在正常的使用迎角范围内，飞机构型一定的情况下，飞机的升力系数只和飞机的迎角有关。这样，直线飞行中，在飞行重量一定的情况下，飞行速度就与迎角之间存在一一对应的关系，这就是飞行员常说的控制迎角就控制了速度。

在直线飞行中，控制迎角与控制速度相比，又有所不同。首先，从式(1)可以看出，控制迎角，相对于不同的飞行重量，就会对应不同的速度。当飞机重量比较轻时，对应的飞行速度就会自动减小，这对于控制小速度的直线飞行是非常有利的。比如在着陆下滑中，控制迎角就会使五边下滑的速度更合理，拉杆开始的速度尽量小，从而减小着陆滑跑距离。在舰载机着舰下滑中，这一点显得尤为重要。而如果选择控制速度直线飞行，为了保证在较大重量下飞机不失速，就要选择比较大的速度，这对于上述着陆和着舰飞行，显然没能更好地发挥飞机的性能。

控制迎角与控制速度比的另一个不同之处是飞机姿态固定，这在着陆下滑和着舰下滑中也是非常重要的，如图 2 所示。

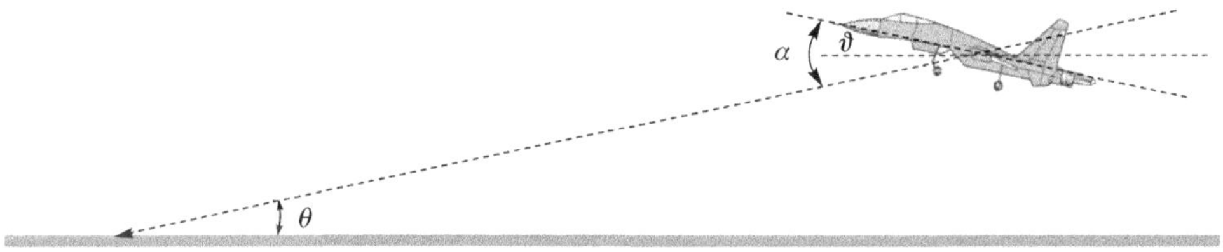

图 2　飞机下滑中的角度关系

飞机的角度关系如下：

$$\alpha = \vartheta + \theta \tag{2}$$

式中，ϑ 和 α 代表飞机的俯仰姿态角和迎角。在着陆下滑和着舰下滑中，飞机的下滑轨迹是基本固定的，特别在着舰下滑中，下滑轨迹在着舰引导灯光系统引导下严格固定。这样，由式(2)可知，保持飞机迎角，飞机的姿态俯仰角就确定，这对于飞行员根据飞机姿态关系观察判断下滑点是很有利的。在着舰下滑中，保持俯仰姿态角，也就保持了尾钩和飞行员眼位之间的空间位置，这对于提高着舰精度也是非常有利的。统计数据表明，这种控制方式与控制速度的方式相比，着舰挂索成功率要高。

4　曲线飞行中的迎角与过载控制

曲线飞行的关键是控制过载。法向作用力关系如下：

$$\frac{1}{2}\rho V^2 SC_y = n_y G \tag{3}$$

由式(3)可见，在较大表速下，飞机有足够的能力产生过载，飞行员做机动主要是控制过载不能太大；在较小的表速下，飞机要产生一定的过载就要有较大的迎角，这时飞行员要注意迎角不能过大，以免引起飞机抖动和失速。所以，在飞行中要求飞行员大速度看载荷，小速度看迎角，这是非常有道理的。

在机动飞行中，参考迎角和过载操控飞机程序并不复杂。在速度由大到小的机动飞行过程中，飞行员先用主要精力控制过载，保持等过载机动；随着速度的逐渐减小，迎角逐渐增大，当迎角达到预定值后，飞行员用主要精力控制迎角，保持等迎角机动。与传统的机动飞行相比，这样操控飞机机动，有利于最大限度地发挥飞机的机动性能，保证飞行安全。在某些三代机的很多机动动作中，飞行员就是采用这种操控方式。

5　结束语

从直线飞行和机动飞行两方面分析了参考攻角和过载飞行的意义。从分析可知，这样飞行更科学，更能充分发挥飞机的性能，同时有利于保障飞行安全。由于较早的飞机很少装有攻角和过载指示器，飞行员无法观测到攻角和过载；同时，这两个参数主要以纵向短周期的模态表现，在飞行中变化频率比较高，属于快反应参数，飞行员参考攻角和过载操控飞机有一定难度，飞行员没有建立起这样的操纵习惯。随着攻角测试、滤波技术的不断改进和人们对于飞行认识的不断深入，近年来，在某些飞行阶段，参考攻角和过载操控飞行已经成为先进机型的一种重要操控方式。

参考文献

[1] 贾忠湖. 飞行原理基础[M]. 北京：国防工业出版社，2016.
[2] 高金源. 飞机飞行品质[M]. 北京：国防工业出版社，2003.

近左边界飞行操控分析

摘要：针对目前重视的近左边界飞行，根据飞机此状态的空气动力和操稳特性，借鉴美海军航空兵的训练方法，提出左边界飞行操控策略。分析结果对于保障近左边界飞行安全，提高训练效果具有参考价值。

关键词：左边界；操控策略；失速

1 引　言

只有探究飞机的边界性能才能最大限度地发挥飞机的作战效能，从而突破战斗力生长的瓶颈，降低实战中的风险。近年来，在我航空兵紧贴实战条件下组织的“自由空战”“突防突击”竞赛性考核和“体系对抗”演习的牵引下，在中外训练交流的启发和催化下，小速度下的近左边界性能训练已越来越引起各级领导机关和广大飞行人员的重视。如何针对飞机近左边界飞行特点，建立合理的操控习惯，是做好边界飞行的关键。

2 近左边界飞行的操稳特性

飞机迎角接近失速迎角，机翼上表面已经有了局部或较大面积的气流分离，机翼上表面气流分离点附近的涡流，一会儿被迎面气流吹离机翼，使分离点后移，分离区缩小，升力增大；一会儿又回到原处，分离点扩大，升力又会减小。这种升力时大时小的“脉动”变化，就会激发起飞机抖动和结构振动，而且左右机翼升力变化不可能均匀一致，又会引起飞机左右摇晃。同时，机翼表面的涡流流过副翼和尾翼，不均匀的气动力不断冲击操纵面，会激发舵面抖动，对于有回力操纵系统的飞机，会带动驾驶杆和脚蹬板产生抖动。由于涡流区的气流平均速度小，偏转舵面时，作用在舵面上的力小，产生的枢轴力矩和操纵力矩也小，飞行员会感到操纵杆舵变轻，飞机反应迟缓。同时由于气流分离、表速小，飞机的三轴稳定性也会减弱。

飞机在近左边界飞行，处于飞行品质较差的第二速度范围，即操纵“反区”，不具有速度稳定性。以减小速度为例，为保持稳定飞行，减小速度、增大迎角后，由于诱导阻力增加，飞机全阻力不会减小，反而会增加，需要的飞机动力较减小速度前还会增大，出现所谓反常操纵。上述操稳特性无疑会增加近左边界飞行的困难。

3 近左边界飞行的偏差修正策略

基于上述飞机近左边界飞行的操稳特性，当出现高度、姿态/速度偏差时，基本的修正策略是高度主要用油门控制，姿态、速度用油门和杆共同控制，任何修正都应该是两者的协调。

在这方面，美军提出的P，A，T原则具有借鉴意义。P是Power，指功率调整；A是Attitude，指调整姿态；T 是 Trim，指新的状态配平。这是美海军航空兵驾驶员修正偏差和完成很多动作要遵循的基本原则，先油门，再姿态，最后配平。具体修正方法如下。

(1) 高度高，稍收油门，低头保持速度。飞机高了最大的可能就是油门大，但也不要收得过多，特别是高度较低时。

(2) 高度低，加油门，抬机头保持速度。飞机姿态必须调整，单纯加油门只会使飞机加速。

(3) 迎角小速度快，稍收油门，同时稍带杆，飞机减速到合适后，再调整油门。

(4) 迎角大速度慢，加油门，前迎杆增速，速度恢复后，再收油门，调整姿态。

在近左边界飞行要强调油门的控制作用，这是由于这时飞机具有速度不稳定性，单纯用杆操控会引起速度发散，甚至失速；及时的油门操控加入人机闭环偏差修正中，人机系统就是闭环稳定的。

操纵飞机属于技能练习，对于飞行员来讲，不同机型，应保持操控习惯的一贯性。美海军航空兵的飞行训练从飞行学员训练阶段就非常注重近左边界飞行。初教机 T-6B 近左边界飞行训练包括慢飞、有动力失速、无动力失速(小油门)、模拟进近转弯失速等。从初教机 T-6B、高教机 T-45 到舰载战斗机，偏差修正都是采用上述操控策略，从学员阶段就为未来小速度着舰飞行建立良好的操纵习惯和技术基础。

4 近左边界飞行应注意的几个问题

近左边界飞行要注意的核心问题是防止飞机失速，在实施合理操控策略的同时，还应注意以下几个问题。

4.1 关注迎角

迎角是飞机飞行速度(相对气流)方向在飞机对称面内的投影与翼弦之间的夹角。如果不考虑侧滑和翼弦与飞机纵轴的安装角，迎角可以定义为飞行速度(相对气流)方向与飞机纵轴之间的夹角，如图 1 所示。

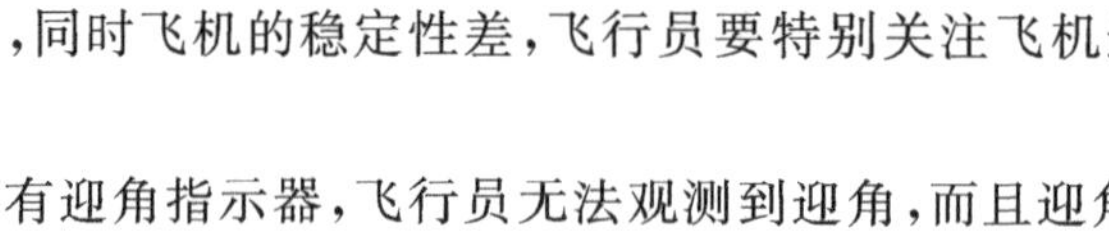

图 1 飞机的迎角

迎角超过飞机的失速迎角，飞机上就会发生严重气流分离，出现失速。而近左边界飞行迎角到失速迎角的余量小，同时飞机的稳定性差，飞行员要特别关注飞机迎角大小和变化，以免进入失速状态。

早期的飞机很少装有迎角指示器，飞行员无法观测到迎角，而且迎角在飞行中变化频率比较高，属于快反应参数，飞行员参考迎角操控飞行有一定难度，因此没有建立起这样的操纵习惯。随着迎角测试、滤波技术的不断改进和人们对于飞行认识的不断深入，近年来，在某些飞行阶段，参考迎角和过载操控飞行已经成为先进机型的一种重要操控方式。

4.2 认清舵面效能的弱化及飞控系统的能力限制

正常情况下，飞机的舵面效能与飞行表速的平方成正比。近左边界状态飞机表速较小，加上舵面本身气流分离，以及机翼、机身气流分离流场的影响，舵面的效能减小明显，飞行员在操控飞行时一定要注意提前量，预判准确，动作柔和。

三代机的飞控系统为了预防飞机失速，在迎角过载方面进行了限制，但除了推力控制外，所有的控制末端都是通过舵面偏转实现的，如果舵面效能弱化，再好的控制率也难以实现。近年来多起三代机出现失速、螺旋问题，说明了上述问题的存在。不能盲目认为飞机可以无忧飞行，不考虑飞机还有进入失速、螺旋的可能性。

4.3 消除侧滑

在侧滑状态下，飞机绕流性质改变，局部气流分离首先从侧滑后翼开始，随迎角增大，分离区在侧滑后翼扩展加快，会使抖动和失速提前发生。由于失速提前，气流不对称，失速后飞机的姿态变化就会较无侧滑失速更为复杂和剧烈。因此，在近左边界飞行中，要尽量消除侧滑。

5 结束语

理论分析和飞行实践表明，只要认清近飞机左边界特性，采用合理的操控方法，把控好应注意的关键问题，就能够确保近左边界飞行安全，充分发挥飞机的性能和作战效能。

参考文献

[1] 贾忠湖. 飞行原理基础[M]. 北京：国防工业出版社，2016.

部分三代战机“迎角悬挂”现象的机理分析与仿真计算

摘要：参考有关风洞试验结果，探讨了部分三代战机“迎角悬挂”现象的机理，对比分析了不同机型“迎角悬挂”的特点。以某型三代战机为例，根据其纵向气动和操稳特性曲线及飞控系统特性，利用时域动态响应的方法，仿真计算了该型机大迎角下“迎角悬挂”的有关现象，计算结果与其技术资料的叙述相符。分析与计算表明，大迎角下“迎角悬挂”现象是由该类型三代战机气动布局决定的一个共性问题；“迎角悬挂”现象的特点与具体机型的气动布局特点以及重心位置等因素有关。

关键词：迎角悬挂；大迎角品质；大迎角机动；飞行安全

1 引　言

某三代战机技术资料和教材均指出，该机在“改出尾旋并停止旋转后，可能在迎角 38°～40°上“悬挂”(迎角不减小)。该型机在实际飞行中，也出现过“迎角悬挂”现象并导致严重事故。与该机气动布局相似的另一种三代战机也存在着类似现象，称为深失速[1]。那么，该类三代战机“迎角悬挂”现象的机理是什么？出现“迎角悬挂”现象应具备哪些条件？如何理解上述表述中的“可能”？不同机型“迎角悬挂”有哪些差异？这些问题直接关系到战机特技飞行、大迎角机动的性能发挥和飞行安全。同时，深入分析诸如“迎角悬挂”等大迎角下特殊气动现象的形成机理，对挖掘先进战机大迎角机动性能、现役战机的改进乃至下一代高机动战机的设计与研制都具有重要意义。

鉴于目前国内外资料对“迎角悬挂”现象的深入分析较少，特别是飞行员对有关问题了解不深入，对飞行安全构成了一定的威胁。本文围绕上述问题，参考有关风洞试验结果，探讨了该类三代战机“迎角悬挂”现象的机理与有关特点，并利用时域动态响应的方法，对某三代战机“迎角悬挂”进行了初步仿真计算，以供进一步研究时参考。

2 “迎角悬挂”现象的机理与有关特点

2.1 “迎角悬挂”现象的机理

“迎角悬挂”一词来自某型三代战机的技术资料，是指飞机在大迎角下的某一迎角范围内，出现迎角保持基本不变的现象。

显然，形成“迎角悬挂”应满足两个基本条件：一是大迎角下 $m_z-\alpha$ 曲线中存在俯仰力矩系数为零的配平点；二是配平点附近有足够的俯仰稳定性和接近于零的俯仰角速度，以满足配平点出现的短时间小扰动，飞机的俯仰稳定性能保持迎角基本不变。

如图1、图2所示,该类三代战机低速时本体的俯仰力矩系数曲线表现出"勺形"特点,在某些平尾偏角下确实存在大迎角下的俯仰力矩配平点。其中,在平尾偏角接近于零的配平点,俯仰角速度也接近于零。

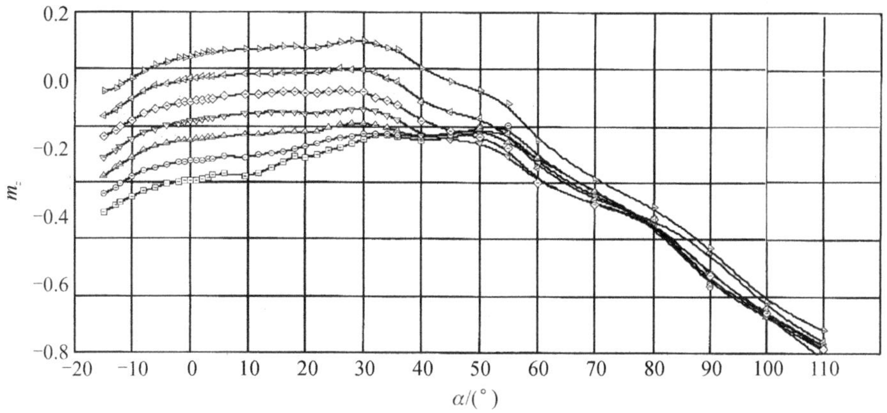

图1　俯仰力矩系数曲线(1)

该类机采用了机身两侧带边条的布局形式。根据三元风洞实验烟流/激光片光源显示结果:当边条翼飞机的迎角增大至一定值时(实验中的边条翼对应27°~35°),边条翼的脱体涡在向后流动过程中会较早地发生大范围的破裂[2]。这会使边条翼上的涡升力显著减小,进而导致整个飞机的焦点后移,俯仰静稳定性增强。

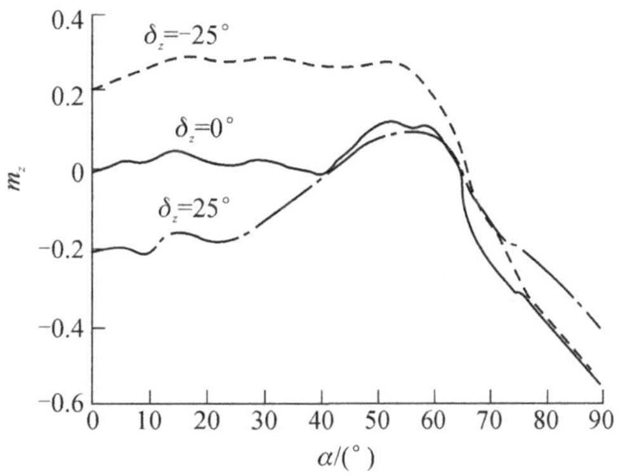

图2　俯仰力矩系数曲线(2)

该类三代机边条翼脱体涡的发展遵循相似的规律:以某型机为例,其临界迎角与出现"迎角悬挂"现象的迎角范围相同。这说明当迎角增大至临界迎角时,主要是脱体涡的大范围破裂使升力系数不再增加,并随迎角增大而减小;同时,该机的 $m_z-\alpha$ 曲线表明,在临界迎角范围内,由于飞机的焦点后移,平尾偏角接近于零且飞机重心靠前时有一定的俯仰静稳定性,故如技术资料所述,确定有可能出现"迎角悬挂"现象。仿真计算结果也证明了这一点。这说明上述"迎角悬挂"现象机理的分析是合理的。

可见,边条翼的脱体涡在一定的大迎角下大范围破裂与飞机焦点后移,俯仰静稳定性增强的客观规律,决定了大迎角下"迎角悬挂"现象是该类三代机的共性特点。

2.2　"迎角悬挂"的可能性及稳定程度

出现"迎角悬挂"可能性的大小主要取决于形成"迎角悬挂"现象两个基本条件的特点,即大迎角下俯仰力矩配平点分布的特点和配平点附近俯仰稳定性及俯仰角速度的特点。对某型机来说,如图1所示,由于不同平尾偏角时大迎角下俯仰力矩的配平点较分散,且部分配平点附近的俯仰稳定性很弱,故只有飞控系统纵向通道接通、平尾偏角接近于零且重心靠前时才可能出现"迎角悬挂"现象。这正是其技术资料关于"迎角悬挂"现象表述中"可能"一词的原因。

“迎角悬挂”现象的稳定程度主要取决于对应配平点附近俯仰稳定性的强弱。某型机气动布局在三代机中具有代表性，该类飞机大迎角下俯仰稳定性的强弱与其边条翼和基本翼的面积、后掠角及平尾的面积、位置等因素均有关。如图1所示，由于某型机采用了放宽静稳定性技术，加之边条翼、基本翼和平尾的布局特点，使得大迎角下本体的俯仰稳定性总体较弱，“迎角悬挂”现象对应的配平点附近俯仰稳定性也较弱，即“迎角悬挂”的稳定程度较低。

而如图2所示，对另一种气动布局相似的三代战机来说，由于其不同平尾偏角时大迎角下俯仰力矩的配平点很集中，且配平点附近本体的俯仰稳定性相对较强，因而出现“迎角悬挂”现象的可能性较大，且稳定程度较高。

3 纵向运动方程和飞控系统纵向通道模型

大迎角下出现的“迎角悬挂”现象主要取决于飞机的纵向气动和纵向稳定特性。为简化计算与分析，并突出“迎角悬挂”现象的物理本质，本文的计算仅考虑纵向运动方程和纵向飞控系统。

3.1 飞机纵向运动方程

本文计算的纵向运动方程为

$$m\frac{\mathrm{d}V}{\mathrm{d}t}=p-X-G\sin\theta$$

$$m\frac{\mathrm{d}\theta}{\mathrm{d}t}=Y-G\cos\theta$$

$$I_z\frac{\mathrm{d}w_x}{\mathrm{d}t}=M_z^{\alpha}\alpha+M_z^{w_z}w_z+M_z^{\dot{\alpha}}\dot{\alpha}+M_z\delta_z$$

补充条件 $\alpha=\vartheta-\theta$

由于大迎角下的运动方程为非线性方程，本文采用欧拉法求解，时间步长 $\mathrm{d}t=0.01\ \mathrm{s}$，$C_y^{\alpha}$，$C_x^{\alpha}$，$m_z^{\alpha}$，$m_z^{wz}$，$M_z^{\dot{\alpha}}$ 来自吹风曲线；大迎角下 $m_z^{\delta z}$ 通过不同平尾偏角下的 $m_z-\alpha$ 吹风曲线估算。

3.2 飞控系统纵向通道简化模型

如图3所示，某型三代战机的电传操纵系统纵向通道以杆位移指令为输入信号，带有法向过载和俯仰角速度两个反馈信号，提供人工俯仰稳定和俯仰阻尼，力图使飞机的过载(迎角)达到指令值。

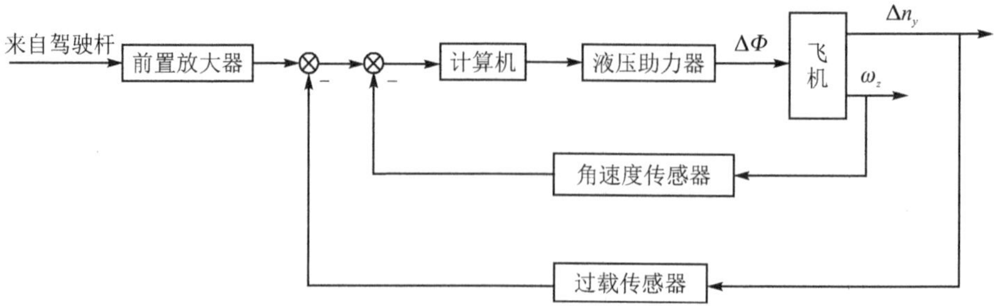

图3 飞控系统纵向通道简化框图

4 “迎角悬挂”现象的有关仿真结果

为分析影响“迎角悬挂”现象的因素，以某型三代战机为例，按不同重心位置、不同初始操纵特点、飞控系统纵向通道开与关等条件进行了计算。其中，初始为高度 $H=5\ 000$ m，前两种条件真速 $V=346$ km/h。第三种接近该型机的一种过失速动作的初始条件，即断开飞控纵向通道，取 $V=380$ km/h，重心与焦点重合，拉杆到最后并保持。计算结果如图 4～图 6 所示。

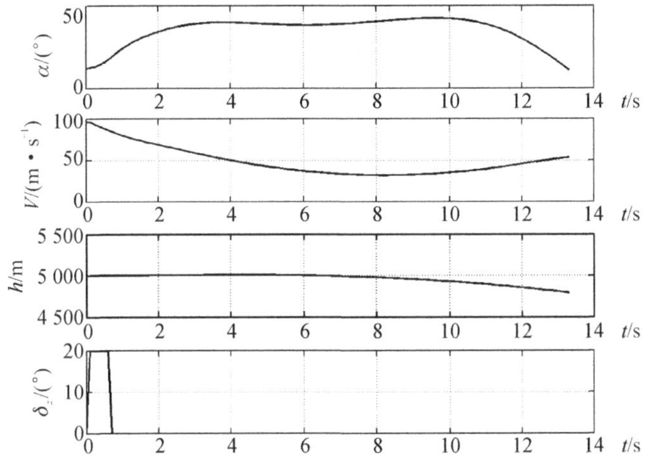

图 4 前重心、阶跃型拉杆输入

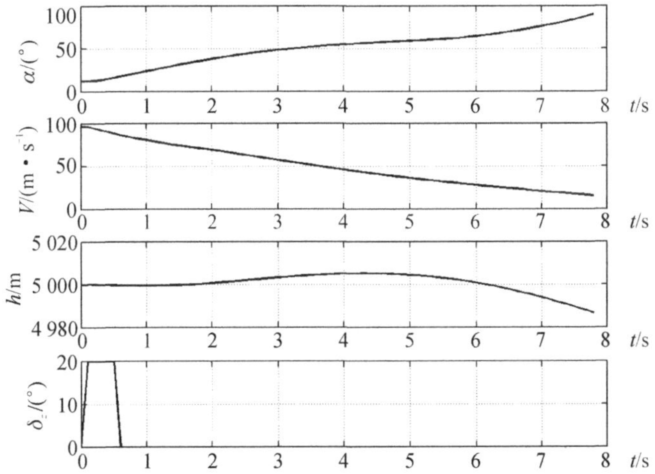

图 5 接近中立重心、阶跃型拉杆输入

计算结果表明，第一种情况基本符合该型机技术资料中“迎角悬挂”现象的条件(对应迎角为 38°～40°)；悬挂过程中，速度减小了 180 km/h，高度下降 200 m。第二种由于重心靠后，未能悬挂，迎角从初始值增至 90°的时间接近 8 s。第三种计算数据与该型机某过失速动作前半段的实际飞行数据基本一致：迎角增至 90°(仰角 115°左右)所用时间为 2.4 s(实飞为 2.1～2.7 s)，高度上升 14 m(实飞中高度略升高)，速度减小了 164 km/h(实飞中不同条件表速约减小100 km/h)。

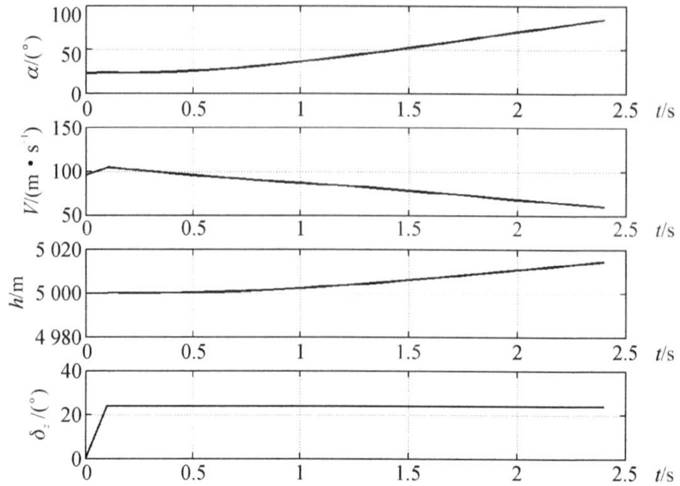

图 6　中立重心、纵向通道断开并持续拉杆

计算表明，某型机的“迎角悬挂”现象受到飞机重心前后位置、平尾偏角及飞控系统纵向通道工作情况等条件的影响。其中，重心前后位置影响最大。当飞控系统纵向通道接通、平尾偏角接近于零且重心靠前时容易出现“迎角悬挂”现象。同时，$m_z-\alpha$ 曲线与仿真结果表明，由于某型机“迎角悬挂”现象对应的配平点附近飞机本体的俯仰稳定性较另一种三代机的弱，所以“迎角悬挂”的稳定程度较低。

5　结束语

(1) 部分三代战机大迎角下“迎角悬挂”现象的本质是大迎角范围内配平点附近具有较强的俯仰稳定性。此现象是由该类三代战机“机身两侧带边条”的布局形式所决定的一个共性问题。不同机型的边条翼和基本翼的面积、后掠角及平尾的面积、位置等布局形式的不同，“迎角悬挂”现象的可能性及稳定程度不同。同一机型，“迎角悬挂”现象的特点与飞控系统纵向通道、重心前后位置、平尾偏角等因素有关。其中，重心前后位置影响最大。

(2) 某型机由于大迎角下俯仰力矩的配平点较分散，且大迎角下本体的俯仰稳定性总体较弱，因而只有在飞控系统纵向通道接通、平尾偏角接近于零且重心靠前时才可能出现“迎角悬挂”现象；且“迎角悬挂”的稳定程度相对较低。而另一种三代机不同平尾偏角时大迎角下俯仰力矩的配平点很集中，且配平点附近本体的俯仰稳定性相对较强，因而出现“迎角悬挂”现象的可能性较大，且稳定程度较高。

(3) 由于某型机的具体型号较多，重心前限不同，受不同重心的 $m_z-\alpha$ 曲线所限，本文的计算尚不够全面，有待进一步完善。

参考文献

[1] 刘冰，高仍清. F-16 飞机大迎角飞行特性分析[J]. 飞行力学，2000，13(2)：51-57.

[2] 李劲杰，杨青，杨永年，等. 边条翼布局双垂尾抖振特性与机理风洞实验研究[J]. 空气动力学报，2006，24(4)：397-402.

构型、耗油量对战机失速迎角的影响

摘要：根据有关理论与数据，结合具体飞行事故，分析了构型、耗油量对俯仰中立稳定迎角、方向中立稳定迎角、侧滑参数中立迎角、LCDP 中立迎角的影响及对失速迎角影响的特点，最后得到了相关结论。

关键词：构型；耗油量；失速迎角；飞行品质

1 引 言

战机的特技飞行训练，空战中的占位机动、规避机动，使大迎角飞行不可避免。大迎角下飞机可能会出现抖振、机翼摇晃、失速(包括变状态亦称偏离和失速性旋转)、过失速、尾旋和耦合运动等。对于二代、三代战机，失速仍是大迎角下威胁安全的起始环节和重要因素，即使能完成过失速动作的某三代战机，正常情况下对最大允许迎角仍有严格的限制。因此，深入研究战机的失速迎角 $\alpha_{失速}$ 有重要意义。

一般认为，影响 $\alpha_{失速}$ 的因素有：V、Ma、β 和 w_X 及飞机气动布局和增升装置、发动机状态、机翼表面的水膜、积冰等。但大迎角气动特性的“构型(外形)相关性[1]”和飞行实践都表明：构形对 $\alpha_{失速}$ 也有一定影响。如某战机完成过失速动作时就对构形有严格要求。1998 年 9 月 15 日，一架歼×飞机做加力小速度筋斗时，因操纵失误进入失速导致一等事故。该机资料表明 $\alpha_{失速}=24°$，而飞参记录显示，飞机在 20°迎角附近，状态就不稳定了，在 22°迎角时开始急剧变态，$\alpha_{失速}$ 的这种差异与当时该机腹鳍前挂了一个 3 m 长的筒状拉烟罐有关[2]。现代战机的 $\alpha_{失速}$ 与操稳特性密切相关，通常由 $\alpha_{抖}$ 及俯仰或横侧或方向中立稳定迎角、侧滑偏离或副翼操纵偏离中立迎角综合确定。鉴于多数国产战机模型自由飞失速和大迎角特性风洞实验对构型考虑不够，而现代战机的外挂点日趋增多，耗油对 X_G 的影响更为明显，本文就此问题做初步分析。

2 构型、耗油量对俯仰中立稳定迎角的影响

俯仰中立稳定迎角由 $m_z^{C_y}=0$ 确定。后掠翼、三角翼飞机通常首先在翼尖附近发生气流分离，产生向下的附加升力，使飞机自动上仰。此时，俯仰稳定性减弱，甚至静不稳定，$m_z-C_y(a)$ 曲线出现“勺形”。一般“勺形”越明显，上仰偏离就越严重。因此，$m_z^{Cy}=0$ 是确定 $\alpha_{失速}$ 的依据之一。

构型和耗油量通过改变 X_G，X_F 可影响 m_z^{Cy}。由于战机的导弹、副油箱等的主体多是旋成体，尽管其升力较机翼的小很多，但对焦点的影响不能忽视。图 1 是某战机某构型对 m_z^{Cy} 的影响曲线。再如国产某型战机翼下挂某型炸弹、导弹时，焦点分别前移约 $2.5\%b_A$，$3\%b_A$～$4\%b_A$。特别是当迎角较大时，旋成体表面发生附面层气流分离，其附加升力作用点前移，进

一步影响 X_F 与 $m_z^{C_y}$。

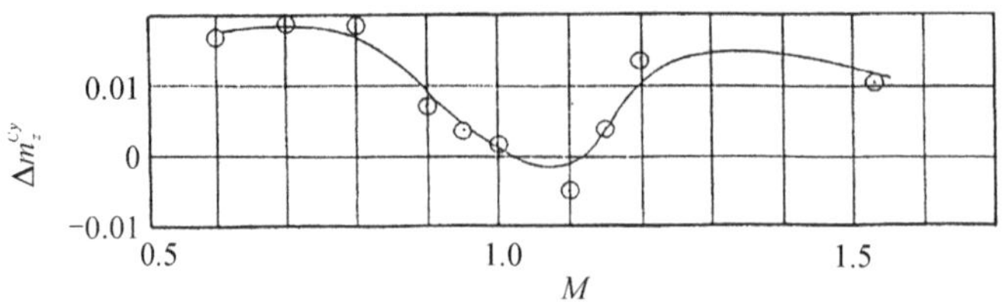

图 1　某战机某构型对 $m_z^{C_y}$ 的影响

尽管常规布局战机在正常迎角下，按规定配置的构型都可保证纵向静稳定性，但不少国产战机确实存在个别构型组合和特定余油量下，俯仰稳定余度偏小的情况。如某战机起落架收起，带副油箱和 2 枚某导弹，余 7%机内燃油时，$m_z^{C_y}=-0.37\%b_A$。显然，随迎角增大，俯仰稳定余度会进一步减小，这将可能使 $\alpha_{失速}$ 明显减小。

3　构型、耗油量对方向中立稳定迎角的影响

现代战机的 m_y^β 随迎角增大由负变正，迎角再增大，其变化因飞机而异，即在较大迎角 $m_y^\beta>0$ 的区域会出现方向发散。目前，二代、三代战机的 $\alpha_{失速}$ 多由 $m_y^\beta=0$ 确定，即方向中立迎角是确定 $\alpha_{失速}$ 的重要依据。

构型和耗油量主要通过改变重心位置和侧力作用点来影响 m_y^β。其中，当构型重心位于飞机重心之前，在侧滑条件下产生的附加力使方向静稳定性减弱；反之，方向静稳定性增强。因此，构型对 m_y^β 的影响主要依其位置前后而定，图 2 为某型战机不同构型对 m_y^β 的影响情况。可见，在某些构型和特定余油量组合下，战机的方向静稳定性就会明显减弱，从而可能使 $\alpha_{失速}$ 减小。

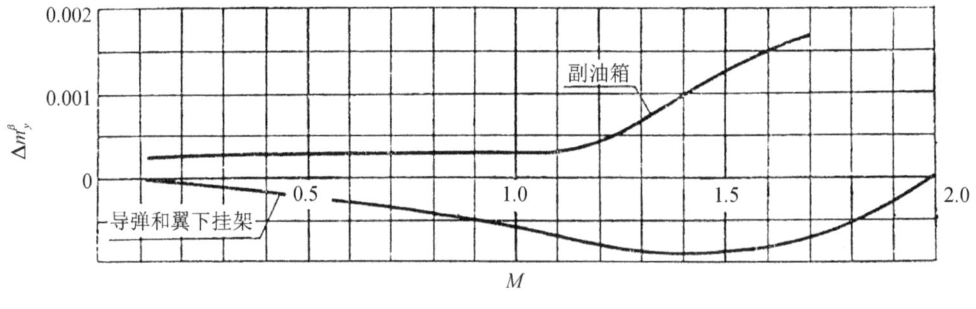

图 2　某型机不同构型对 m_y^β 的影响

4　构型、耗油量对侧滑参数中立迎角的影响

侧滑偏离参数 $m_{y动}^\beta=m_y^\beta\cos\alpha-m_x^\beta\sin\alpha(I_y/I_x)$。现代战机不同构形下 I_y/I_x 的区别较大，从而对 $m_{y动}^\beta$ 产生较大影响。表 1 是某型战机不同外挂、不同余油下的 I_y/I_x 值。

表1 不同外挂、不同余油下 I_y/I_x 值

外 挂	不同余油下 I_y/I_x			
	余油 7 050	余油 4 050	余油 3 975	余油 2 820
X×500-3 起飞	4.51	5.23	5.21	5.16
X×500-3 攻击	4.86	5.74	5.72	5.67
X×空舰弹起飞	5.07	6.056	6.03	6.0
X×空舰弹攻击	5.55	6.81	6.79	6.75
标准作战	6.32	8.15	8.12	8.09
X×500-4 起飞	3.58	3.94	3.93	3.89
X×500-4 攻击	3.59	3.95	3.94	3.9

5 构型对 LCDP 中立迎角的影响

横向操纵偏离参数 $LCDP=m_y^\beta-m_x^\beta(m_y^{\delta_x}/m_x^{\delta_x})$。正常迎角下 LCDP<0,此时飞行员压杆,副翼偏航力矩 $m_y^{\delta x}\delta_x<m_y^\beta\beta$,飞机仍向压杆方向滚转。大迎角下压杆后,若 $m_x^\beta\beta>m_x^{\delta_x}\delta_x$,LCDP>0,飞机向压杆反方向滚转,即会出现横侧反操纵。

LCDP=0 作为确定 $\alpha_{失速}$ 的依据之一,对起飞、着陆意义更大。因为现代战机起飞、着陆阶段襟翼偏角大,阻力大,$m_y^{\delta x}$ 大,$m_x^{\delta x}$ 小,LCDP 的绝对值较小。而在着陆时出现拉飘、跳跃、复飞中拉杆粗猛及起飞小速度离地等大迎角状态下,由于两翼气流分离不对称,操纵不当,发动机工作不均衡,意外侧风等因素,易出现飞机急剧滚转即"掉翼尖",由于此时高度低,如不能及时修正坡度,将非常危险,由此导致的严重事故已有多起。

鉴于战机起飞着陆阶段 LCDP 的绝对值较小,在有关教材中,对"掉翼尖"现象多强调反舵或杆舵一致修正。但到底在多大迎角下 LCDP=0,不同迎角下修正"掉翼尖"的操纵有何差异,这与具体飞行条件有关。其中,对一定迎角,若受某种因素(如构形、襟翼偏角)影响,方向稳定性越弱,横侧稳定性越强,LCDP 的绝对值就越小。某新型战机的风洞试验表明:构型物对横航向静稳定导数有一定影响。翼下构型物一般使横侧静稳定性稍增大,前机身构型物和翼下内侧构型物使方向静稳定性降低。尤其是偏 35°襟翼,近地面着陆状态,由于横侧静稳定性增大,副翼效率下降很多。这些因素势必对 LCDP 及 $\alpha_{失速}$ 产生明显影响。

由于构型、耗油量对 $\alpha_{抖}$ 及横侧中立稳定迎角影响不大,且多数战机在较大 α 范围内 m_x^β 与 $m_{y动}^\beta$ 均为负,对 $\alpha_{失速}$ 影响不大,故本文未做分析。

6 结束语

(1) 理论和实践均表明:构型、耗油量的确对 $\alpha_{失速}$ 有一定影响,特别现代战机的外挂点多,载油量大,因而各种不利因素对 $\alpha_{失速}$ 的综合影响不可忽视。比如,某战机放起落架后重心后移,使垂尾的方向稳定作用降低,前机身的方向不稳定作用增强,$\alpha>12°$ 时方向稳定性已明显下降,若在不利构型、重心下复飞(大油门下进气道的方向不稳定作用增大)时,$\alpha_{失速}$ 会显著

下降。

（2）由于缺乏不同构型下的大 α 操稳曲线，难以得到不同构型与耗油量下的 $\alpha_{失速}$。鉴于国外一些三代战机对不同构型对应最大允许迎角都有具体限制，因此应加强有关实验与试飞，完善有关规定。

参考文献

[1] 高金源.飞机飞行品质[M].北京:国防工业出版社,2003.
[2] 杨永华.作战飞机的失速螺旋气动惯性旋转[M].北京:蓝天出版社,1996.

专题 2

陆基起降和着舰典型问题研究

基于纵向过载飞参数据的中断起飞决断速度计算

摘要： 针对不同机场环境急需的中断起飞极限速度，提出一种基于纵向过载飞参数据、简化而有效的中断起飞决断速度计算方法。该方法综合了执行任务机场环境、各种不利条件等实际对中断继续起飞的影响，对保障飞行安全具有非常重要的现实意义。

关键词： 中断起飞；决断速度；飞参数据

1 引 言

飞机在起飞过程中出现的一发停车等特殊情况是为数不多的、需要飞行员必须立即决断、正确处置的紧急特情。有统计表明：在中断起飞事故/事故征候的案例中，中断起飞的起始速度大于起飞决断速度 $V_{极}$ 的占 58%，小于或等于 $V_{极}$ 的占 19%[1]。可见，起飞决断速度是直接关系中断和继续起飞安全的一个关键数据，其准确性十分重要。目前，不同机型确定 $V_{极}$ 方法不尽相同，如图解法（查曲线）、解析法（查表）等，有些机型根据起降性能特点、机场特点在计算的基础上简化记忆。但由于影响 $V_{极}$ 的因素较多，无论哪种方法都存在一定程度的误差，如部队飞行员反应较多的一个问题是，感到 $V_{极}$ 的计算结果普遍偏大。由于 $V_{极}$ 准确性的重要性，国内外有关人员都进行了研究，从改进计算方法到加装机载设备[2]，提出了许多对策。

2 极限决断速度计算过程中的误差源分析

$V_{极}$ 从根本上取决于可用跑道长度和中断起飞的所需跑道长度。对一定的跑道来说，$V_{极}$ 仅取决于中断起飞所需距离 $L_{中需}$，因而影响 $L_{中需}$ 的参数必然也是影响 $V_{极}$ 的参数。理论计算时，认为中断起飞过程包括三个阶段：正常起飞加速段、过渡段（取 3 s）、制动段。

因此，$L_{中需}$ 常用的工程计算公式为[3]

$$L_{中需}=\frac{V_{极}^2}{2g\left(\dfrac{T}{G}-f'\right)}+3V_{极}+\frac{V_{极}^2}{2\left(f''-\dfrac{T_{慢}}{G}\right)}=\frac{V_{极}^2}{2a_{加}}+3V_{极}+\frac{V_{极}^2}{2a_{减}} \tag{1}$$

式中，T 为发动机推力，受速度、气温、气压等因素影响；f'，f'' 分别为起飞滑跑和着陆滑跑折算摩擦系数，受升力系数、阻力系数、摩擦系数等因素影响。式(1)表明，可能导致 $L_{中需}$ 与 $V_{极}$ 产生误差的参数包括：发动机推力、升力系数、阻力系数、摩擦系数。其中，发动机推力受速度、气温、气压影响；刹车摩擦系数不仅随跑道面、轮胎损耗、刹车盘质量、气温变化，还随空气湿度、飞机能量而变化，这些因素从不同层次构成了计算 $V_{极}$ 的误差源。上面只是装备和环境因素，实际飞行中，飞行员的操纵习惯也是影响 $V_{极}$ 的重要因素。

怎么能综合上述误差源，得到简化而又接近实际的计算数据呢？常规的研究方法是逐条分析计算，考虑到影响因素的复杂性和飞行员操控习惯的影响，分析计算结果往往与飞行有较大的偏差。而实际飞行数据本身就是各种因素综合作用的结果，并最终以过载的形式显现，所以，合理地利用飞参数据推算中断起飞的极限速度简单而有效。

3　纵向过载与极限决断速度

在先不考虑 3 s 过渡段的情况下，中断起飞所需距离 $L_{需}$ 是加速度段距离和减速段距离之和，应该小于起飞可用跑道长度 $L_{可}$，如

$$L_{需}=L_{加速段}+L_{减速段}\leqslant L_{可}=L_{实际}-200 \tag{2}$$

已知加速和减速段平均加速度，利用式(1)，就可以得到 $V_{极}$ 为

$$V_{极}^2=\frac{L_{可}}{\dfrac{1}{2a_{加平均}}+\dfrac{1}{2a_{减平均}}}=\frac{2a_{加平均}\times a_{减平均}}{a_{加平均}+a_{减平均}}\times L_{可} \tag{3}$$

起飞平均加速度，取从开始滑跑到飞机离陆过程纵向过载的平均值，减去飞机在停机状态下的纵向加速度过载的初始值，使用的计算式为

$$n_{x加平均}=\frac{\sum_{i=0}^{n}n_{xi}\times t_i}{\sum_{i=0}^{n}t_i} \tag{4}$$

由于飞参记录时间间隔为 1 s，所以直接选取数据段纵向过载的平均值即可。图 1 是飞机起飞开始滑跑到离地的纵向过载曲线。

平均减速度，取飞机接地后开始放伞前到速度 50 km/h 或松开刹车为止的纵向过载平均值。图 2 是飞机接地到速度 50 km/h 飞机的纵向载荷曲线。纵向过载与飞机的重量成反比，所以中断起飞减速过载为

$$n_{x减平均}=\frac{m_{着}}{m_{起}}\times n_x \tag{5}$$

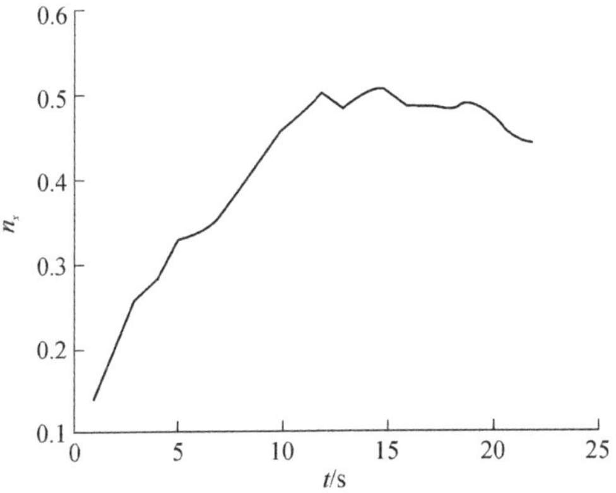

图 1　起飞纵向加速过载

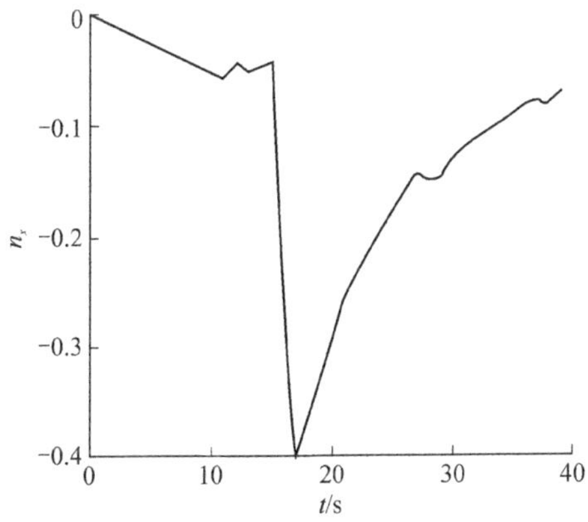

图 2　着陆纵向减速过载

上述计算没有考虑飞行员的 3 s 判断反应时间。为此，需要进行一次迭代计算，应用式(5)计算出极限速度后，再对 $L_{可}$ 进行一次修正，减去 3 s 极限速度下飞机的前进距离，然后再确定极限速度。

4 算例和使用中应注意的问题

某机场可用跑道 2 500 m。某型飞机发动机最大状态起飞，飞机质量 23 t。对某次训练过程 4 个架次的起飞、着陆飞参数据进行分析计算，得到各架次起飞和着陆的平均纵向过载及均值如表 1 所列。由表 1 可见，不同架次飞机起飞、着陆纵向过载有所不同，但偏差不大，取一定数量架次的均值具有足够的计算精度。

表 1 飞机的起飞、着陆滑跑平均过载

架次	1	2	3	4	均值
起飞	0.406	0.377	0.413	0.415	0.403
着陆	−0.188	−0.155	−0.152	−0.164	−0.165

由表 1 中 4 个架次的过载均值，利用前面公式计算，经过一次 3 s 过渡段的迭代计算，得到飞机的极限速度为 251.9 km/h。

上述计算精度主要取决于如何得到与实际中断起飞更为接近的中断起飞加速段和减速段纵向过载。从实际飞行角度，由于飞行员本身也不知道会中断起飞，所以其中断起飞前的起飞操纵与正常起飞操纵是一致的，中断起飞计算加速段的纵向过载完全可以利用正常起飞的纵向过载。但计算中断起飞减速段的纵向过载就要对正常着陆减速阶段进行合理的选取。下面对此进行说明。

图 2 是飞机正常着陆接地后，滑跑减速阶段的纵向过载曲线，飞机接地地速约为 270 km/h。飞机接地后，飞行员先是带着杆，利用气动阻力减速，飞机接地约 12 s 后，减速伞放出，并利用刹车使飞机减速，飞机纵向负过载明显增加。而实际中断起飞减速中，飞行员在做出中断起飞决断后，只要条件允许，就会立即放出减速伞，并使用刹车减速。所以一般情况下，中断起飞减速段的纵向平均载荷，应该从飞行员放伞前约 2 s 开始选取载荷数据，直到飞机减速到 50 km/h，这样的数据段求出的平均减速载荷数据，与实际中断起飞减速载荷数据就很接近了。如前所述，再考虑到飞行员的 3 s 判断反应时间，进行一次迭代计算。

上述算法的核心是利用纵向过载飞参综合确定飞机中断起飞极限速度，结论是否准确的关键是纵向过载的准确性。如前所述，实际飞行中，影响纵向过载飞参的主要因素有设备因素、环境因素、飞行员操纵习惯等。为此，可以针对机场常年的气象条件，选取典型的温湿环境和不同飞机重量飞行的飞参数据进行计算。对于飞行员操纵习惯的因素，可以采集不同人多次飞行的数据，计算其均值。这样得到的中断起飞极限速度数据，就可以提供给飞行员了。

理论分析和飞行实践表明，充分利用飞参数据，通过实飞纵向过载综合估算飞机的起飞中断极限速度有效，对于保障飞行安全具有重要作用。

参考文献

[1] 刘晓明，陈红英. 民航飞机起飞决断速度的一种计算方法[J]. 飞行力学，2005，23(3)：80.
[2] 非寒. 两种保证飞行安全的新型航电设备[J]. 国际航空，2009. 8：61-62.
[3] 方振平，陈万春，张曙光. 航空飞行器飞行动力学[M]. 北京：北京航空航天大学出版社，2005.

战机着陆下滑中高度、速度偏差的修正分析

摘要： 结合战机着陆下滑高度、速度偏差过大导致的“冲”“跳”“擦”“掉”等不安全事件，以着陆下滑中高度、速度控制的力学原理为基础，对修偏中的易犯错误类型和原因进行分析，并提出了相应的对策建议。

关键词： 着陆下滑；高度偏差；速度偏差；修正

1 引　言

长期以来，着陆下滑高度、速度偏差过大导致的“冲”“跳”“擦”“掉”等不安全事件屡有发生，不仅造成减速伞、刹车、起落架、轮胎等器材的过度耗损，还直接危及着陆安全。由于高速战机着陆下滑速度大，下滑时间短，修偏余地小，且着陆下滑高度与速度之间相互影响，增大了修正难度。特别是长期存在的一些认知误区，已成为此类不安全事件频发的深层次原因。本文将结合有关事例就此问题进行初步分析。

2 着陆下滑中高度、速度控制的力学原理

尽管着陆下滑中高度、速度偏差有多种类型，修正方法各不相同，但都遵循基本的力学原理，掌握这些原理是正确修偏的基础。

2.1 油门的作用与下滑角的控制

由图1可得下滑的作用力关系为

$$Y = G\cos\theta_{上}$$
$$X = P + G\sin\theta_{上}$$

由下滑的作用力关系可得到

下滑角　　$$\tan\theta_{下} = \frac{1}{k} - \frac{P}{G} \qquad (1)$$

下降率　　$$V_y = V_{下}\sin\theta_{下} = -\frac{\Delta N}{G} \qquad (2)$$

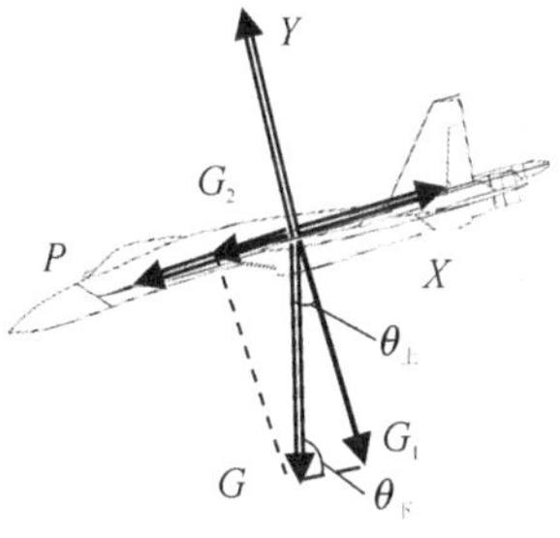

图1　下滑中的作用力

式(1)表明，下滑速度与迎角一定，即升阻比 k 一定，要改变下滑角，必须通过改变油门与推重比 P/G 来实现。式(2)表明，飞机重量一定，要改变下降率，也应通过改变油门与剩余功率 ΔN 来实现。可见，下滑角、下降率从根本上是通过油门控制的。

由此推广，可得到一个普遍性的结论：驾驶杆（飞机姿态）一定，油门能有效控制的是高度，而非速度。即驾驶杆不动，加油门可使飞机上升到升限范围内的任何高度，期间速度基本不变；收油门，则相反。因为，从作用力的角度看，增加高度主要是靠剩余推力 ΔP“拽”起来的，而非用杆拉起来的。从能量角度看，ΔP 做功，导致飞机高度与势能增加。

2.2 驾驶杆的作用与下滑速度的控制

就驾驶杆的作用看：油门不动，通过带杆减小下滑角或增大上升角可使速度减至任何值；反之，推杆会引起速度增加。即驾驶杆的根本作用是控制速度，至于高度变化则是速度变化的“副产品”。同时，还应注意到，如果带杆过程中不加油门，则随速度减小高度无法持续增加。尤其在“反区”，如图 2 所示，带杆后随速度急剧减小，阻力迅速增大，飞行速度、飞行高度会急剧下降。综上，如果油门一定，驾驶杆能有效控制的是飞机的速度，而非高度；特别在“反区”，只用杆控制高度适得其反。因此，应消除只靠油门修正着陆下滑速度偏差的认知误区，强化“带杆→减速、顶杆→增速”操纵反应模式。

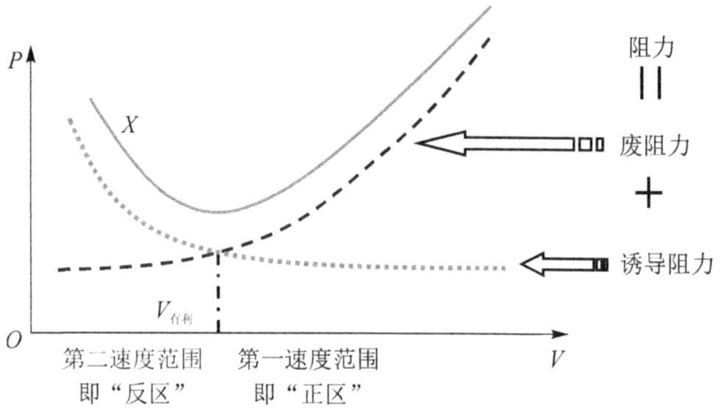

图 2 平飞所需功率曲线

为克服“反区”的不利影响，美军航空兵针对实战需要，进行了全包线范围内(“正区”“反区”)飞行操纵原则的统一性探索，按照反区要求统一规定了改变飞行状态的 P. A. T 操纵原则。其中，P 是 power，指功率调整，A 是 attitude，指姿态调整，T 是 trim，指状态配平。即改变飞行状态的操纵顺序为：调整动力—改变姿态—配平，换句话说，无论在“正区”还是“反区”，飞机任何状态下修正偏差时都应先操纵油门。

以上分别分析了油门、驾驶杆的基本作用。尽管在实际飞行中为了快速、准确地改变高度或速度，需要油门和杆配合使用。但仍应加深对驾驶杆、油门基本作用的理解，否则，在偏差大、状态变化快、高度低等紧急情况下容易出现本能的错误拉杆。

3 着陆下滑中修正高度、速度偏差的技巧与方法

3.1 着陆下滑高度、速度偏差的类型

有国外资料将战机着陆下滑高度、速度偏差概括为 3 种能量状态，9 种偏差组合，见表 1。

表 1 战机着陆下滑高度、速度能量状态及偏差组合

高能量	高了	快了	高了且快了
低能量	低了	慢了	低了且慢了
中等能量	高了且慢了	正合适	低了且快了

3.2 修正着陆下滑高度、速度偏差的技巧

着陆高度、速度偏差类型多，修正方法不尽相同。为便于掌握，下文对修偏技巧加以分析、总结。

从力学的角度看，飞机平飞、上升、下滑都属于直线运动，三者的状态本质相同，只不过在空间的轨迹特点不同而已。着陆下滑也近似于直线运动。因而应把“着陆下滑高度、速度偏差的修正转换为正常直线飞行的相关动作”作为一个修偏技巧，具体可归纳如下：

(1) 将单纯速度偏差的修正转化为平飞加减速；

(2) 将单纯高度偏差的修正转化为平飞转等速上升或下滑；

(3) 将高度、速度偏差的同时修正转化为平飞转变速上升或下滑。

3.3 修正着陆下滑高度、速度偏差的方法

3.3.1 低能状态的修正方法

低了：相当于平飞转等速上升——适量加油门、稍带杆并保持，待下滑角增至预定值后及时回杆，高度正常后再收油门。

慢了：相当于平飞增速——适量加油门、迎杆；当速度恢复正常时，提前收油门、带杆。

低且慢了（迎角大）：相当于平飞转增速上升——视情多加油门，待下滑角增至预定值视情迎杆增速，同时收油门保持下滑角。

注意：修正低能状态偏差时，切忌不加油门只带杆和带杆过粗、过多。首先因为高速战机着陆阶段接近甚至处于“反区”，不加油门只带杆必然导致速度、高度急降。如某战机在低空小航线三转弯过程中坡度大、下降快，飞行员拉杆多、减速过快，飞机进入第二飞行速度范围，失速坠毁。其次，在“反区”，即使加了油门，错误带杆也可能导致不良后果。如某战机拉开始前飞行员感到速度小、且偏右，于是向左修正并在拉开始后加油门，飞机继续下沉，指挥员连续令带住杆，最终飞机在跑道头外接地。又如某运输机进场后，指令：“方向好，高度低”；尽管随后三次指挥“加油门”；接地前指令：“动作太粗，不要带杆了”，最后飞机仍以小速度、大姿态接地。

3.3.2 高能状态的修正方法

高了：相当于平飞转等速下滑——适量收油门、迎杆，待下滑角增至预定值后加油门，带杆保持速度。

快了：相当于平飞减速——适量收油门、带杆；当速度恢复正常时，提前加油门、迎杆。

高且快了：相当于平飞转减速下滑——及时放襟翼，适量多收油门、适量带杆，待速度正常后加油门，调整姿态保持下滑角。

注意：

(1) 对高能偏差，要及早发现、修正；若偏差过大，果断复飞。

首先因为下滑角大，重力第二分力也大，引起额外增速，且增大了下降率，这种不利转化增加了修正难度、减小了修正余地。其次，下滑角大，拉平需要的拉杆量也大，但大速度下拉杆量大又易引起拉飘、拉高，从而给正确拉杆带来了难度。实践证明，如果对高能偏差发现、修正不及时，且没有果断复飞，极易导致严重后果。如某轰炸机四转弯修正位置偏差过程中，没有消除高度、速度偏差。由于能见度低，四转弯后飞行员集中精力找跑道；看到远距后，又发现偏右，一直忽视监控高度、速度，致使在远距上空偏高近百米，速度偏大数 10 km/h。由于平均下

降率明显增大，导致即使收光油门速度不减反增。机组没有果断复飞，大速度着陆发生连续增幅跳跃。

(2) 修正高度高、速度大偏差时，注意及时带杆减速。

因为，如前述，高度迅速下降会引起速度额外地明显增加，如果不及时带杆，就容易导致接地速度过大。如飞机着陆过程中，指令“高度稍高，点靠前了，下降点高度”；随后连续指令：“再下降”“下降、下降”“下降高度”“稍收点油门”“油门收光了，看好地面”；接地前，指令：“带住、带住一点、带住一点”；接地速度超出正常值，在“T”字布前接地直线冲出跑道。

3.3.3 中等能量状态的修正方法

高且慢了(迎角大)：相当于平飞转下滑增速——若不是很慢，只需迎杆；若很慢，还需加油门。若速度正常后下滑线仍高，稍收油门；若速度小，稍加油门。

低且快了(迎角小)：相当于平飞转上升减速——先带杆减速；若速度正常后，下滑线仍低，加油门，并保持速度。下滑线正常后，稍收油门。若下滑线正常后，速度大，调整姿态，收油门。

4 修偏中易犯错误的原因分析与对策思考

有关不安全事件表明，尽管修正着陆下滑高度、速度偏差的动作本身并不复杂，但仍存在一些易发、频发且对着陆安全影响较大的错误类型，对此有必要进一步分析。

4.1 易犯错误类型

修正着陆高度、速度偏差的易犯错误主要有三类。

一是修正低能量偏差时，错误带杆，致使速度过小、高度过低；

二是修正高能量偏差时，带杆不及时、量小，致使速度过大；

三是修正高能量偏差时忽视 G_2 影响，收油门少，致使速度过大。

4.2 主要原因分析

客观上，上述修偏错误与总的偏差类型多，着陆下滑时间短等因素有关；主观上，凭经验、按习惯操纵多，理论分析与总结提升少，对修偏的原则与技巧了解不够，偏差大时易紧张而本能反应，具体表现为三个方面。第一，对 P. A. T 原则、油门和驾驶杆的基本作用、下滑中重力第二分力的影响认知不深刻。第二，“将修正着陆下滑高度、速度偏差转换为正常直线飞行”的技巧不熟。第三，有关修正动作与长期养成的操纵习惯不一致。比如在“正区”飞行，改变高度较少、对保持速度要求不高时，可通过推拉杆实现。特别是初教 6 采用低速布局，着陆下滑处于“正区”，传统的操纵习惯影响不大。这种习惯从飞行入门阶段开始，经过长时间形成肌肉记忆，近乎成为“本能”后，就根深蒂固。在偏差大，状态变化快，特别是高度低等紧急情况下情绪紧张，就极易产生“本能反应”。但对高速战机来说，这种“本能反应”却是错误的。

4.3 有关对策思考

首先，深入理解 P. A. T 原则以及油门、驾驶杆的作用。如同“兵马未动，粮草先行”一样，以“改变状态先动油门”为核心的 P. A. T 原则应成为飞行常识。同时，更应深刻认识到，在“反区”不动油门先拉杆适得其反。此外，鉴于修偏时易出现错误的“本能反应”，应加强针对性教育。因为,知之深,行之坚。深刻的认知,有助于用理性战胜本能。因此,有关结论应进入教材,在课堂教学中强调;注重把握外场教学这一承前启后的关键环节,在地面预习和理论教育时强化。

其次,牢固掌握有关技巧、要求,以便轻装上阵。具体应强化基本的操纵反应模式,比如,加油门→增高,带杆→减速等;并注意“高且快”“低且慢”的油门操纵特点。

再次,注重总结易出现的偏差与典型错误,采取多种措施有效应对,充分利用实践环节养成良好的操纵习惯。利用模拟器、初教机教学等环节强化对有关动作,将外在要求内化为习惯、升华为素养。

5 结束语

在着陆下滑飞行中为了快速、准确地改变高度或速度,需要油门和杆配合使用,飞行员应深刻理解驾驶杆和油门的基本作用,并熟悉相应机型的使用特点,牢固掌握有关技巧要求,及时总结易出现的偏差与典型错误,采取多种措施有效应对容易出现的高度和速度偏差。

参考文献

[1] 高金源.飞机飞行品质[M].北京:国防工业出版社,2003.
[2] 贾忠湖.飞行原理基础[M].北京:国防工业出版社,2016.

中美军机着陆下滑操控方法的对比分析

摘要：针对着陆下滑这一重要的飞行阶段，对比我军和美军飞机在下滑线建立、操控策略、跑道配置等方面的不同，分析其特点，并提出改进建议。这对飞行员培养、飞行安全以及后续的实战化训练改革具有借鉴意义。

关键词：着陆下滑；飞行技术；飞行员

1 引 言

着陆下滑是飞行员必须熟练掌握的关键技术，飞行学员从初教机开始，在各个机型的训练阶段都要在起落上花费大量的时间和架次。虽然经过不停的架次堆积，并有塔台指挥员在着陆下滑时的实时跟进指挥，目前着陆中的难题“高、飘、挂、跳”，在新飞行员中仍有较大概率出现，在老飞行员中也不能根除。

美军飞行员毕业后参加作战任务训练，由航管人员指挥调配，不再进行着陆指挥。对美军的着陆下滑训练与我们现行的着陆下滑训练进行比较发现，两者有一定的区别，也有值得我们借鉴的地方。

2 美空军着陆下滑方法及跑道标识

下面以美空军高级教练机 T-38 的下滑线为例说明其特点，其着陆下滑过程如图 1 所示。

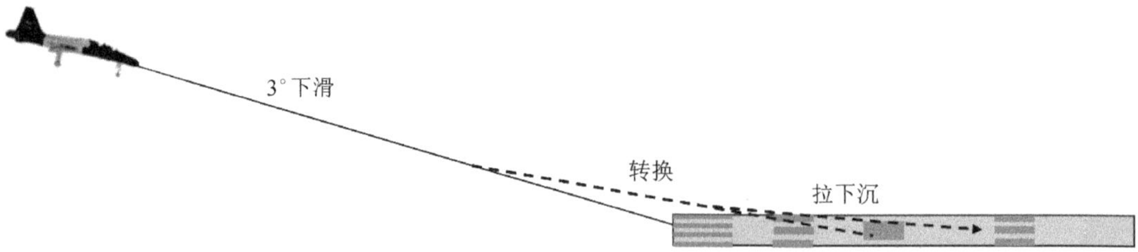

图 1 T-38 教练机着陆下滑线

T-38 着陆下滑分为三个阶段：3°下滑、转换和拉下沉。

(1) 3°下滑线阶段，转弯改出后调整飞机状态，控制飞机实际运动点(带平显飞机中的速度矢量符)卡跑道头，向跑道头运动。

(2) 转换阶段，在接近跑道头后，根据目视印象，在“不拉杆就要撞在跑道头”时，柔和操纵飞机下滑点(速度矢量符)向跑道中瞄准点标识运动。

(3) 拉下沉阶段，在转换阶段确定飞机向“瞄准点”运动，状态稳定进跑道后，转移视线做拉下沉动作。拉下沉动作与我们传统做法相同。考虑均匀下沉情况，将拉下沉段飞机轨迹视为直线。

三个阶段的运动轨迹都接近直线。在此,我们将第一段直线指向的下滑点称为第一下滑点,第二段直线指向的"瞄准点"称为第二下滑点,第三段直线指向的点为接地点。图 2 是美军用跑道的实际标识。

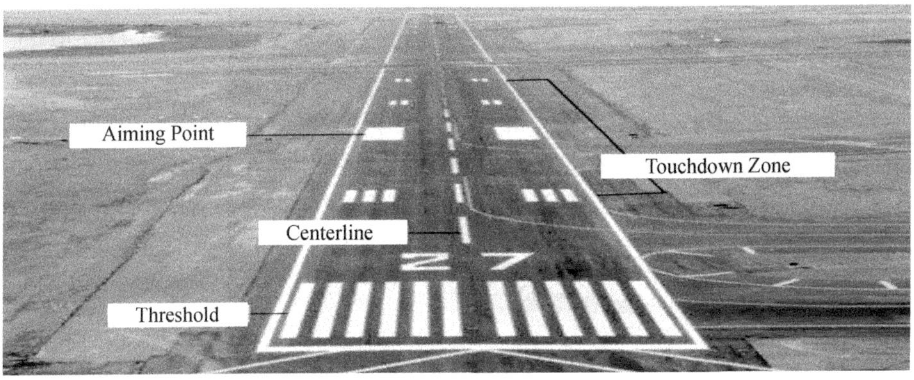

图 2　美军用跑道上的标识

图 2 中的跑道,第一下滑点(Threshold,跑道头)、第二下滑点(Aiming Point,瞄准点)和接地区(Touchdown Zone)的标识非常清晰。实际上民航跑道也是类似标识。

3　我军的着陆下滑方法和不足

我军着陆下滑的常规下滑线如图 3 所示,也可以分为三个阶段。

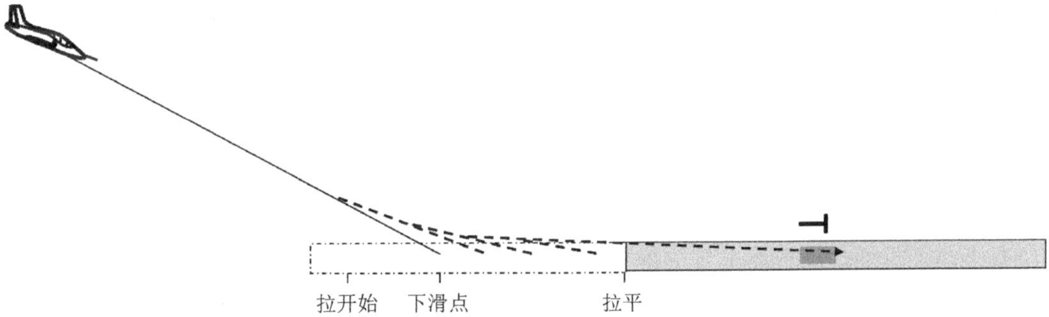

图 3　我军现行的下滑线

直线段,四转弯改出后调整飞机姿态,对向跑道头后 150～200 m 的标记(第一下滑点),直到拉开始。

曲线段,高度约 10 m 进入拉开始引导阶段,分两三次逐步将下滑点移到跑道头,直到拉平。通过前面的引导,使飞机在跑道头"1 m"拉平。

拉下沉阶段,进跑道后就进入拉下沉阶段,直至接地,接地点在"T"字布前后最佳。某初教机进跑道后还有平飘段,而高速飞机平飘段多不明显,进跑道后均匀下沉,轨迹近似直线。

此种方法在实际组训过程中出现下列问题。

(1) 四转弯改出后的实际下滑点在跑道头后一段距离,不在跑道范围,没有明显的标识,飞行员只能发明自己独特的技巧,寻找各自的标识,与平整的跑道相比缺乏规范性。对于飞行学员,这种方法换一个机场就会手忙脚乱,不好适应。

(2) 我们大多机型的下滑线较美军和民航的下滑线陡,但进跑道头高度却比他们的要低。由此带来的问题是下滑后段我们的飞机轨迹"凹"得太多,飞机姿势变化较大,带来的油门、带杆量等操纵问题多。下滑线越是直线,操纵越方便,偏差就越少。操纵飞机精准地飞过一段曲线要靠更多架次的练习,这也是很多飞行教员说拉开始到拉平是起落航线关键的根本原因。更严重的是,飞行中曲线轨迹进跑道并没有明确的参照物和标识,由此只能靠"印象"。

我们下滑线较美军陡,在拉开始形成曲线轨迹阶段,飞机下降的高度多,进跑道时我们的高度比美军、民航低。拉开始后我们的操纵动作比美军、民航多了很多,为了进跑道,付出的操控精力也多。

另外,拉开始后飞机曲线轨迹没有具体标识,学员较难掌握,即使成熟飞行教员稍一松懈也不能做出好的样板。由于没有明确的标识,杆与油门操控不规范,操控习惯师傅徒弟口口相授,代代相传,就会形成千人千线。在学员飞行间断后,高空返场以及气象不同的情况下,此阶段控制曲线的能力波动较大。

(3) 这种做法从四转弯改出至拉平前下滑点均在跑道之外,存在安全隐患。

T-38 由于在拉开始后直接将下滑线挪到跑道里的第二下滑点,所以在跑道头的高度会比我们的方法高。但因为飞机一直在下降,所以实际接地距离并没有延长。可以说,T-38 拉下沉上半段比我们的下沉快,但不代表接地重,拉下沉下半段可以减小下降率。与之对比,我们在拉下沉上半段下降率过小,多使我们出现拉飘、拉挂的偏差。适当增大下沉率可以避免飘、挂的问题。这也从反面证明了,我们在教学时所强调的:"千万要避免拉平高、速度小、姿态大时飞机还不下!只要飞机下就好说!"

4 直线段下滑线的确立

我们没有统一的建立下滑线的方法。飞行员在不同阶段学习中,需要花费大量的时间学习各部队为自己跑道发明的建立起落航线各阶段的地标,其中就包括建立下滑线的高距比。通过循环检查达点地标和地标上空的高度确立高距比、通过架次堆积看跑道形成高距比印象。

有平显飞机的部队根据平显中待飞距离和高度比建立下滑线,飞机下滑过程中循环检查待飞距(飞机距离跑道的距离)和目前飞机高度,并根据待飞距和高度的大小比较、匹配,建立和检查调整下滑线。上述方法增加了飞行员建立下滑线的难度,易出错。

T-38 利用速度矢量符卡跑道头确定第一下滑点,利用跑道头与平显俯仰刻度的关系判断调整出 3°下滑线(见图 4)。下滑过程中,确定点,确定线,使下滑难度极大减小,为进跑道着陆打下良好基础。

5 建 议

通过上述对比分析,对我军机在着陆下滑阶段的操控提出如下建议。

在跑道上涂刷助降标识,这样有利于统一标准,去除各机场各自发明的"记号"。下滑中,

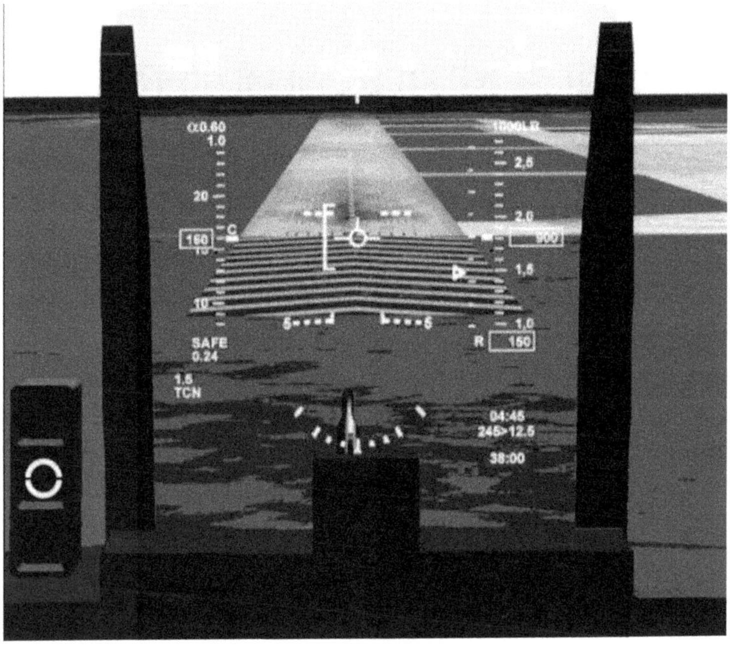

图 4　美空军 T-38 着陆平显

飞行员操纵飞机指向第一下滑点建立第一条下滑线（有平显飞机速度矢量符卡在跑道头，并利用俯仰刻度与跑道头的关系确定具体的下滑角），拉开始后操纵飞机指向第二下滑点完成下滑到拉下沉的转换。进跑道后转移视线按传统方法完成接地。

这样操纵的好处如下。

（1）标识明确，改曲线轨迹为直线轨迹，操纵方法可大幅简化。

（2）出现拉平高、拉平低、拉飘和拉挂等偏差的概率大幅减少。有明确标识作为参考，可以大幅减少学员在各个机场的适应架次和时间。

（3）利于规范统一不同机场的着陆程序，普适性强；利于航校毕业飞行员具备成熟起落能力。进而像民航、美军一样，将塔台职能更多地赋予领航调配人员，解放指挥员精力。

（4）节省基础科目的时间，将精力更多投入到战术科目等其他更高级的科目中，进而提升部队战斗力，向实战化贴近。

这种着陆下滑方法与之前做法的区别主要是进跑道时高度更高，但不影响着陆距离。因此，需要指挥员做出改变，适应“拉平高”，下沉上半段“下得快”的特点。

参考文献

[1] 高金源. 飞机飞行品质[M]. 北京：国防工业出版社，2003.

某机着陆冲出跑道的预防

摘要：针对高速飞机短跑道、岛礁机场、积水跑道等特殊场地着陆冲出跑道的潜在风险，结合某机着陆冲出跑道典型事件，分析了放伞系统无机械故障但伞失(降)效和刹车系统无机械故障但刹车减速效果差时飞机着陆冲出跑道的原因，提出了伞失(降)效和刹车减速效果差两种情况下的预防措施，为安全着陆飞行提供理论依据。

关键词：着陆；冲出跑道；伞失(降)效；减速效果

1 引 言

长期以来，战机在着陆过程中冲出跑道的概率一直较高，即便是着陆性能良好的新型战机也屡有发生，具有一定的“顽症”特性。随着我军航空兵使命任务的拓展和实战化训练的深化，战机将越来越多地在短跑道、岛礁机场、积水跑道等特殊场地起降，着陆冲出跑道的风险也更大。本文结合有关典型事件，针对某机较为深入地分析这一问题，结论也可供其他新型战机参考。

2 某机着陆冲出跑道的典型事件

(1) 某机空中动作正常，着陆接地速度较正常大，目测靠前，接地后放伞动作正常，但伞未出，指挥员提示：“伞未放出，放前轮，平舵、刹满车。”飞机减速不明显，直线冲出跑道撞网。原因：着陆后引导伞正常放出，但未能将减速伞带出；该机大速度刹车效果不明显，加之飞行员坐姿不正确，踩刹车不到位。

(2) 某机正常完成任务后，在“T”字布前着陆接地，滑跑至接近跑道北头时减速伞才打开，飞机直线冲出跑道，触拦阻网后停住。原因：接地速度超出正常值，减速伞打开晚，刹车减速不够及时有效。

(3) 某机着陆接地后正常放伞，指挥员发现伞未开，令“伞没开，平舵、刹车”，后飞机冲出跑道。原因：接地速度偏大，放伞时引导伞被挂住，减速伞未开。

3 某机着陆冲出跑道的深层次原因

上述事件中两个值得关注的原因是，放伞系统无机械故障但伞失(降)效，刹车系统无机械故障但刹车减速效果差。

3.1 放伞系统无机械故障但伞失(降)效的原因

有关事例表明，某机放伞系统无机械故障但减速伞失(降)效主要包括空中误抛伞、接地后伞不能正常放出、地面误抛伞三种情况。

3.1.1 按压主告警灯导致空中误抛伞的原因

由于某机主告警灯按钮与减速伞抛放开关相隔较近，且无防错设计，若主告警灯亮后飞行员过于紧张，未能落实“想、看、动、查”的设备操作要求，容易在按压告警灯按钮时误碰减速伞抛放开关。这种情况时有发生，如某机着陆下降时出现低高度告警，领航员按压主告警灯解除告警时，碰减速伞抛放开关，意外抛伞。某机着陆时听到“嘭”的一声，前舱飞行员报告“可能撞鸟”，后舱飞行员在按压主警告灯按钮时，误抛减速伞。某机着陆对正跑道时，听到耳机“嘟……”告警声，平显显示“WARNING”，飞行员判断为电子对抗系统告警，按压主告警灯按钮时误抛伞。

3.1.2 放伞系统无机械故障伞不能正常放出的原因

某机着陆接地后的放伞过程是，飞行员将减速伞开关扳到放伞位置，冷气进入伞锁的放伞腔内，将伞锁从假锁状态推动到上锁状态；同时钢索带动舱门锁的开锁摇臂，打开伞舱门，被压缩的引导弹簧立即弹开，带出引导伞；引导伞产生的阻力将减速伞拉出。

减速伞放出的条件是伞的外拉力大于其与伞舱的摩擦力。其中，外拉力除引导伞的阻力外，通常还应包括飞机尾部负压区的吸力。因为某机着陆时襟翼下放后，使机翼气流分离迎角减小、强度加剧。而气流分离涡快速旋转，频繁摩擦，部分机械能变为热能而散失，使涡流区压力低于大气压、形成负压区，产生向后的吸力。根据上述减速伞的受力特点，放伞系统无机械故障情况下伞不能正常放出的原因如下。

首先，伞的包装、安装和维护不良。比如，减速伞折叠过长，装伞后关闭伞舱门时，需用力挤压减速伞才能使舱门上锁，受到挤压的减速伞对伞舱门形成反作用力，致使舱门锁与锁钩的摩擦力增大甚至顶死而难以开锁。其次，因为某机允许放伞的速度增大，且可在两点滑跑中放伞，若着陆接地速度与放伞速度过大，对应的迎角较小，气流分离强度较弱，负压区吸力较小，对放伞产生不利影响。我军现役歼击机减速伞不能正常放出的事件中，很多都伴有着陆速度大（相应放伞时的迎角必然小），具有一定共性。再次，空气湿度较大，伞潮湿时，与伞舱的摩擦力增大，也影响伞的正常放出。实际上，在放伞系统无机械故障的情况下，减速伞不能正常放出往往由多种不利影响因素的共同作用所致，而非单一原因引起。

3.1.3 地面滑跑误抛伞的原因

某机的减速伞开关是2位双向恢复式设计，向上扳是放伞、向下扳为抛伞，如图1所示。但由于着陆接地后，难以避免颠簸、抖动现象，加之接地到放伞时间短暂、操纵动作多，需要保持方向、带前轮保持两点姿势进行气动减速，当遇到意外情况、飞行员精力分散时，容易造成放伞的时候误抛伞。如某机着陆接地点偏离跑道中心线左数米，着陆减速中飞行员误抛减速伞。

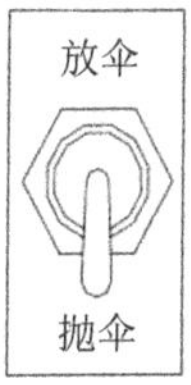

图1 减速伞开关

3.2 刹车系统无机械故障但刹车减速效果差的原因

有关事例表明，某机刹车系统正常但减速效果差的原因主要包括三方面。第一，开始刹车速度过大。对大重量着陆来说，有关试验表明，随着陆重量和滑跑速度的增大，刹车摩擦系数不断减小，即高能量下刹车效率低，这一点飞行员感受也很深；加之刹车速度大，刹车盘吸收热能接近极限，大速度下刹车效率就显著降低，难以发挥刹车减速的最佳作用，使滑跑距离增加，因而某机规定了设计使用刹车的最大限制速度和正常刹车限制速度。对较小重量着陆来说，计算表明，由于某机着陆时放襟翼，大速度滑跑时升力较大、刹车摩擦力较小；同时大角度襟翼的气动阻力较大，因而用气动减速的效果更好。此外，着陆速度过大，着陆姿态与迎角过小，不便于两点滑跑气动减速，往往会放下前轮再放伞；而伞一旦异常，由于放伞过程中飞机已经大速度滑跑数百米，如果刹车不当，就极易冲出跑道。第二，刹车时坐姿不正确。因为该机采用脚刹车的方式，若刹车时坐姿不正确，会导致踩刹车不到位，降低刹车效果；且脚蹬具有操纵方向舵、刹车、差动刹车的复合功能，刹车时坐姿不正确，还容易导致着陆滑跑方向意外变化而偏出跑道。第三，空气潮湿的影响。试验表明，由于碳刹车盘吸水性较强，在潮湿环境，摩擦系数衰减10%左右，湿态下刹车摩擦系数则衰减24%～26%。

4 某机着陆冲出跑道的预防

理论计算与飞行实践都证明，某机按照现行的操纵方法，着陆中一旦减速伞异常，就会使滑跑距离显著增加；若再由于诸多不利因素使刹车效能降低，就很有可能冲出跑道。因此，预防的关键是避免减速伞失(降)效，同时也要注意发挥刹车作用。

4.1 减速伞失(降)效的预防

4.1.1 误抛伞的预防

如前述，误抛伞的原因主要包括两方面。一是减速伞电门的操作容错性低。实际上，由于飞机设计过程中主、客观多方面原因，设备操作容错性低的情况并非少数，如由于有些运输机防火开关与发动机关车电门相隔较近，曾多次发生失火后飞行员关防火开关时误关发动机的事故。二是飞行员应急反应不当，犯了低级错误。类似的事例也屡有发生，如2015年2月4日，台湾复兴航空公司的一架客机起飞后一发故障，而机长却错误地关闭了另一发，致使飞机坠毁，43人遇难。2009年4月，印度一架苏-30飞机飞行员按压关闭火控系统按钮时，误按机载计算机电源按钮，致使飞机失控坠毁。

某机误抛伞的问题可从三方面应对。一是从设计上改进，如可在减速伞开关下方增加一个卡子，抛伞时必须压下卡子才能将开关下扳，难度较大。二是科学管控飞行员应急反应。由于影响应急反应的因素涉及飞行员的技术、情绪、心理、身体等诸多方面，需通过科学方法加以解决，如飞行人员总结的“想、看、动、查”设备操作方法。然而，屡禁不绝的此类事故证明，这种方法仍不十分理想。究其原因，其中“想”的可操作性、强制性较差，在紧急情况下难以有效落实。同时，紧急情况下的误操作往往是由紧张情绪或不良心理导致感知、判断能力明显下降，进而引起操纵动作失真，其根本原因在于情绪、心理。因而作为上述方法中的首个环节，也是关键性环节，必须真正起到平静心情、缓解紧张情绪的作用。鉴于此，笔者认为可用“等(想)”代替“想”，即紧急情况下操作设备时应先视情“等并想”几秒钟。因为从特情的紧迫性看，除了像中断与继续起飞、大迎角“翼尖下坠”等少数特殊状态需要立即决断并处置的特情外，绝大多数特情从开始出现到情况恶化都有个演变过程，发现特情信号后等几秒钟再处置也无碍大局。有资料表明，从缓解紧张情绪，保证处置动作正确的角度看，处置非紧迫类特情的黄金时间是发现特情后的几秒后。加之，由于对于“等(想)”可附加具体时间要求，较单纯的“想”更为明确，也更具可操作性与强制性。三是完善放伞手型、动作，即放伞时拇指张开，虎口卡住中央仪表板左上方的遮阳板上，其余四指并拢，微弯曲，利用食指中部的位置向上扳动开关并保持几秒。杜绝用两个手指捏开关向上扳动的方式放伞。这是一种通过飞行实践总结、简单实用的方法，能大大降低误抛伞的概率。

4.1.2 放伞系统无机械故障伞不能正常放出的预防

应从减速伞包装、装入伞套、安装等环节的操作、检查入手加以预防。包装环节应避免减速伞折叠过长等问题。装入伞套前，应确保伞表面光滑，不要出现局部凸出；应确保锁钩张开。装伞时，将挂环保持在水平状态推入伞舱，以确保挂环准确撞入锁钩内。伞装入伞舱后，还应检查确认以下项目：开锁手柄与假锁位置标志线对齐；舱门锁开锁钢索长度适当；舱门锁和舱门传动机构活动关节螺栓安装紧度适宜；交点运行灵活；伞舱门符合技术要求；舱门锁钩、锁臂工作正常；电气系统机件、线路接触良好；冷气系统气路畅通等。

4.2 刹车系统无机械故障但刹车减速效果差的预防

加强教育，使飞行员、飞行指挥员深入认识刹车系统特性及飞机减速特性，养成科学的着陆操纵习惯。首先，养成接地后"先两点滑跑气动减速、再刹车减速"的习惯。因为某机着陆放襟翼后，大速度下气动阻力大，减速效能较高；同时，由于此时升力较大、刹车摩擦力小，刹车效能并不高。有关事例也表明，减速伞失(降)效后，飞行员、指挥员往往按照"放前轮，平舵、刹满车"的方法减速，如果初始刹车能量高、空气潮湿、刹车动作不规范时，刹车效能明显下降，往往导致冲出跑道。其次，应养成按规定速度与姿态接地的习惯。因为这是"先两点滑跑气动减速"的基础。再次，养成正确的坐姿习惯，确保有效发挥刹车效能，且能够避免因两主轮刹车摩擦力不同而偏出跑道。最后，空气湿度大的情况下，可在起飞前刹几次车，通过加热刹车盘，来提高刹车效率。这是被飞行实践证明较为有效的一种应对措施。

5 结束语

飞机着陆冲出跑道是很严重的航空安全问题，预防此类事件需要采取多方面的合作和综合措施。本文分析了放伞系统无机械故障但伞失(降)效和刹车系统无机械故障但刹车减速效果差时飞机着陆冲出跑道的原因，提出了伞失(降)效和刹车减速效果差两种情况下的预防措施，这些措施可以显著降低飞机着陆冲出跑道的风险，提高航空安全水平。

参考文献

[1] 刘选民，李凡. 国外现代战斗机飞行事故[M]. 北京：航空工业出版社，2011.

某歼击机着陆接地后带前轮放伞分析

摘要：针对某歼击机着陆接地后带前轮放伞问题，从避免减速“空档”期大速度滑跑、发挥刹车减速最佳作用、避免刹车使用不当、养成良好操纵习惯四个方面分析了着陆带前轮放伞的必要性，并从最大速度限制等方面分析了着陆带前轮放伞的可行性，最后提出了着陆接地后带前轮放伞的操纵注意事项。

关键词：着陆；带前轮放伞；歼击机；滑跑距离

1　引　言

《某歼击机飞行员理论改装教材》指出：着陆主轮接地后，一般应先放前轮再放伞，并刹车减速。一方面，由于该机气动特性好，着陆接地速度较小，滑跑距离较短，且计算和实践表明，着陆滑跑中即使减速伞放不出，只要刹车正常，一般不会冲出跑道。因此，“先放前轮后放伞”的方法通常能满足着陆减速需要，且操纵简单、较为实用。但另一方面，飞行实践表明，在空气湿度大、刹车能量高等不利条件下，该机的碳刹车盘效率明显下降；若再考虑到飞行员操纵偏差等因素，减速伞放不出时也容易冲出跑道。这就引发了对着陆接地后“带前轮放伞”问题的思考。

该教材还指出，为缩短着陆滑跑距离，也允许带前轮放伞，放伞引起的下俯力矩可通过拉杆克服。但由于诸多原因，带前轮放伞的操纵方法在飞行实践中并未普遍实施。随着该机使命任务的拓展和实战化训练的深化，在岛礁机场、短跑道、积水跑道着陆的可能性日趋增大，因此很有必要进一步分析带前轮放伞的问题。

2　着陆带前轮放伞的必要性

在与部队交流某歼击机冲出跑道事例的过程中，不少飞行员也认为，着陆时采用带前轮放伞的方法，在减速伞放不出以及空气湿度大、刹车能量高、跑道短、道面积水等不利条件下有利于预防冲出跑道。

2.1　能避免减速“空档”期大速度滑跑的不利影响

若按目前规定，着陆接地后放下前轮再放伞，从接地到减速伞放出并明显起作用有一段时间。此间主要靠气动减速，因放下前轮迎角较小，减速效果差，可视为减速“空档”期。飞参数据表明，“空档”期约为 8～10 s，若接地速度 270 km/h，滑跑距离约为 600～750 m。此段距离加上接地点距跑道头的距离将近 1 000 m，占跑道总长度的 1/3 左右。一旦减速伞放不出来，这段距离对冲出跑道的影响不可忽视。而带前轮放伞，如果伞放不出来，飞行员就可及时利用气动减速及放减速板等措施先将速度减下来，再用刹车减速，就可避免减速“空档”期以大速度滑跑较长距离的不利影响。

2.2 不利条件下有利于发挥刹车减速的最佳作用

通常，在着陆前段主要靠气动减速(包括减速伞作用)，后段主要靠刹车减速，这能充分发挥两种减速手段的优势，减速效果较好。但若采用接地后放下前轮再放伞的方法，一旦伞放不出来，必然立即使用刹车减速，使刹车盘吸热迅速增大。这样，刹车效率明显下降，难以发挥刹车减速在小速度下的最佳作用。这个特点在着陆重量和接地速度大、空气潮湿等不利条件下更为明显。

首先，高刹车能量会降低碳刹车盘效率。有关试验表明，在着陆重量小、滑跑速度低的情况下刹车，刹车能量低，刹车机轮摩擦系数较大，是正常能量刹车的 1.75 倍左右，即随着陆重量和滑跑速度增大，摩擦系数会不断衰减。高能量下刹车，若刹车盘吸收热能接近极限，刹车效率就显著降低，即在小速度下刹车将失去作用，使滑跑距离增加。为此，该教材指出，由于受刹车盘吸收热能容量的限制，最大允许刹车速度为 265 km/h，这一限制还与环境温度有关，环境温度高，限制速度就要减小。其次，空气湿度大也会明显降低碳刹车盘效率。试验表明，由于碳刹车盘吸水性较强，在潮湿环境，摩擦系数衰减 10%左右，湿态下刹车摩擦系数则衰减 24%～26%。某部曾发生一起某歼击机冲出跑道事故征候，为夜间(19 点)第一架次飞行。该机场处于沿海地区，气象资料表明，当时夜间空气湿度为 84%(中午 12 点仅为 70%左右)。这也证明了湿度对碳刹车盘效率的不利影响。

而采用带前轮放伞的方法，飞机接地迎角较大，即使伞放不出，也可先通过较大迎角增强气动减速的作用，在较小速度时再用刹车减速，这样不仅刹车减速效率高，而且能发挥刹车减速的最佳作用，将好钢用在刀刃上，有利于预防冲出跑道。

2.3 伞放不出时有利于避免刹车使用不当

实践表明，着陆过程中伞放不出时刹车使用问题主要表现为两个方面：一是在主刹车正常的情况下使用应急刹车；二是主刹车正常的情况下同时使用主刹车和应急刹车。其原因主要在于：如果采用先放前轮再放伞的操纵方法，一旦伞放不出时，已无法采用气动减速，只能通过刹车减速。而大速度下刹车效率低，速度减小的程度要较减速伞的作用小得多；加之飞行员情绪易紧张，感知、判断能力下降，就可能凭感觉误以为主刹车效率下降而使用应急刹车，或在踩主刹车到底的同时拉应急刹车到底，这两种情况都不会提高刹车效率；且仅用应急刹车，其效率要低于仅用主刹车。

采用带前轮放伞的方法，如果伞放不出来，可及时利用气动减速，因而有利于避免因速度对比反差而产生主刹车故障的错觉与刹车使用不当现象。

2.4 有利于养成良好的着陆操纵习惯

对飞机着陆冲出跑道的事例分析表明，绝大多数都存在着陆速度大的问题。实际上，长期以来，着陆速度偏大的问题具有一定普遍性，并多次诱发“冲”“跳”等不安全事件。其原因涉及认识、技术、天气等多个方面，但主要来自对歼×等二代机着陆特点片面认识的影响，即认识是内因，起决定作用。

由于带前轮放伞后存在附加下俯力矩，操纵不当容易磕前轮。因此，除放前轮后适时适量带杆外，接地迎角也不宜小。这就客观上要求飞行员应按要求控制好着陆下滑速度和接地速度，便于养成良好的着陆操纵习惯，使着陆速度回归正常范围，切实提高着陆安全裕量。

3 着陆带前轮放伞的可行性

3.1 放伞最大速度的限制

某歼击机放减速伞的最大速度为 300 km/h；而着陆带前轮放伞要求具有较大的迎角，接地速度远小于 300 km/h，因而能满足放伞最大速度的要求。

3.2 着陆带前轮放伞所需平尾偏角的计算

某歼击机减速伞舱位于发动机尾锥处。与歼×飞机相似，某歼击机放减速伞后，伞的阻力对重心形成一个附加下俯力矩。理论计算表明，对于不同的重心位置，放伞后保持两点姿态需要的平尾向上偏角为 9°～11°，距最大偏角 20°有较大裕量；相应拉杆力为 59～88 N。可见，由于减速伞距重心的垂直距离较小，放伞后克服附加下俯力矩需要的拉杆操纵符合飞行品质规范要求。

3.3 着陆带前轮放伞操纵要领分析

正常情况下，飞机接地瞬间都会出现较明显的低头力矩，需要有意识地带住杆。而放伞后还会产生一个附加的下俯力矩，如果带杆不及时或带杆量不够，机头会急剧下俯而磕前轮。可见，带前轮放伞操纵的关键是：适时适量地带杆，使机头缓慢下俯，前轮轻稳接地。况且，从按压放伞按钮到伞张开、产生阻力力矩并使飞机低头，需要一定时间，这便于飞行员及时带杆克服机头下俯。从实践上看，放伞后并不需要保持两点姿态，而是带住杆使机头缓慢下俯，前轮轻稳接地。

可见，某歼击机着陆带前轮放伞是可行的，其操纵要领可概括为：着陆接地后带住前轮按规定速度放伞；放伞后，视情增加带杆力带住前轮，根据机头下俯的趋势（与重心前后位置有关），再通过逐步松杆控制机头缓慢下俯，使前轮轻稳接地。

3.4 侧风着陆带前轮放伞分析

某歼击机在侧风中着陆滑跑时，机头有顺侧风方向偏转的趋势；而侧风条件下放下减速伞后，伞阻力对飞机重心形成的力矩使飞机向来风方向偏转。因而侧风着陆带前轮放伞有利于保持滑跑方向。

4 着陆带前轮放伞的操纵注意事项

(1) 控制好接地迎角与接地速度，重点防止接地重，接地迎角小。因为接地重、接地迎角小，易带不住前轮；且接地速度大，能量大，滑跑距离明显增加。

(2) 正常质量无外挂条件下着陆，飞机重心接近焦点，俯仰稳定性弱，俯仰操纵性好，避免带杆粗猛引起飞机俯仰摆动，甚至拉飘。当重心接近前极限位置时，接地时下俯力矩较大，应注意增加带杆量和带杆力。

(3) 侧风着陆放伞时，飞机滑跑方向要正直，要注意避免向风来方向的偏转。放伞后及时减少蹬舵量并保持好方向。

5 结束语

飞机着陆时使用减速伞是一种常见的安全措施，可用于缩短飞机的着陆滑跑距离。以上分别从四个方面分析了着陆带前轮放伞的必要性和可行性，提出了着陆接地后带前轮放伞的操纵注意事项，飞行员需要根据飞机的操作手册，针对具体情况执行放伞和抛伞操作，以确保飞机安全着陆。

参考文献

[1] 高金源. 飞机飞行品质[M]. 北京：国防工业出版社，2003.
[2] 贾忠湖. 飞行原理基础[M]. 北京：国防工业出版社，2016.

某机侧风着陆滑跑防偏、修偏分析

摘要：针对某飞机侧风着陆滑跑方向易偏、难修的特点，基于侧风着陆滑跑的侧向力矩与偏转特性，从侧向稳定性及刹车装置、主轮距等方面分析了有关事故征候和事故的原因，提出了侧风着陆时防偏、修偏的对策。

关键词：侧风着陆；侧向力矩；侧向稳定性；防偏修偏

1 引 言

某机装备部队以来，已发生了多起侧风着陆偏出跑道的事故征候和事故，表现出的侧风着陆滑跑方向"易偏、难修"特点具有一定的典型性。现代安全理论表明，反复出现的问题，一定是系统性缺陷所致。即系统误差的集合导致了系统脆弱性，增大了问题出现的概率。鉴于目前该机驾驶手册没有对侧风着陆修偏方法做出明确规定，一些经验性做法又不够科学实际，从气动布局、操稳、设备等方面进行全面、深入的分析，采取有效的防偏、修偏对策，就成为保证安全的重要环节。

2 侧风着陆滑跑的侧向力矩与偏转特点分析

如图1所示，以战机左侧风两点滑跑为例，侧向力矩有4个。

(1) 方向稳定力矩($M_{y稳}$)。指侧力($Z_{飞机}$)对重心形成的力矩，使机头左偏，即逆侧风偏，通过"机头追气流"消除侧滑。随滑跑速度减小，侧力与方向稳定力矩都减小。

(2) 减速伞偏转力矩($M_{y伞}$)。有侧风时，减速伞顺侧风偏转，其阻力($X_{伞}$)对重心的偏转力矩$M_{y伞}$使机头逆侧风偏，也起稳定作用。随滑跑速度减小，阻力与偏转力矩都减小。

(3) 主轮摩擦力矩($M_{y摩}$)。左侧风滑跑，形成左侧滑，由于左半翼升力大于右半翼升力，使左主轮的正压力和摩擦力小于右机轮。两主轮的摩擦力差对质心形成$M_{y摩}$，使机头顺侧风偏即右偏，力图扩大左侧滑，起方向不稳定作用。

显然，$M_{y摩}$与横侧稳定力矩相关。随滑跑速度减小、侧滑角增大，两翼升力差与两主轮正压力差减小较慢，$M_{y摩}$也减小较慢。

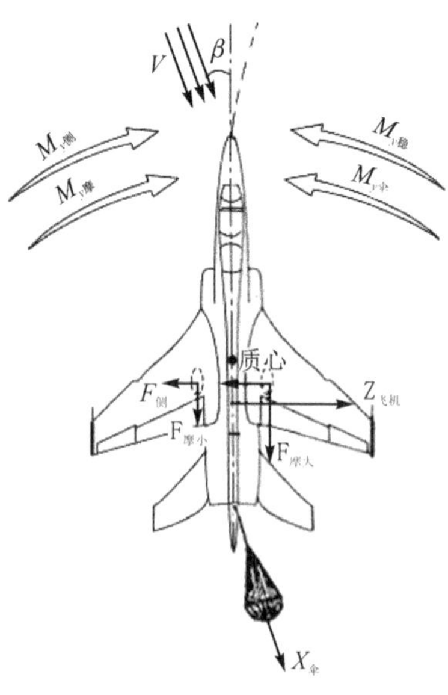

图1 侧风滑跑的侧向力矩

(4) 主轮侧向摩擦力矩($M_{y侧}$)。即两主轮的侧向摩擦力($F_{侧}$)对重心形成的力矩,也使机头顺侧风偏即右偏,起方向不稳定作用。随滑跑速度减小,机翼升力减小,$M_{y侧}$则增大。

由于随滑跑速度减小,起稳定作用的两个气动力矩减小;起不稳定作用的两个摩擦力矩之和减小相对较慢,因而多数战机侧风着陆时机头都顺侧风偏转。某机侧风着陆滑跑时机头偏转也符合上述一般规律,且因诸多因素而表现得更加明显。

3 有关事故征候和事故的特点与原因分析

统计分析表明,某侧风着陆偏出事故(征候)主要存在四方面特点:第一,几乎都有侧风;第二,近半数减速伞异常;第三,刹车修偏动作不准确的现象较普遍;第四,绝大多数在滑跑一定距离后顺侧风偏转,此后持续偏转,直至偏出跑道。以下从侧向稳定性、刹车装置、主轮距等方面入手分析其原因。

3.1 侧向稳定性特点减弱其抗侧风能力,更易顺侧风偏

由于某机采用短尾臂布局,且前机身长、两侧扁平,使其方向稳定性总体较弱;同时,后掠上单翼布局,使其横侧稳定性相对较强。总的来看,通常条件下该机本体的侧向稳定性匹配不够理想(如“荷兰滚”模态品质相对较差,有些条件下易出现侧向飘摆)。

尤其在着陆滑跑放襟翼,贴地条件下,横侧稳定性更强,滑跑方向受侧风影响更明显。因为方向稳定性较弱,机头不易逆侧风偏;而横侧稳定性强,两翼的升力差大,主轮摩擦力矩大,易顺侧风偏。这两个因素的叠加作用,使机头更易顺侧风偏。

3.2 减速伞异常时对保持滑跑方向影响较大

首先,当掉伞、伞未开或误投时,因其方向稳定作用消失,必然会引起机头意外偏转,甚至突偏,大速度下此现象更为明显。

其次,减速伞异常时,飞行员减速的压力较大、操纵动作易变形,在一定程度上影响了保持滑跑方向;如果用差动刹车保持方向,则与减速还存在一定矛盾。而飞行实践表明,某减速伞上锁不牢靠,打不开等问题确实存在,其Ⅱ型机还存在容易误投伞的问题。因此,对伞异常的不利影响应予以重视。

3.3 脚蹬的复合功能使飞行员过度紧张时易出现操纵偏差

某机的脚蹬具有操纵方向舵、刹车减速、差动刹车修正方向的复合功能。事实证明,这一特点使得在大侧风、伞异常、方向突变等紧急情况下,飞行员过分紧张时操纵容易出现偏差,如差动刹车时舵不平、粗猛刹车等,从而影响修偏效果,甚至产生反作用。

3.4 侧向力矩变化特点易使其在滑跑一定距离后开始偏转

如上所述,随着陆滑跑速度减小,使机头顺侧风偏转的方向稳定力矩和减速伞力矩迅速减小;逆顺侧风偏转的主轮两个摩擦力矩之和则减小较慢。若飞行员未及时增加方向操纵量,滑跑一定距离后机头就开始顺侧风偏转。统计表明,该型机在此类事例中,偏转方向特点均符合“滑跑一定距离后顺侧风偏转”的规律。

3.5 中小速滑跑防偏、修偏能力弱，操纵偏差后易持续偏转

某机中小速滑跑修偏能力弱的原因主要有二：一是该机主轮距较小，差动刹车修偏能力弱；二是前轮操纵受限。滑跑时放下前轮，飞机的方向稳定性增强，利于防偏。然而由于该机通过手轮操纵前轮转弯，且主轮距小，所以只有在滑行速度小于一定值时才允许操纵前轮转弯，此前防偏能力弱。

可见，某侧风着陆滑跑时顺侧风偏转的力矩较大，且中小速滑跑修偏能力弱，绕立轴的转动惯量较大，加之差动刹车易出现操纵偏差，因而一旦出现偏转就易持续偏。即该机侧风着陆偏出跑道事故的根本原因是，自身存在"滑跑抗侧风能力弱（易偏）与差动刹车修偏能力低（难修）"的矛盾；放伞异常和操纵偏差则起到催化作用。

4 某侧风着陆防偏、修偏的对策思考

4.1 增强侧风着陆时防偏、修偏的敏感性

某侧风着陆滑跑时方向"易偏、难修"的特点来自相关的系统性缺陷，表现出系统的脆弱性，因而具有典型性、客观性。飞行员应当深入理解其内在原因，确实增强侧风着陆防偏、修偏的敏感性，特别是减速伞异常时更应将防偏、修偏作为首要任务。

4.2 保持规定的接地速度与姿态

这既是"按纲施训"的体现，更是防止着陆"冲、偏、掉"的内在要求。对某机而言，注意避免大速度小姿态接地更为必要。因为如果接地速度大、姿态小，飞行员按习惯往往"放前轮平舵刹车"减速。但实际上大速度下刹车减速效率并不高，也不便于保持滑跑方向。因为从减速的角度看，由于某机着陆放襟翼后，大速度滑跑时升力较大，刹车摩擦力较小，同时气动阻力较大，因而大速度滑跑两主轮全刹时，两者减速效果相差不大，但差动刹车特别是单轮刹车减速的效率明显小于气动减速。从保持滑跑方向的角度看，由于某机主轮距小、差动刹车修偏能力本来就弱，加之大速度下摩擦力小，刹车修偏能力更弱。况且用刹车减速，一旦出现方向偏差，必然带来减速与保持方向的矛盾。

反过来，按规定保持好接地速度与姿态，接地后先做两点滑跑，较大速度下用杆舵保持滑跑方向效率较高，也有利于尽快减速。此外，下滑中修正方向和位置偏差时，杆舵动作柔和一致，防止飞机带坡度和交叉接地。

4.3 滑跑中及时增加修正量，大速度下修偏时注意压杆

侧风着陆时，随着滑跑速度减小，应及时增加向侧风来向的杆舵操纵量以保持滑跑方向。需强调的是，机头意外偏转后，飞行员本能地蹬舵或差动刹车制偏，容易忽视压杆。鉴于某机侧风着陆滑跑时方向"易偏、难修"，因而需要通过压杆防偏、修偏。尤其大侧风、伞异常等不利条件下及时压杆，通过减小不稳定的主轮摩擦力矩，增加防偏、修偏效果就更为重要。

4.4 正确使用刹车装置

差动刹车时应注意脚蹬放平，避免因脚蹬不平而产生副作用。比如，修正机头右偏而踩左刹车踏板时，如果左脚蹬靠前，容易使右脚也触压刹车踏板；如果右脚蹬靠前，则容易带右舵产生附加右偏力矩。这两种情况都不利于修正机头右偏。

4.5 有效发挥前轮的作用

放下前轮，滑跑的方向稳定性增强，利于防偏、但不利于修偏；抬起前轮，则反之。因此，侧风着陆两点接地，保持好方向后，可适当提前放前轮，并顶杆增大前轮负荷以增加防偏效果；如果放下前轮后机头意外偏转，应适当松杆，以便于修偏。此外，当差动刹车修偏困难时，可视情将前轮"转弯/减摆"开关置于"转弯位置，以便于修偏"；小速度机头意外偏转时，应操纵前轮转弯机构修偏。

5 结束语

鉴于某侧风着陆防偏、修偏涉及因素较多，现做如下总结。

概述：

易偏、难修属先天，侧风着陆重防偏；
侧风、掉伞同出现，防偏、修偏是关键；
不利叠加致特点，多管齐下防、修偏。

要点：

下滑线稍向侧风偏，水平接地不交叉；
接地速度、姿态好，防偏修偏基础牢；
大速度压杆作用强，刹压渐增舵放平；
适当提前放前轮，防偏顶杆、修松杆；
难修前轮关减摆，小速度修偏前轮转；
修偏操纵要点繁，实际运用视情选。

参考文献

[1] 高金源. 飞机飞行品质[M]. 北京：国防工业出版社，2003.
[2] 贾忠湖. 飞行原理基础[M]. 北京：国防工业出版社，2016.

高速战机滑跑减速效果评估计算研究

摘要： 高速战机起降过程中冲出跑道属多发性危险事故。一个重要原因是出现特情后减速方法不当。目前对气动减速与刹车减速的效果与使用仍无统一认识，有些机型规定的减速方法值得商榷，特别是在理论上缺乏评估滑跑减速效果的方法。这些问题构成了影响起降安全的潜在隐患。为此，以两种现役机型为例，进行了基于折算摩擦系数的滑跑减速效果评估研究。研究表明：折算摩擦系数的本质是减速滑跑时总阻力对应的减速度，能体现滑跑速度、着陆重量的影响。本方法具有合理性、普遍性。计算表明，某机(Ⅰ)的气动阻力较小，在整个滑跑速度范围内刹车减速效率高于气动减速；某机(Ⅱ)大速度滑跑时气动减速效率高，小速度滑跑时刹车减速效率高。

关键词： 高速战机；滑跑减速方法；减速效果；冲出跑道预防

1 引　言

高速战机在减速伞失效的条件下着陆，或在起飞抬起前轮后出现特殊情况需要中断起飞时，面临一个重要的抉择：为防止冲出跑道，接地后是先带住轮，气动减速，再刹车减速，还是立即放下前轮刹车减速？

对这一问题，长期以来在航空兵部队中无统一认识。但由于现代战机都采用了碳刹车盘和电子防滑系统，刹车效率高，因而普遍认为刹车减速比气动减速效果好。某机技术资料规定，着陆滑跑中减速伞放不出或掉伞时，采用“放下前轮、平舵刹车”的方法减速；中断起飞时，无论多大速度，前轮是否抬起，都采用刹车减速。但有关事故仍时有发生：2002 年 7 月 13 日，一架该型机着陆接地速度(300 km/h)较正常大，目测靠前，接地后伞未放出，指挥员提示：“伞未放出，放前轮，平舵、刹满车。”飞机减速不明显，直线冲出跑道撞网，距跑道头 251 m 处停住。2011 年 6 月 27 日，一架该型机在“T”字布前 67 m 着陆接地，指令“看速度放伞、注意方向”“平舵刹车”，滑跑至距跑道北头 600 m 时减速伞才打开，飞机直线冲出跑道，触拦阻网后前滑 20 m 停住。2009 年 10 月 1 日，一架该型机着陆接地后正常放伞，指挥员发现伞未开，随令“伞没开，平舵、刹车”，后飞机冲出跑道，停在距跑道头 237 m 处。可见，该机大速度滑跑采用刹车减速的规定值得商榷。实际上，对不同机型、不同条件下滑跑，减速方法的选择不尽相同。减速方法直接关系到能否保证起降安全，特别是高速战机起降过程中冲出跑道是一种多发性事故，如何正确选择方法是飞行员非常关心的一个现实问题，但目前对此问题在理论上多限于定性分析。参考文献[6]通过计算某机的着陆滑跑距离对比了两种减速方法，但没有计算、分析滑跑速度及飞机重量影响的一般规律，没有从理论上确定该型机两种方法转换的最佳速度，也没有就不同机型进行对比。本文拟从折算摩擦系数计算入手进行系统的对比、分析。

2 飞机着陆滑跑时的折算摩擦系数

以飞机着陆滑跑为例，滑跑距离的计算公式为

$$L=\int_{0}^{V_{接}} \frac{\mathrm{d}V^{2}}{2g(f''-p/G)} \tag{1}$$

式中，f''为着陆折算摩擦系数，即将气动阻力折算到摩擦阻力中。工程计算取平均值，但不同机型、不同条件取值不同，如某战机在干水泥跑道上着陆滑跑，不放伞时取 0.153，放伞时取 0.338。

经代换可得 f''的表达式

$$f''=f+\frac{(C_{x}-fC_{y})\rho V^{2}S}{2G} \tag{2}$$

式(1)表明，在发动机推力一定的情况下，f''的本质是减速滑跑时总阻力对应的减速度大小。式(2)表明，f''综合体现了滑跑速度、飞机重量及气动特性对刹车减速效果的影响，较工程计算取平均值更符合实际情况，精度更高。

综上，用折算摩擦系数衡量飞机滑跑减速效果是合理的。

3 不同减速方法折算摩擦系数的计算结果

3.1 不同减速方法的折算摩擦系数表达式

气动减速，是指飞机抬起前轮做两点滑跑，主要利用较大迎角产生的气动阻力减速，折算摩擦系数表示为

$$f''_{气动}=f_{两点}+\frac{(C_{x2}-f_{两点}C_{y2})\rho V^{2}S}{2G} \tag{3}$$

刹车气动减速，是指飞机放下前轮做三点滑跑，主要利用刹车产生的摩擦阻力减速，折算摩擦系数表示为

$$f''_{刹车}=f_{三点}+\frac{(C_{x3}-f_{三点}C_{y3})\rho V^{2}S}{G} \tag{4}$$

3.2 不同减速方法折算摩擦系数的计算结果

图 1 和图 2 是两种机型不同重量下的滑跑折算摩擦系数计算结果。

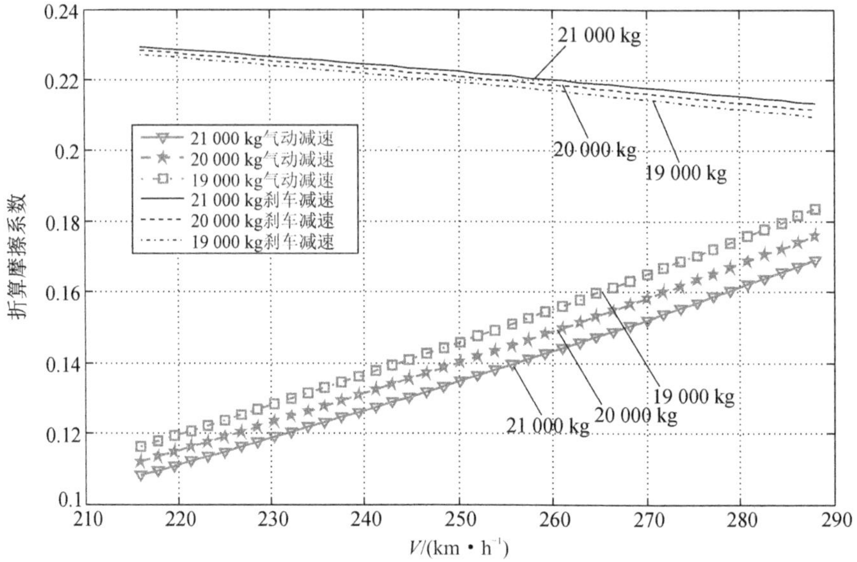

图 1 某机(Ⅰ)滑跑折算摩擦系数的计算结果

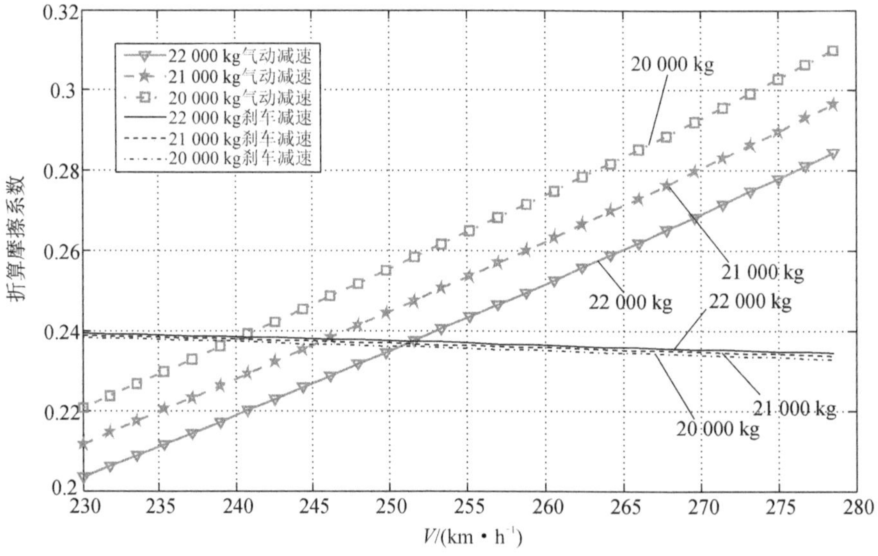

图 2 某机(Ⅱ)滑跑折算摩擦系数的计算结果

4 计算结果分析

4.1 折算摩擦系数随速度、重量的变化分析

4.1.1 随滑跑速度的变化

滑跑速度减小，$f''_{气动}$减小。原因：在 $f''_{气动}$ 中，气动阻力起主要作用，且随滑跑速度的减小而减小，因而 $f''_{气动}$ 也随滑跑速度的减小而减小。

滑跑速度减小，$f''_{刹车}$略增加。原因：在$f''_{刹车}$中摩擦阻力起主要作用，而随滑跑速度减小，摩擦阻力增大，同时气动阻力明显减小。两方面综合作用使$f''_{刹车}$略增加。其中，某机（Ⅰ）采用了边条翼＋基本翼、翼身融合等先进的气动布局技术，具有良好的气动特性，着陆接地速度与气动阻力均较小，刹车作用更为明显，因而$f''_{刹车}$较采用常规气动布局的某机（Ⅱ）增加略明显。

4.1.2 随重量的变化

重量增加，$f''_{气动}$明显减小。原因：如前述，f''的本质是减速滑跑时总阻力对应的减速度；因而重量增大时，如果滑跑速度一定，$f''_{气动}$中起主要作用的气动阻力不变，起次要作用的摩擦阻力有所增大，综合作用的结果使$f''_{气动}$随重量增大（起减小减速度的作用）明显减小。

重量增加，$f''_{刹车}$略有增加。原因：滑跑速度一定，随重量增大，$f''_{刹车}$中起主要作用的摩擦阻力有所增大，起次要作用的气动阻力不变，综合作用的结果使$f''_{刹车}$略有增加。

4.2 某机（Ⅰ）两种减速方法的效果分析

在整个滑跑速度范围内，$f''_{刹车} > f''_{气动}$，即刹车减速效果优于气动减速。

原因：某机（Ⅰ）的气动布局与气动特性良好，着陆接地速度与气动阻力均较小，因而气动减速效果比刹车减速效果差。

可见，某机（Ⅰ）为缩短着陆滑跑距离、预防特殊情况下冲出跑道，接地后应尽快采用刹车减速的方法。

4.3 某机（Ⅱ）两种减速方法的效果分析

较大速度下，$f''_{气动} > f''_{刹车}$，即气动减速效果优于刹车减速；较小速度下则相反，$f''_{气动} < f''_{刹车}$。

原因：某机（Ⅱ）采用了常规气动布局，着陆接地速度与气动阻力较大，因而较大速度下气动减速效果比刹车减速效果好；较小速度下，则相反。

可见，某机（Ⅱ）为缩短着陆滑跑距离、预防特殊情况下冲出跑道，较大速度时采取气动减速、较小速度时采用刹车减速的方法。

以上结论以着陆滑跑减速为例分析，也适用于中断起飞减速。

5 结束语

（1）高速战机在减速伞失效或深积水跑道等不利条件下着陆，在起飞中出现一发停车等特殊情况时，选择正确的减速方法是避免冲出跑道的关键。

（2）由于折算摩擦系数f''的本质是减速滑跑时总阻力对应的减速度大小，且能反映滑跑速度、飞机重量的影响，用以衡量不同减速方法的效果是合理的；本文提出的方法具有普遍性。

（3）计算表明，某机（Ⅰ）的气动阻力较小，应采用刹车减速的方法；某机（Ⅱ）在较大速度时用气动减速，较小速度时用刹车减速。

（4）应在进一步细化研究的基础上，完善有关机型的技术资料。

参考文献

[1] 郭浩义.对中断起飞的几点思考[J].飞行安全,2018(1):29-30.

[2] 许光,梁旭.回顾与启迪:海军航空兵飞行安全回顾与思考[M].北京:国防大学出版社,2016.

[3] 费景荣,蒋江涛,武书阁.歼-X飞机着陆冲出跑道的预防[J].航空杂志,2019(10):31-33.

[4] 张伟欣.防止冲出跑道应如何正确使用刹车[J].航空杂志,2005(2):40-41.

[5] 周金龙,刘建新.安全飞行理论教程[M].北京:海潮出版社,2007.

[6] 徐彦军,武书阁.两种飞机着陆减速方法分析[J].飞机设计,2016(2):13-14.

[7] 刘永学.飞机飞行力学[M].北京:航空工业出版社,2020.

着陆进场速度偏差与着陆安全

摘要： 以军机为例，首先介绍 $V_{进场}$ 的确定，以此为基础讨论 $V_{进场}$ 偏小的不利影响，尤其是降雨或积冰时 $V_{进场}$ 偏小对复飞安全的影响；$V_{进场}$ 偏大对冲、跳的影响，最后分析认识问题，并得到相关结论。

关键词： 着陆进场速度；过大与过小；着陆安全

1 引　言

统计表明：由着陆进场速度($V_{进场}$)偏差过大，引起的着陆冲、跳、掉等特殊情况一直是着陆事故的重要诱因，且在整个飞行事故中占有较大比重。而飞行员对 $V_{进场}$ 偏差，尤其 $V_{进场}$ 偏大的危害缺乏足够的重视，甚至存在一些片面认识和不规范的操纵习惯，这些是导致此类事故的根本原因。同时，各机型的教材、教科书对此问题的介绍和规定尚不够详细。为此，本文就此问题进行分析。

2 着陆进场速度的确定

飞机在着陆安全高度的瞬时速度叫着陆进场速度。它对保证安全着陆和安全复飞都有重要作用，通常是从多方面考虑、综合确定的。《有人驾驶飞机(固定翼)飞行性能和图表资料》(GJB 34—1985)规定，军用飞机的 $V_{进场}$ 应是下列速度中的最大者。

(1) 着陆气动外形下的着陆最小操纵速度。

(2) 在着陆气动外形下，无动力平飞失速速度的 1.2 倍，以保证在着陆进场过程中，飞机具有轨迹稳定性。

(3) 在着陆气动外形下，发动机为最大起飞推力时，飞机具有 2.5%上升梯度能力的速度。对于多发飞机应是关键发动机停车状态。轨迹稳定性是指飞机受到扰动后，飞行员不改变油门而只改变升降舵保持预定飞行轨迹的稳定性。从速度的角度看，在第一速度范围内(喷气式飞机飞行速度大于有利速度 $V_{有利}$)具有轨迹的稳定性。有轨迹稳定性，飞机向下滑点直线下降过程中，即使受到阵风影响，不必加减油门就可以保持下降空速。复飞中，拉杆能保持飞机上升。有些大型高速飞机着陆下滑中，可处于轨迹中立稳定、甚至不稳定状态，但为保证着陆安全，这些飞机上装置了自动油门。

对 $V_{进场}$ 的确定，以某型飞机为例，由于发动机贴近机身，一发失效后的不对称偏转力矩很小，着陆最小操纵速度不超过 200 km/h。由起落架强度限制的最大着陆质量为 50 t，紧急情况下不超过 55 t，一发失效，另一发在起飞状态，以 $V_{进场}$ 可达到要求的 3.3%复飞上升梯度。所以，该机的 $V_{进场}$ 主要由保证着陆进场中的轨迹稳定性所限制。

3 $V_{进场}$偏差对着陆安全的影响

3.1 $V_{进场}$偏小的影响

$V_{进场}$偏小，操纵不当容易出现掉草地、擦尾或小速度跳跃等情况。后掠翼飞机在跳跃过程中易失速而急剧变态。同时，$V_{进场}$偏小还难以满足多发飞机关键发动机停车后保持状态的需要，以及特殊情况下的安全复飞需要。

讨论$V_{进场}$偏小对复飞的不利影响，必须要考虑飞行重量、飞机构型及雨水或积冰等条件对$V_{有利}$的影响。通常，着陆放襟翼（起落架）后，有利迎角对应的升力系数$C_{y有利}$增大，$V_{有利}$则减小。而同样的构型，着陆重量越大，$V_{有利}$也越大。

特别要注意的是，风洞实验和理论分析都表明，雨水（水膜）或积冰会使飞机的气动性能恶化，$C_{y有利}$减小，必然使$V_{有利}$增大；同理，$V_{失速}$也增大。不同降雨量情况下，C_y的变化情况如表1所列。

表1 降雨对飞机升力系数的影响

雨强度/(mm·(5 min)$^{-1}$)	小雨(8.3)	中雨(42)	大雨(84)	暴雨(125)
$\Delta C_y/C_y$/%	10	20	25	28

以某机为例，着陆重量$G=20\sim23$ t，放起落架、襟翼，雨水对$V_{有利}$影响的计算结果如表2所列。

表2 降雨对某机$V_{有利}$的影响

降雨情况		无雨	中雨	大雨
$C_{y有利}$		0.52	0.416	0.39
$V_{有利}$/(km·h^{-1})	$G_{着}=20$	360	400	414
	$G_{着}=23$	385	430	444

在多数情况下，积冰（非严重积冰）后飞机的失速速度约增大5%～10%，飞机的C_y约减小5%～15%[1]。

可见，若必须在大雨或积冰条件下复飞，就应考虑到$V_{有利}$及$V_{失速}$增大的特点，防止拉杆过早；否则，就容易出现从复飞加油门至发动机推力明显增加之前“越拉杆越掉高度”，甚至失速变态的危险现象。1997年8月5日，大韩航空公司的一架波音747-300飞机在雨中着陆，因看不清跑道而复飞。飞参数据显示，在机组柔和拉杆复飞过程中，飞机不断掉高度而坠地。经副驾驶确认，在此前着陆中的下降率正常[2]，可排除风切变的影响。因而，此次事故中雨水影响及小复飞速度的影响不可忽视。

3.2 $V_{进场}$偏大的影响

若$V_{进场}$偏大，飞机就难以在有限的空间范围内，按规定精确地控制飞机做下降、减速运动。实践证明，$V_{进场}$偏大往往是拉高、拉飘、着陆跳跃或冲出跑道的重要诱因。1993年，德国汉莎航空公司的一架A320-211型客机在波兰首都华沙的奥克西机场着陆时冲出跑道，致使两人遇难、56 人受伤，飞机严重损伤。其主要原因是，在顺风超过 10 m/s，跑道积水的不利情况下，因机组获知可能有风切变，将进近着陆速度增大了 20 km/h，并由于操纵不当使飞机飘飞距离过长，接地后又跳起飘飞了 755 m[3]。1994 年 7 月 20 日，云南航空公司的波音 737－300 型飞机，在昆明机场冒雨强行着陆，由于收油门不及时，速度过大，加之跑道积水，飞机冲出跑道，造成重大损失[4]。

这里要强调的是，大速度着陆跳跃不仅危害较大，而且大速度着陆也更容易跳跃。一是因大速度着陆飞机下降快，时间短，操纵易偏差。若拉平中判断不准，拉杆不足或不及时，就易造成小姿态接地或三点接地甚至前轮触地而跳跃。有些飞行员为在“T”字布侧方接地，便“摁着机头”以小姿态或三点接地而跳跃。1997 年我国民航一架某型飞机在雨中着陆，因着陆速度、角度偏大，飞机连跳三次，飞机结构严重受损，飞行员操纵飞机复飞。随后着陆时，再次以较大速度和俯角触到跑道，造成飞机解体、人员严重伤亡的事故。二是即使飞机以大速度小姿态接地后不立即跳跃。但由于飞机的动能大，滑跑中伴随着减振装置从压缩到伸张、飞机重心由下沉到上升，或道面不平使机头上仰，或因飞行员急于刹车而提前粗猛推杆等原因，飞机可能会在滑跑几十米甚至上百米后重新跳起。尽管这类跳跃在现行教材、手册中没有提及，但已出现多次，近期的如 1999 年的轰 6 跳跃事故和 2003 年某部的歼 6 跳跃事故，应引起足够重视。其中，推杆放前轮动作粗是这类跳跃的重要诱因。应认识到，除紧张外，若推杆过早，速度大，产生的下俯力矩大，也在客观上造成了动作“粗”的结果。

着陆跳跃属于老问题，尽管有关教材、教科书都有论述，但由大速度跳跃导致的严重事故仍时有发生。其中一个重要原因是飞行员包括一些指挥员对大速度着陆容易跳跃的特点认识不深刻，因而在操纵、指挥上就容易带有随意性，顾此失彼，甚至错误行事。

4 形成 $V_{进场}$ 偏差的原因分析

认识决定行动。飞行员对 $V_{进场}$ 的确定依据和 $V_{进场}$ 偏差的危害认识不全面、不深刻，是产生速度偏差的根本原因。比如，目前在飞行人员中较普遍地存在着“着陆速度宁大勿小”“下滑线高好观察、安全”的认识。这其中有机场周围净空度的因素，或对飞机老旧、发动机性能降低的考虑，但有的则片面地认为速度大稳定性强，便于控制接地姿态，高度高特殊情况下处置余地大。受这种片面观点的影响，就易形成威胁着陆安全的不规范操纵习惯乃至怪癖动作，如有些单位正常情况下将四转弯后高度增加几十甚至上百米，$V_{进场}$ 增大 20～30 km/h 已成为普遍现象。对此必须引起高度重视。

不合理的规定也会引起 $V_{进场}$ 偏差。如某些后掠翼飞机为避免小速度侧风着陆时的横侧振荡，手册推荐把接地速度增大 5～10 km/h 时，这大约相当于高速飞机接地速度的 1.5%～3%，实际上达不到改善操纵性的目的，相反由于侧风着陆单刹车，总制动力减小，如再增大接地速度，会使滑跑距离增长，所以这样的规定是不合理的。

5 结束语

通常，飞机进近着陆是一种轨迹近乎固定的精确运动过程，相关运动参数，尤其是 $V_{进场}$ 是考虑多种因素综合确定的。加之进近着陆中，飞行高度、速度及总能量不断减小，可供处置特殊情况的时间和空间也很小。因而对$V_{进场}$等相关参数的要求非常严格。飞行员应正确、深入地认识所飞机型确定$V_{进场}$的有关依据，严格按规定操纵，特别要注意防止$V_{进场}$过大，以便更好地提高着陆安全水平。

参考文献

[1] 李林.结冰对民机飞行性能的影响研究[J].飞行力学，2004(3):12-16.

[2] 顾世敏.安全:十万火急[J].航空知识，2002(7):15-19.

[3] 郭全胜.从一起空难看违章飞行的危害[J].中国民航飞行学院学报，2003(4):5-6.

[4] 齐勇.安全是永恒的主题[J].飞行员，2004(1):40.

美军舰载机飞行学员着舰技术训练的承接性

摘要：针对舰载战斗机飞行员需要具备的着舰技术素养，从偏差修正、着陆（舰）航线和近左边界飞行等三个方面，分析美海军舰载战斗机飞行学员初级教练机阶段训练与后续机型训练的传承性。分析结果对我海军急需的舰载战斗机生长飞行员培养具有非常重要的现实意义。

关键词：舰载机；着舰操纵；飞行员

1 引 言

舰载战斗机飞行员培养是世界性的难题，其中的着舰技术训练又是舰载战斗机飞行员培训中最具特色的部分。美国海军舰载战斗机飞行员的培养经过多年实践和不断完善，积累了丰富的训练经验，已经形成了完整的培养体系。其舰载战斗机飞行员培养采用生长模式两级教练机训练体制，现阶段初教机采用 T－6B 飞机，高教机采用 T－45 飞机，T－45 飞机已经具备着舰训练能力。美国海军从初教机阶段开始，就注意与后续高教机和战斗机在着舰训练技术和意识方面培养的承接性，主要表现在以下三个方面。

2 进近偏差修正原则与舰载飞行衔接

舰载机着舰飞行中的进近阶段，最具着舰操控特色的是“看灯、保角”。“看灯”就是通过观察菲尼尔灯球保持好一条合适的下滑线，即控制好高距比；“保角”就是保持合适的迎角。其偏差修正原则是以俯仰姿态控制迎角（保角），以油门控制下降率（看灯）。

具体的操纵方法是：位置高了，稍收油门，飞机低头，迎角基本不变，位置正常；位置低了，稍加油门，飞机抬头，迎角基本不变，位置正常。迎角小了，稍收油门，同时稍带杆，迎角增大，位置正常；迎角大了，稍加油门，同时稍顶杆，迎角正常，位置正常。油门操纵应提前于杆。

在学员 T－6B 阶段的着陆航线飞行中，飞行员要对速度和高度偏差及时修正。根据美海军 T－6B 初级教练机飞行指南，其速度、高度偏差的修正原则是：以俯仰姿态控制速度，以油门控制下降率（高度）。

具体的操纵方法是：位置高了，稍收油门，飞机低头，控制速度，位置正常；位置低了，稍加油门，飞机抬头，控制速度，位置正常。速度大了，稍收油门，同时稍带杆，飞机速度减小，速度正常；速度小了，稍加油门，同时稍顶杆，速度正常。在整个修正过程中，由于油门响应较杆的响应慢，油门操纵应提前于杆。图 1 是 T－6B 飞机着陆下滑线。

稳定飞行中，由于速度与迎角是相对应的，所以控制迎角与控制速度是相通的，初教机着陆进近的修偏方法与舰载机着舰进近的修偏方法是基本一致的。

在学员具备了一定的飞行技术之后，还要进行保角进近飞行训练。这不仅丰富了学员的飞行经历，也让学员体会到现阶段着陆操控技术与后续舰载飞行的承接性，为后续机型的着舰训练打下了基础。

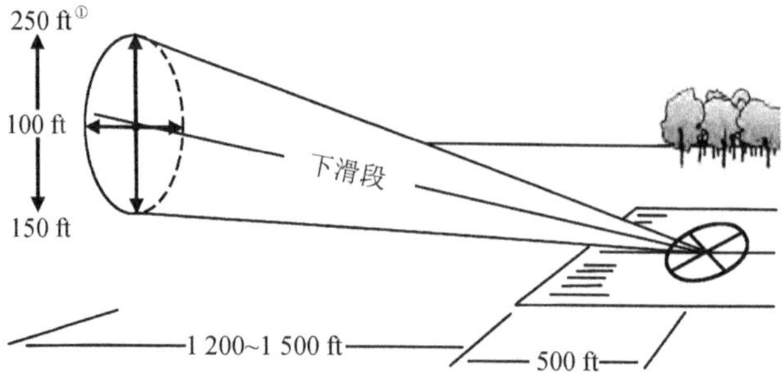

图 1 T-6B 飞机锥体状着陆下滑线

T-6B 的迎角指示有两处。一个在主仪表板上,提供连续的变化迎角显示;一个在防眩板上,以三色灯光显示。当起落架放下后,迎角指示器三个信号灯中一个或两个信号明亮,提示飞行员飞机的迎角状态和所需要的修正,这和舰载机上的迎角三色灯类似。

在进近过程中,飞行员扫视迎角指示器、着陆点、高度表。必要时调整油门位置和飞机姿态,保持下降率和迎角。如果迎角指示器上的绿"V"灯亮,表示迎角过大,表速过小,修正方法是,使机头低一点。如果迎角指示器上的红"∧"灯亮,表示迎角过小,表速过大,修正方法是,使机头高一点。所有上述修正都应该用油门配合,以保持高度和下降率。保角进近实际上就是舰载机着舰进近中"看灯、保角"的预练习。

这样,学员在初级教练机飞行阶段建立起的进近技术和偏差修正习惯,就很容易移植到后续的舰载机着舰进近训练中。

3 跑道圆着陆航线

跑道圆着陆轨迹航线为海军航空兵特有,着陆航线呈田径场形状,着陆线、迎风边、平行顺风边构成了田径场的两边,两侧由侧风转弯和进近转弯连接。美海军的初教机、高教机和舰载机,都采用这种形状相近的着陆、着舰航线。图 2 是 T-6B 飞机的着陆航线。

着陆航线上,T-6B 教练机的飞行参数虽与后续机型不同,但不同阶段的注意力分配、飞机构型状态以及航线上的偏差修正方法,都与后续机型基本一致。

4 重在体验的近左边界飞行

为了减小舰载机与母舰的速度差,使舰载机能在很短的舰面上停下来,要求舰载机的着舰速度越小越好。这就要求舰载战斗机飞行员全面感知飞机的近左边界特性,具备近左边界稳定飞行的精确操控能力。由于固定翼飞机左边界失速特性具有近似的特征,适应对舰载战斗机飞行员未来飞行的特殊要求,美海军从初教机开始就非常重视对学员的近左边界飞行训练,增强学员对飞机失速、螺旋特性的体验感知。

T-6B 飞机的近左边界训练包括慢飞(临近失速飞行)、动力失速、无动力失速、着陆进近失速等科目,每一个科目又包括很多内容,目的是训练飞行员在近失速条件下的飞行能力,感

① 1 ft=0.305 m。

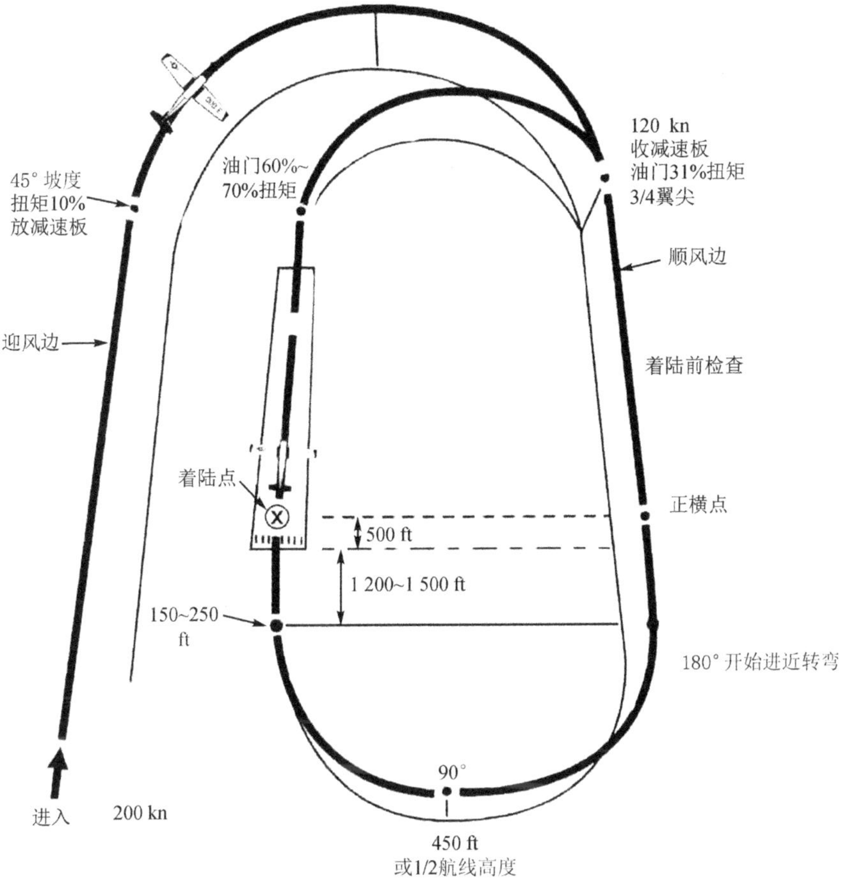

图 2 T-6B 飞机的着陆航线

知失速特性。动作先由教员示范，然后学员练习，完成动作高度 6 000 ft 以上。训练中，学员练习在最小可控速度下飞行，体会速度对飞机性能和控制的影响。

在高教机 T-45 训练中，同样有转弯失速、无动力失速、进近失速、着陆构型失速、进近转弯失速、加速状态失速等多个失速飞行科目。

学员在近左边界训练中，特别重视对于飞机边界动力学特性的全面体验和感知。这是很有道理的，近边界飞行，当飞行员对飞机的特性有了正确的体验和感知后，在操控飞机时，就能够合理应对情况，正确处置。

5 结束语

人工着舰操纵技能和意识的养成是一个长期而一贯的过程，只有飞行员熟练掌握并建立起正确的操控技能和意识时，才会做到人机一体，安全着舰。由上述三个方面的分析可见，从初教机到高教机，再到舰载机，美海军在飞行员着舰训练方面具有极强的一脉相承性。

某军用飞机“意外侧滑”现象分析

摘要：本文介绍某军用飞机飞行中“意外侧滑”的基本情况及影响，全面分析可能原因；然后从飞参数据入手分析具体原因，并提出有关建议。分析表明，由于该机的“副翼—方向舵”交联方案比较简单，特别是该方案仅用于消除因压杆量变化导致的侧滑，不仅不能消除压杆量变化前已存在的侧滑，反而在客观上起到保持原侧滑角的航向稳定作用，所以该机的“副翼—方向舵”交联模块实际上并不能完全消除侧滑。其在速度500～750 km/h较明显的“意外侧滑”是由杆位不正或修正性压杆与“副翼—方向舵”交联模块共同导致。“意外侧滑”存在诸多不利影响，应在某军用飞机单座型和双座型前舱增加侧滑角显示。

关键词：意外侧滑；状态控制；飞行安全；侧滑显示

1 引 言

飞行中，仅在侧风着陆、多发飞机部分发动机停车后做不对称推力飞行等少数情况下才允许带侧滑。正常条件下，特别是大迎角、高速飞行时侧滑都对飞行安全产生不利影响，因而不允许带侧滑飞行。所以先进战机的飞行控制系统多都采用“副翼—方向舵”交联控制，自动消除滚转中的侧滑。某军用飞机也具有此功能。但不少飞行员反映，该型机在有些条件下会出现明显的“意外侧滑”。

鉴于“意外侧滑”对飞行安全影响较大，飞行员对此问题比较关注，本文在全面分析“意外侧滑”现象可能原因的基础上，根据某军用飞机的飞参数据、该机的横侧操稳特点及“副翼—方向舵”交联功能，分析了“意外侧滑”的具体原因，并提出了有关建议，供有关部门和人员参考。

2 “意外侧滑”现象的基本情况及有关分析

2.1 “意外侧滑”现象的基本情况

据飞行员反应，某军用飞机的“意外侧滑”现象主要表现为两种情况：单机飞行，速度500～750 km/h、坡度接近零时，部分战机航向会缓慢变化；编队飞行，速度500～750 km/h、坡度接近零时，部分僚机自动向长机靠近或离开，需少量压杆制止。可见，“意外侧滑”现象的共同之处：速度500～750 km/h，坡度不大，飞机在侧滑过程中航向逐渐变化。

2.2 “意外侧滑”现象的不利影响

因某军用飞机单座型和双座型的前舱无专门侧滑显示仪表，侧滑角小时不易被发现。一旦积累较大被发现时，就可能对正常飞行乃至飞行安全产生以下不利影响：“意外侧滑”在单机飞行中会导致航向变化；在编队飞行中会影响队形的保持，甚至造成僚机与长机危险接近或进入长机尾涡而危及飞行安全；在大迎角状态，“意外侧滑”会使失速特性变差，可能导致飞行状态失控；高速飞行出现“意外侧滑”也容易导致飞行状态失控；出现偏差后需长时间修正，飞行员消耗精力大。

2.3 “意外侧滑”现象的可能原因分析

总的看，发生“意外侧滑”可能的原因主要包括四个方面：一是飞机的气动外形不对称，如该机垂尾下部的鼓包不对称，垂尾安装误差等；二是方向操纵系统缺陷，如连杆长短误差等；三是飞控系统出现异常；四是飞行员与飞控系统的操纵所致。

显然，若是前三个原因导致的“意外侧滑”，则应在所有条件下都出现较明显的侧滑或航向改变现象。但事实上有关现象主要出现在速度为 500～750 km/h 时。况且，机务维护和飞控系统自检均未发现异常。可见，“意外侧滑”的直接原因与操纵有关，应从飞参数据入手分析。

3 “意外侧滑”现象的飞参数据分析

本文选取某军用飞机飞行员感觉侧滑较明显的两个时间段的飞参数据进行分析。因某军用飞机飞行中飞行员基本不蹬脚蹬，方向舵偏转由飞控系统控制，所以选取参数包括压杆量、坡度、侧滑角、方向舵偏转量、偏航速率及表速。两个时间段数据如图 1～图 6 所示。可见，飞参数据与飞行员的反应一致。

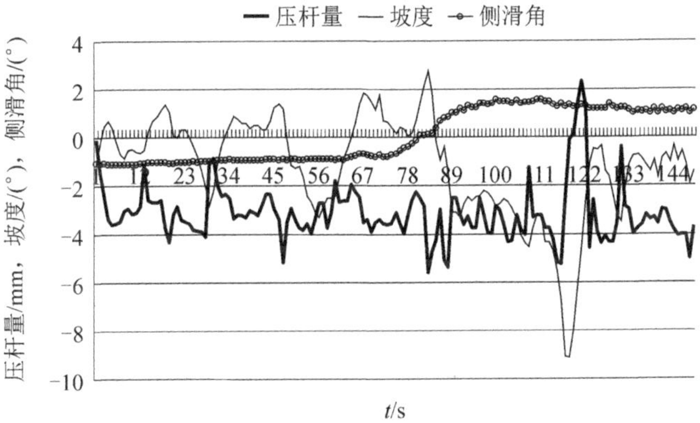

图 1 第一时间段内压杆量、坡度、侧滑角的变化

某军用飞机坐标系采用美国体系，有关参数的正负规定为：压杆，左正、右负；坡度和侧滑角，左负、右正；方向舵后缘右偏为负。以下首先简要分析介绍某军用飞机横侧操纵性及“副翼—方向舵”交联模块自动消除侧滑功能的特点。

3.1 某军用飞机的横侧操纵性及自动消除侧滑功能的特点

某军用飞机的横侧操纵比较灵活，操纵反应灵敏，其原因有四个方面：一是该机的展弦比较小，但由于采用了全翼展的升降副翼，副翼面积较大；二是升降副翼偏转时引起整个机翼的压力发生变化，特别是外侧副翼的力臂较大；三是驾驶杆短，杆位移梯度较大；四是横侧操纵采用电传控制，系统响应性较好。此外，该机横侧操纵性随 *Ma* 的变化规律与其他机型的相同，即在中空亚声速范围内的副翼效能较高，横侧操纵性较好。

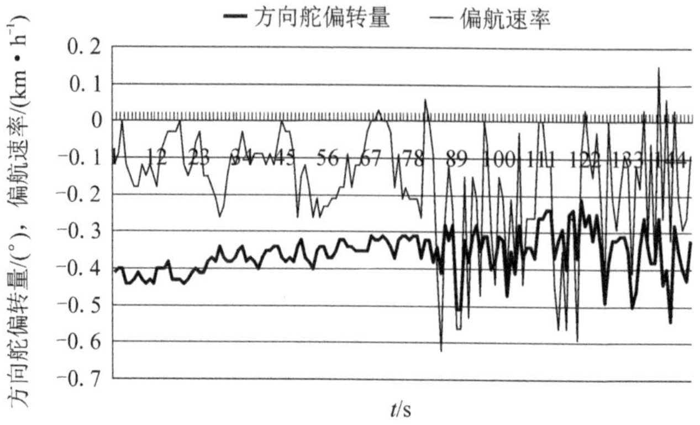

图 2　第一时间段内方向舵偏转量、偏航速率的变化

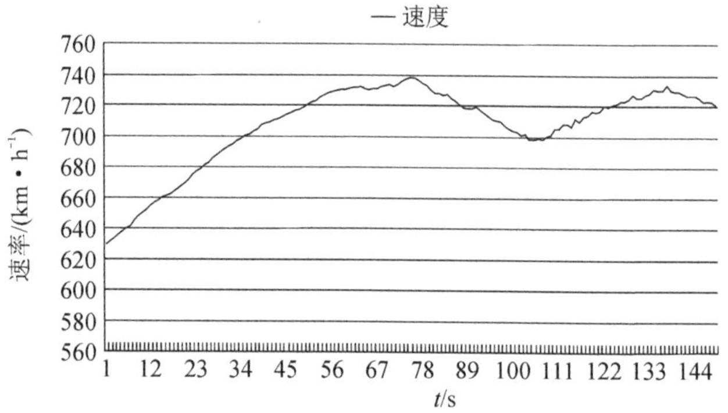

图 3　第一时间段内表速的变化

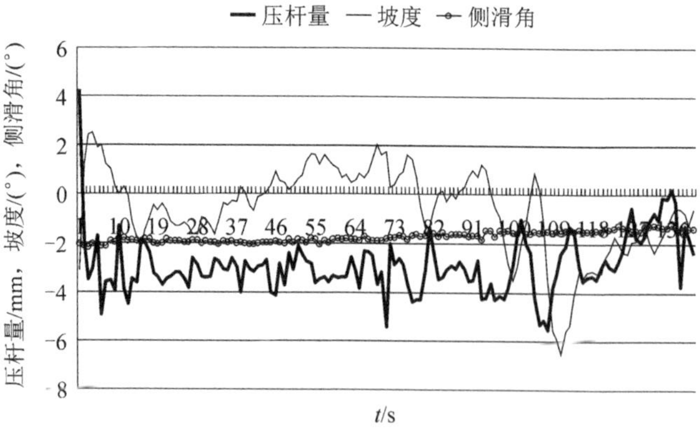

图 4　第二时间段内压杆量、坡度、侧滑角的变化

与其他三代战机相同，某军用飞机控制增稳系统中采用了的“副翼-方向舵”交联控制，以自动消除侧滑，所以飞行中基本不用舵。但根据“副翼-方向舵”交联的原理，该装置并不能完全消除侧滑，具体原因有二：一是实现完全无侧滑的“副翼-方向舵”交联关系相当复杂，且必要性不大，因此目前的“副翼-方向舵”交联方案比较简单[1]；二是“副翼-方向舵”交联装置仅用于消除因压杆量变化导致的侧滑，如果压杆量变化前已存在侧滑，该装置客观上反而起到保持原侧滑角的航向稳定作用。

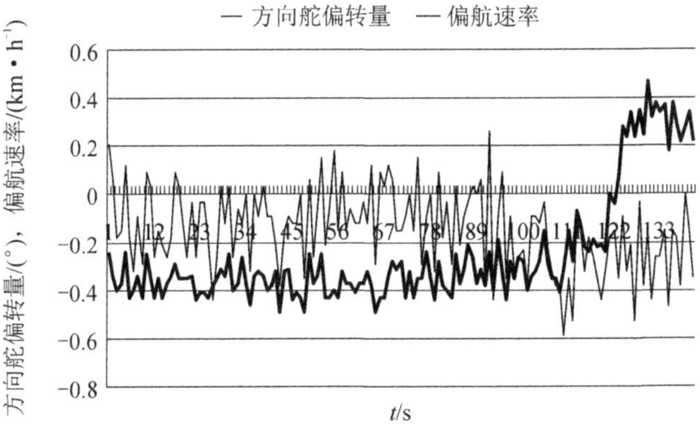

图 5 第二时间段内方向舵偏转量、偏航速率的变化

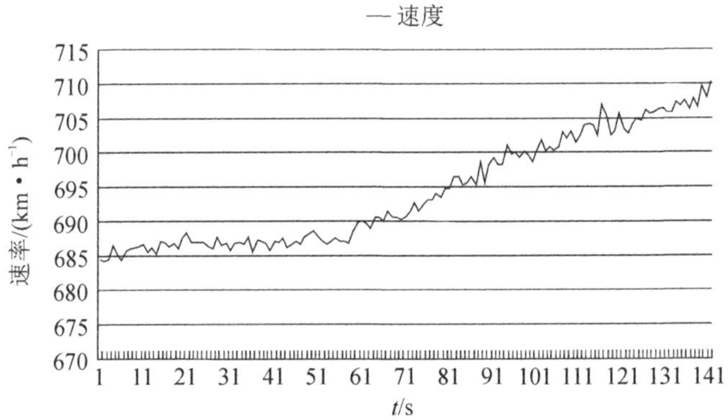

图 6 第二时间段内表速的变化

3.2 第一时间段的飞参数据分析

图 1 表明，在第一时间段内杆舵操纵与飞行状态变化的特点是：向右压杆量在 3 mm 左右波动，坡度亦相应波动；且压杆量与坡度变化匹配较好，表明某军用飞机速度 500～750 km/h 范围内横侧操纵性强，操纵灵活，反应快。同时，因右压杆、左副翼下偏，“副翼—方向舵”交联模块使机头稍右偏，以消除侧滑。

侧滑特点取决于坡度和机头偏转情况，第一时间段内意外侧滑特点及原因如下。

0～60 s，由于存在 3 mm 左右的右压杆量，致使机头持续右偏，保持原有的、约 1°左侧滑角；同时，右杆量波动幅度较大，在横侧操纵力矩、横侧稳定力矩的共同作用下，坡度约以 ±2°交替变化。

60～80 s，速度增加较多，横侧操纵性明显增强，向右的横侧操纵力矩明显增大，产生了 1°左右的右坡度；同时，压杆量及右偏角速度变化不大，致使左侧滑变为右侧滑。

80～144 s，在右侧滑条件下同时存在右杆量与机头右偏角速度，因而在机头右偏作用下保持约 1.5°右侧滑；由于右杆量波动频率较大，加之存在右侧滑，因而出现左坡度。

3.3 第二时间段的飞参数据分析

图 4 表明，在第二时间段内，右压杆量在 3 mm 左右波动，坡度相应变化；同时，在左副翼

下偏信号作用下，“副翼-方向舵”交联模块使机头稍右偏（偏转角速度 0.1～0.2°/s 左右）消除左侧滑。压杆量与坡度变化匹配较好，也表明某军用飞机在 500～750 km/h 范围内横侧操纵性强，操纵灵活，反应快。

第二时间段内意外侧滑特点及原因如下。

0～40 s，由于存在 3 mm 左右的右压杆量，致使机头持续右偏，保持原有的约 2°左侧滑角。

40～80 s，速度有所增大，横侧操纵性有所增强，向右的横侧操纵力矩也有所增大，产生了 1°左右的右坡度，致使左侧滑角略减小。

80～140 s，在左侧滑条件下同时存在右杆量与机头右偏角速度，因而在机头右偏作用下保持约 1.6°左侧滑。其中，坡度与压杆量浮动较大。

可见，第一、第二时间段侧滑角不同的主要原因是，第一段 60～80 s 内速度及横侧操纵力矩较大，致使侧滑角由左变右。

4 “意外侧滑”的分析结论与建议

4.1 基本结论

由于某军用飞机的“副翼—方向舵”交联方案比较简单，特别是不能消除压杆前已存在的侧滑，所以并不能完全消除侧滑。某军用飞机的“意外侧滑”由杆位不正或修正性压杆与“副翼—方向舵”交联模块共同作用所致，实际属正常现象。其他机型也有此现象，但可通过仪表判断并及时修正。而由于某军用飞机单座型和双座型前舱不显示侧滑，加之该机横侧操纵较灵活，特别在速度 500～750 km/h 时副翼效能较高，易出现较明显的“意外侧滑”。

4.2 改进建议

鉴于侧滑是基本的飞行状态参数，“意外侧滑”牵扯飞行员的精力、影响飞行任务的顺利完成，甚至影响飞行安全，应在某军用飞机单座型和双座型前舱增加侧滑角显示。鉴于某军用飞机的横侧操纵比较灵活，操纵反应灵敏，可适当增大杆力和杆位移梯度。

4.3 操纵建议

在未采取改进措施，特别是未增加侧滑角显示之前，平飞中尤其是速度 500～750 km/h 范围内平飞应注意保持杆横向中立，及时观察航向仪表，避免意外侧滑的不利影响。

参考文献

[1] 高浩，朱培申，高正红. 高等飞行动力学[M]. 北京：国防工业出版社，2004.

舰载机逃逸复飞安全性分析

摘要：舰载机着舰是整个飞行过程中最危险、最复杂的飞行阶段。一旦挂索不成功，舰载机就要面临着逃逸复飞。舰载机的逃逸需要考虑舰艏扰流、航母运动、起落架特性等影响。建立舰载机相对于斜甲板的运动方程，考虑舰面运动、舰艏扰流、起落架影响等因素，分析不同扰流速度、纵摇频率、垂荡幅度对舰载机逃逸迎角、逃逸航迹和爬升率的影响。研究结果表明：舰艏扰流会使舰载机迎角增加，上升速度加快。纵摇和垂荡对舰载机逃逸安全影响较大，为了保证舰载机逃逸的安全，应尽量选择在航母运动幅度小，周期长，并且处于舰艏上升阶段实施。

关键词：舰载机；逃逸；舰面运动；安全性

1 引 言

舰载机着舰时，由于外界干扰或飞行员操纵不当等原因，导致在接触甲板瞬间拦阻钩反弹或拦阻钩位于拦阻区域外等原因，使拦阻钩没有钩住拦阻索，舰载机只能加大推力在着舰区内加速滑跑并拉起上升，这一过程称为逃逸[1]。逃逸性能直接关系到舰载机没能成功着舰时的生存力和安全性。舰载机在逃逸复飞的过程中，要充分考虑飞机的气动布局、起落架、甲板风、航母运动等因素的影响，尤其是舰载机在离舰时还要受到舰艏气流的影响[2-5]。目前，大部分研究集中在舰载机的动力学建模以及甲板运动、气流扰动对飞行性能的影响分析[6-8]，或者舰载机逃逸复飞的参数适配性研究[9]。很少从舰载机逃逸复飞安全和舰艏扰流方面有针对性的进行性能分析。

本文是在建立舰载机相对斜角甲板运动方程的基础上，充分考虑到航母、舰载机、大气环境的相互耦合作用。因此，舰载机逃逸过程中其动力学模型应包括航母运动、甲板形状、舰载机机体运动、非线性气动力和力矩、起落架受力载荷、地面效应和大气扰动等各种因素的影响。本文从逃逸运动的基本原理出发，建立了考虑各种影响因素的斜角甲板坐标系下的逃逸动力学模型，计算分析了各种扰流作用、舰面纵摇、舰面垂荡作用下舰载机逃逸性能，分析了影响舰载机逃逸安全性的相关因素，对舰载机在斜角甲板的逃逸过程进行了仿真分析并提出舰载机逃逸的安全要求和安全准则。

2 逃逸运动方程

2.1 质心动力学方程

舰载机相对于斜角甲板坐标系下的质心动力学方程为

$$m\begin{bmatrix}\dot{V}_{xR}\\ \dot{V}_{yR}\\ \dot{V}_{zR}\end{bmatrix}=\boldsymbol{F}_R-m(\boldsymbol{a}_e+\boldsymbol{a}_c)_R \tag{1}$$

式中，$\dot{V}_R$ 为舰载机相对斜角甲板坐标系的加速度；$(\boldsymbol{a}_e+\boldsymbol{a}_c)_R$ 为哥氏加速度与牵连加速度在斜角甲板坐标系上的投影，其中

$$\boldsymbol{F}_R=\begin{bmatrix}F_{xR}\\F_{yR}\\F_{zR}\end{bmatrix}=T_{Rb}\begin{bmatrix}T\cos\sigma\\0\\-T\sin\sigma\end{bmatrix}+T_{Ra}\begin{bmatrix}-D\\C\\-L\end{bmatrix}+T_{Rg}\begin{bmatrix}0\\0\\mg\end{bmatrix}+T_{Rb}\begin{bmatrix}F_{xb}\\F_{yb}\\F_{zb}\end{bmatrix} \tag{2}$$

斜角甲板舰面对舰载机的作用力为

$$\boldsymbol{F}_b=\begin{bmatrix}F_{xb}\\F_{yb}\\F_{zb}\end{bmatrix}=\begin{bmatrix}\sum_{i=1}^{3}f_{xb\,i}\\\sum_{i=1}^{3}f_{yb\,i}\\\sum_{i=1}^{3}f_{zb\,i}\end{bmatrix} \tag{3}$$

式中，F_{xb}，F_{yb}，F_{zb} 分别为舰面对舰载机起落架在三个方向上作用力的分量，一般包括空气阻力、弹簧力和油液阻尼力[10]。

2.2 转动动力学方程

舰载机沿斜角甲板滑跑过程中，会受到气动力矩、推力偏心矩及甲板作用力所引起的力矩作用，其合外力矩为

$$\begin{cases}L_{\text{roll}}=M_x+\sum_{i=1}^{3}(y_{ib}f_{zbi}-z_{ib}f_{ybi})\\M=M_y+T\cdot z_P+\sum_{i=1}^{3}(z_{ib}f_{xbi}-x_{ib}f_{zbi})\\N=M_z+\sum_{i=1}^{3}(x_{ib}f_{ybi}-y_{ib}f_{xbi})\end{cases} \tag{4}$$

式中，x_{ib}，y_{ib}，z_{ib} 分别为机轮与舰面接触点在机体坐标系中的坐标；M_x，M_y，M_z 分别为滚转力矩、俯仰力矩和偏航力矩。

2.3 发动机模型

确定发动机控制规律

$$T=\begin{cases}T_0, & 0\leqslant t<\tau\\T_j-(T_j-T_0)\mathrm{e}^{-T_\delta(t-\tau)}, & t\geqslant\tau\end{cases} \tag{5}$$

式中，T_δ 为发动机推力的加速因子；T_0 为飞机配平状态时发动机的推力；T_j 为发动机最大推力；$\tau=0.7$ s 为飞行员反应时间。

2.4 舰艏扰流模型

在航母舰艏处有一个垂直分量 w 的小范围扰动气流突变，大约距纵摇中心前 150 m，水平距离约 36 m 的地方。此突变气流会对舰载机逃逸复飞时的迎角产生影响。水平分量 u 没

有太大变化，V_{wod} 为甲板风速。

舰载机在逃逸复飞的过程中，需要考虑航母前方的这股扰动气流。由于斜角甲板坐标系原点位于理想着舰点处(距舰尾 50 m 处)，因此可对扰动气流模型进行如下解析。

$$\begin{cases} u=0, & 0 \leqslant x \\ w=0, & 0 \leqslant x < 166 \\ w=-0.0139(x-166)V_{wod}, & 166 \leqslant x < 184 \\ w=-0.0139(202-x)V_{wod}, & 184 \leqslant x < 202 \\ w=0, & 202 \leqslant x \end{cases} \tag{6}$$

3 逃逸动力学仿真分析

3.1 扰流对舰载机逃逸安全的影响

假设舰载机在逃逸的过程中，只增加发动机的推力，不对舰载机进行纵向控制。以国外某型舰载机为例，飞机的典型着舰重量为 19×10^3 kg，机翼面积约 46 m^2，当以着舰速度 66 m/s 下滑触舰时，经过了两轮触舰到三轮触舰的过程，起落架被迅速压缩，迎角在不到 1 s 的时间内迅速由配平时迎角减小到−2.6°左右。随后起落架伸展，舰载机在 1.005 s 时离开甲板上升，在飞经舰艏时，因受到舰艏气流的扰动，迎角先增加后又迅速减小，上升率也会有一个突变，但变化幅度不大，如图 1 所示。因此，舰载机着舰过程中以 4.6 m/s 的下沉率下滑时，触舰后起落架的压缩和伸展会交替进行，其垂直分速的方向也在上下不断变化，离舰瞬间具有 0.62 m/s 的上升率，随速度增加上升率也在不断增大。

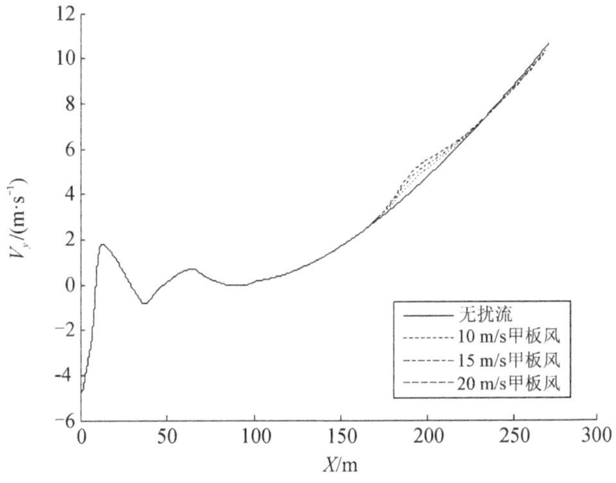

图 1 舰艏流对上升率的影响

如果舰载机无纵向操纵，只推油门驾驶杆不动，舰载机将保持原来的迎角做定常爬升。因此，为了使舰载机迅速离舰逃逸，需要在逃逸过程中加以操纵，通过拉驾驶杆使舰载机保持适当的迎角和升降舵偏角，以便使舰载机迅速爬升，完成逃逸动作。

不同舰艏风速的作用也会对舰载机的逃逸轨迹有所影响，如图 2 所示。风速越大，扰流作用越强，舰载机迎角增加越大，因此上升速度就越快。同时，扰流的作用会使舰载机上升时产生纵向波动，不利于舰载机操纵，但作用时间较短，经分析不会影响到舰载机逃逸复飞时的安全。

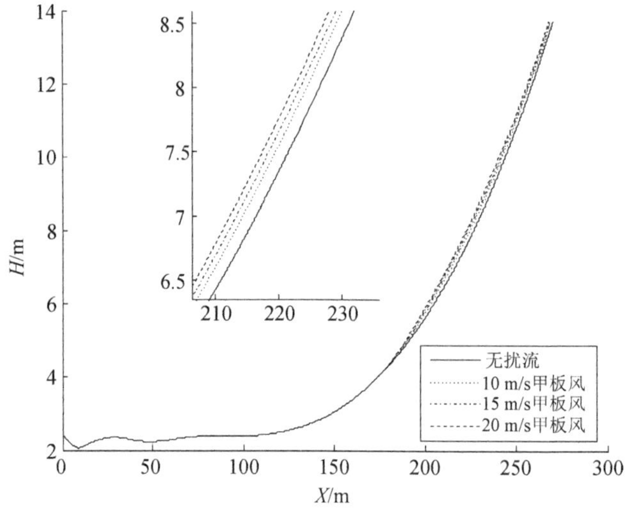

图 2　不同风速扰流作用下的逃逸航迹

3.2　舰面纵摇对舰载机逃逸安全的影响

航母在航行时会产生纵向摇动，其纵摇的幅度和频率都会对舰载机的逃逸性能产生影响，在规定纵摇幅度不大于 1.5°时，舰载机的逃逸轨迹会随纵摇频率有所变化，如图 3 和图 4 所示。

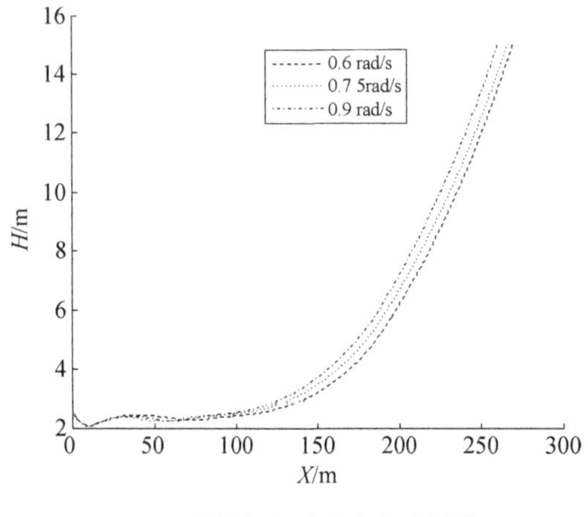

图 3　纵摇频率对逃逸航迹影响

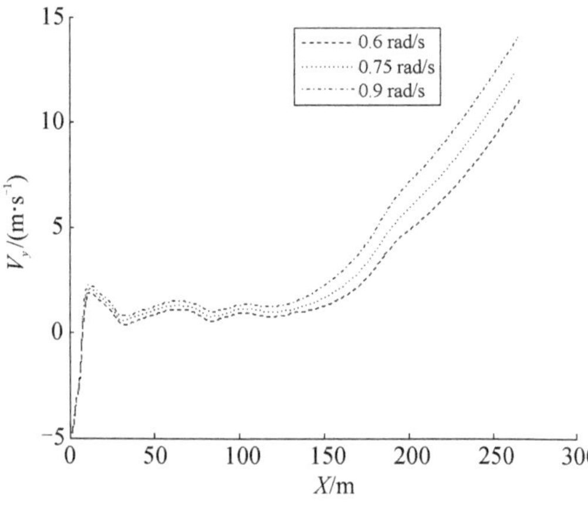

图 4　纵摇频率对爬升率的影响

航母向上时的纵摇频率越大，其逃逸性能越好，爬升率越大，因此升空速度就越快，如表 1 所列。但纵摇频率过快会对舰载机着舰性能产生影响，增加舰载机着舰难度，降低着舰精度，又会影响舰载机的着舰安全。

表 1 不同纵摇频率下舰载机逃逸性能

纵摇频率	离舰时间/s	离舰速度/(m·s^{-1})	滑跑距离/m	爬升率/(m·s^{-1})
无纵摇	1.01	70.67	67.64	0.62
0.6 rad/s	0.82	70.89	58.16	1.09
0.75 rad/s	0.83	70.82	58.90	1.23
0.9 rad/s	0.85	70.98	60.33	1.33

由航母甲板运动可知,影响航母的纵摇运动除了纵摇幅度和频率外还有纵摇时的初相位。图 5 表明,初相位对舰载机的逃逸轨迹和上升率都会产生影响。逃逸时所处的初相位不同,其逃逸性能也不同。当舰载机正处于航母不利的初相位时,如离舰时航母舰艏正处于向下运动并且位置较低时,对舰载机的逃逸十分不利,会影响到舰载机的逃逸安全,导致逃逸失败,甚至会造成严重的飞行事故。

3.3 舰面垂荡对舰载机逃逸安全的影响

垂荡对舰载机的逃逸性能影响也比较大。算例中的垂荡幅度为正值,表明舰载机逃逸时,航母正处于向下垂荡中。

由图 6 可知,垂荡幅度越大,舰载机逃逸时的上升速度越慢,因此离舰时间越长,滑跑距离越远,爬升率也就越小。表 2 是不同垂荡幅度下舰载机逃逸性能参数情况。同样,当航母处于向上垂荡时,垂荡的幅度越大,舰载机逃逸时的上升速度越快,爬升率也就越大,因此,在舰载机逃逸过程中,要选择合适的航母垂荡时机,关键是要做好甲板预测。

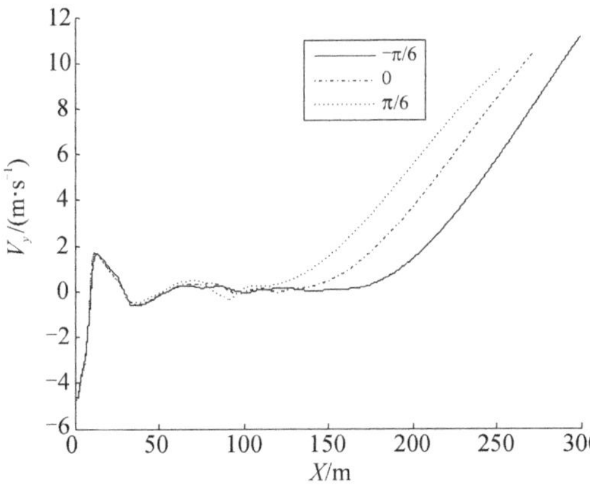

图 5 初相位对爬升率的影响

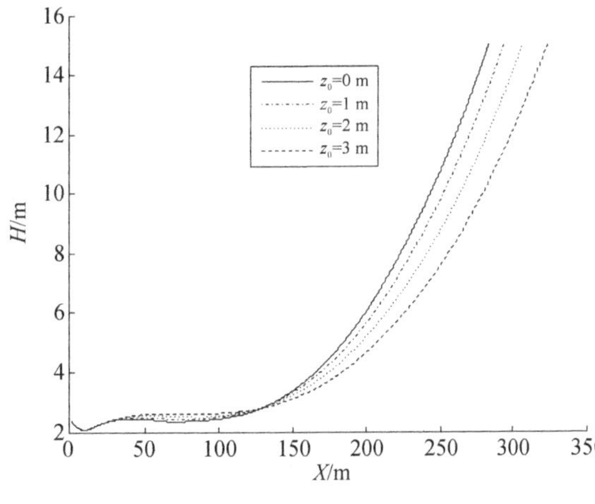

图 6 垂荡幅度对逃逸航迹影响

表 2 不同垂荡幅度下舰载机逃逸性能

垂荡幅度/m	离舰时间/s	离舰速度/(m·s^{-1})	滑跑距离/m	爬升率/(m·s^{-1})
0	1.01	70.67	67.64	0.62
1	1.05	69.34	72.96	0.31
2	1.08	70.02	75.62	0.27
3	1.10	70.73	77.51	0.25

4 结束语

造成舰载机逃逸情况出现的原因有很多,如发动机推力不匹配,舰载机俯仰角过大过小,或者舰载机离下滑道过高导致舰载机尾钩高于拦阻索等。为了使舰载机能够安全的逃逸复飞,需要确定相应的安全逃逸准则。

(1) 当主起落架接地0.5 s后将发动机推力增至中间或最大推力,发动机应具有良好的加速性能。

(2) 舰载机接地后应进行纵向控制,不应发生因为舰载机抬头过大、过小,或者因飞行员的原因造成振荡。在整个逃逸期间舰载机不应出现不可接受的俯仰特性。逃逸时,舰载机应具有理想的起飞离舰姿态。

(3) 在逃逸离舰的起飞阶段,舰载机迎角最大不能超过$\alpha+3°$(α为进场时的迎角),升力系数不能大于0.9倍的最大升力系数。

(4) 影响舰载机在斜角甲板上滑跑距离和滑跑时间的主要因素是舰载机质量、发动机推力、着舰速度、甲板风速及航母纵向摇荡。

(5) 当舰载机质心高于甲板15 m时,可认为完成逃逸过程。

参考文献

[1] 杨一栋.舰载机着舰导引与控制[M].北京:国防工业出版社,2007:36-48.

[2] 焦鑫,江驹,王新华,等.舰载机综合复飞决策研究[J].飞行力学,2012,30(5):405-409.

[3]Johnstone R B. Development of the wave-off decision device and its relationship to the carrier approach problem[R]. AIAA-68-846.

[4] 胡国才,王奇,刘湘一,等.舰尾流对舰载机着舰轨迹和动态响应的影响研究[J].飞行力学,2009,27(6):18-21.

[5] 王俊彦,吴文海,贾临生.舰载机复飞特性研究及仿真分析[J].飞机设计,2010,30(4):21-25.

[6] 崔坤林,胡国才,罗云宝.舰载飞机纵向逃逸性能仿真研究[J].海军航空工程学院学报,2009,24(4):435-439.

[7] 陶杨,韩维,李军亮.舰载机逃逸过程动力学研究[J].计算机仿真,2015,32(3):77-80.

[8] 段萍萍,聂宏,魏小辉.飞机触舰后逃逸复飞性能分析[J].中国机械工程,2014,25(9):1225-1231.

[9] 林佳铭,吴光辉,王立新,等.舰载机安全逃逸复飞的参数适配包线[J].北京航空航天大学学报,2019,45(9):1777-1786.

[10]《飞机设计手册》总编委会.飞机设计手册 第14册 起飞着陆系统设计[M].北京:航空工业出版社,2002.

某型飞机起飞航迹计算

摘要： 根据飞机铅垂平面内的质心运动方程，建立飞机地面滑跑和空中上升计算模型，并根据任务要求，计算某型飞机在两种不同条件下的起飞滑跑距离以及空中上升航迹。计算结果表明，两种不同条件下飞机的起飞航迹差异较大。本文提供的飞机起飞航迹的计算方法和结果合理准确，可为飞机安全起飞提供理论依据。

关键词： 起飞航迹；计算模型；地面滑跑；空中上升

1 引 言

飞机从起飞滑跑开始，上升到机场上空安全高度，这一加速运动过程即为起飞过程。由于现代飞机的推重比较大，通常飞机经过地面滑跑离地后就转入加速上升，因而飞机的起飞过程可以分为地面加速滑跑和空中加速上升两个阶段（见图 1）[1-8]。飞机从起飞线滑跑开始到离地瞬间所经过的距离称为飞机的起飞滑跑距离（$\boldsymbol{L}_1$）；飞机从离地速度开始加速上升到起飞安全高度所经过的水平距离称为上升前进距离（$\boldsymbol{L}_2$）。起飞滑跑距离与上升前进距离之和为飞机的起飞距离。起飞距离是飞机起飞性能的一个重要指标，其大小直接关系到需用机场跑道的长短和机场范围的大小。过长的跑道、过大的机场范围，无论从经济还是军事作战方面看都是不利的。起飞距离长，而机场跑道长度不足或机场范围太小，飞机则不能起飞，勉强起飞则容易引起飞行事故。

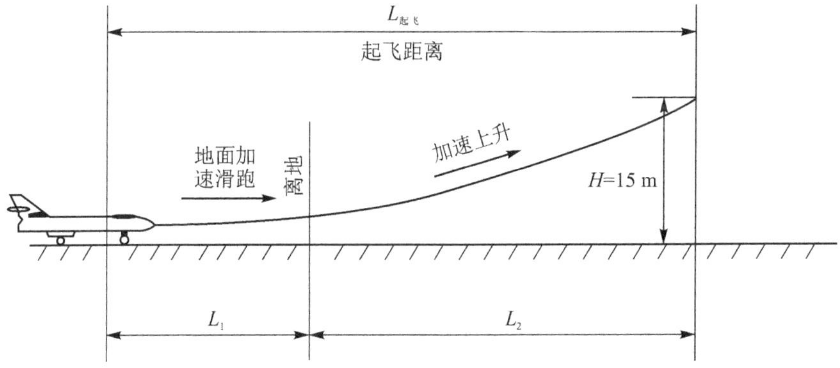

图 1 飞机起飞过程

飞机起飞航迹线即起飞高度与起飞距离所对应的飞机轨迹线。飞机起飞航迹计算是起飞性能计算的重要内容，计算过程中，应根据不同阶段的特点分别建立计算模型进行计算，以确保计算结果的准确性。

2 计算模型

2.1 地面滑跑段计算模型

飞机在地面滑跑过程中,由于抬前轮前后飞机所处的姿态不同,因而飞机的迎角及升力、阻力系数也不同,应分别考虑。根据飞机在地面高度 $H=0$ 和轨迹角 $\theta=0$ 以及其受力情况,铅垂平面内质心运动方程可以改写为微分方程组[9]

$$\begin{cases} \dfrac{\mathrm{d}V}{\mathrm{d}t}=\dfrac{1}{m}\left\{[P\cos(\alpha+\varphi_P)-fmg]-(C_D-fC_L)\dfrac{\rho SV^2}{2}-mg\sin\phi\right\} \\ \dfrac{\mathrm{d}L}{\mathrm{d}t}=V-U \end{cases} \tag{1}$$

辅助方程为

$$\frac{\mathrm{d}m_c}{\mathrm{d}t}=\frac{PC_e}{3\,600g}$$

式中,$m=m_0-m_c$ 为飞机质量(kg);m_0 为飞机起飞质量(kg);m_c 为燃油消耗量(kg);C_e 为发动机耗油率(kg/(h·N));U 为风速(m/s);ϕ 为机场跑道坡度(°)。

由微分方程组(1)可知,飞机在地面滑跑时,状态变量为空速 V,水平距离 L 和燃油消耗量 m_c,控制变量为迎角 α。

2.2 空中上升段计算模型

飞机的起飞空中过程实际上就是一个爬升过程,因此建立爬升计算模型

$$\begin{cases} m\dfrac{\mathrm{d}V}{\mathrm{d}t}=P\cos(\alpha+\varphi_P)-C_D\dfrac{\rho SV^2}{2}-mg\sin\theta \\ mV\dfrac{\mathrm{d}\theta}{\mathrm{d}t}=P\sin(\alpha+\varphi_P)+C_L\dfrac{\rho SV^2}{2}-mg\cos\theta \end{cases} \tag{2}$$

辅助方程为

$$\frac{\mathrm{d}H}{\mathrm{d}t}=(V-U)\sin\theta$$

$$\frac{\mathrm{d}L}{\mathrm{d}t}=(V-U)\cos\theta$$

$$\frac{\mathrm{d}m_c}{\mathrm{d}t}=\frac{PC_e}{3\,600g}$$

3 计算处理方法

3.1 地面起飞滑跑段

根据式(1),计算起飞滑跑距离,首先要确定控制规律和飞机的气动特性,如升力系数 C_L、阻力系数 C_D,以及发动机特性数据,如推力 P、耗油率 C_e。

3.1.1 迎角控制规律和升力系数 C_L、阻力系数 C_D 的确定

飞机起飞滑跑过程可以分为三个阶段：飞机从静止加速到抬前轮速度、抬前轮至离地迎角、保持离地迎角到起飞离地速度。第一阶段的三点滑跑迎角为停机迎角 α_{tj}，第二阶段和第三阶段为两点滑跑，其中第二阶段的迎角假设与速度成正比变化，第三阶段的迎角为离地迎角 α_{ld}。知道迎角就可以利用升力系数曲线和极曲线(考虑地面效应)查出升力系数 C_L 和阻力系数 C_D。

3.1.2 推力 P、耗油率 C_e 的确定

根据发动机的特性数据，即高度速度特性、转速特性，求出标准大气海平面条件下推力与耗油率。计算的基本条件：给定发动机状态、飞机的速度、高度，然后根据实际情况修正推力和耗油率。

有了迎角控制规律和飞机的气动特性以及发动机特性数据后，利用龙格-库塔法解微分方程组(1)，就可以得到速度、距离、耗油量随时间的变化历程数据。

3.2 空中上升段

飞机离地后，飞行速度小，高度低。为了保证安全和尽快达到航线的速度和高度。一般采用加速上升的形式，并在上升过程中，收上起落架和襟翼。上升中，飞机的迎角连续变化，直接应用迎角作为控制变量计算上升轨迹，有一定困难。本文根据文献[10]介绍的方法，采用分段给定常值$\frac{\mathrm{d}V}{\mathrm{d}H}$的上升控制方式。为了确定$\frac{\mathrm{d}V}{\mathrm{d}H}$控制方式下的迎角，将式(2)改为式(3)，即

$$\begin{cases} V_y = \dfrac{P\cos(\alpha+\varphi_P) - C_D\dfrac{\rho V^2 S}{2}}{mg} \cdot \dfrac{V}{1+\dfrac{V}{g}\cdot\dfrac{\mathrm{d}V}{\mathrm{d}H}} \\ C_L = \dfrac{mV^2\sin\theta\dfrac{\mathrm{d}\theta}{\mathrm{d}H} + mg\cos\theta - P\sin(\alpha+\varphi_P)}{\dfrac{\rho V^2 S}{2}} \end{cases} \tag{3}$$

式中，V_y 为爬升率(m/s)。

用迭代法确定 α 和 θ 的值之后，再根据式(2)，利用龙格-库塔法求出速度、高度、距离及耗油量随时间的变化。

4 计算结果

根据上述计算模型和计算处理方法，编制计算程序，程序的数据文件中包含地效、起落架位置及襟翼位置对升力系数 C_L 和阻力系数 C_D 的影响，计算过程中空气密度始终随高度变化。按照任务要求，分别对某型歼击机在两种不同条件下的起飞航迹进行计算。

4.1 标准条件

标准大气、海平面、无风、机场无坡度条件下，起飞重量 7 372 kg。通过计算得出标准条件下飞机地面滑跑和空中上升(延伸到安全高度以上)计算结果，分别如表 1 和表 2 所列。

表1　标准条件下地面滑跑计算结果

地面滑跑阶段＼相关参数	速度/(km·h^{-1})	距离/m	时间/s	耗油量/kg
开始抬前轮	200.22	361.33	12.70	17.73
抬至离地迎角	248.10	589.65	18.35	22.89
起飞离地	308.65	1 032.01	22.05	31.00

表2　标准条件下空中上升计算结果

空中上升阶段＼相关参数	速度/(km·h^{-1})	水平距离/m	高度/m	时间/s	爬升率/(m·s^{-1})	耗油量/kg
安全高度	358.43	1 749.94	15.00	29.11	3.90	41.90
起落架收上	396.00	2 640.70	62.07	36.05	9.60	54.06
开始收襟翼	429.12	3 103.61	123.55	42.05	9.62	59.85
襟翼收完	587.75	6 606.55	426.31	67.05	11.17	99.22
起飞结束	931.53	20 008.3	992.45	130.05	7.20	170.69

4.2　非标准条件

机场温度 0 ℃，机场高度 2 000 m，机场坡度为−1°，顺风 8 m/s，起飞质量 8 186 kg。通过计算得出非标准条件下飞机地面滑跑和空中上升（延伸到安全高度以上）计算结果，分别如表 3 和表 4 所列。

表3　非标准条件下地面滑跑计算结果

地面滑跑阶段＼相关参数	速度/(km·h^{-1})	距离/m	时间/s	耗油量/kg
开始抬前轮	258.44	889.33	24.10	25.28
抬至离地迎角	313.59	1 416.36	30.70	32.25
起飞离地	384.87	2 621.53	43.05	45.53

表4　非标准条件下空中上升计算结果

空中上升阶段＼相关参数	速度/(km·s^{-1})	水平距离/m	高度/m	时间/s	爬升率/(m·s^{-1})	耗油量/kg
安全高度	428.22	4 778.62	15.00	61.35	1.76	65.11
起落架收上	438.98	5 626.21	29.97	67.05	3.72	71.21
开始收襟翼	489.46	8 471.47	126.36	91.05	4.17	97.18
襟翼收完	565.78	12 113.52	273.93	116.05	6.62	123.00
起飞结束	957.14	39 709.24	1007.14	245.05	4.41	240.23

4.3　航迹曲线对比

将表 1～表 4 的计算结果绘成曲线，分别得到歼击机在两种不同条件下飞行高度-距离的航迹对比曲线（见图 2）、飞行高度-速度对比曲线（见图 3）、飞行速度-时间对比曲线（见图 4）和飞行高度-时间对比曲线（见图 5）。由图 2 可知，标准条件下飞机的航迹曲线比较陡峭，而非标准条件下航迹曲线比较平坦，这是因为非标准条件下，机场海拔高度高，起飞重量大，跑道为上坡、顺风等，这都负面地影响了飞机的起飞航迹，使两种条件下飞机的起飞航迹差异较大。

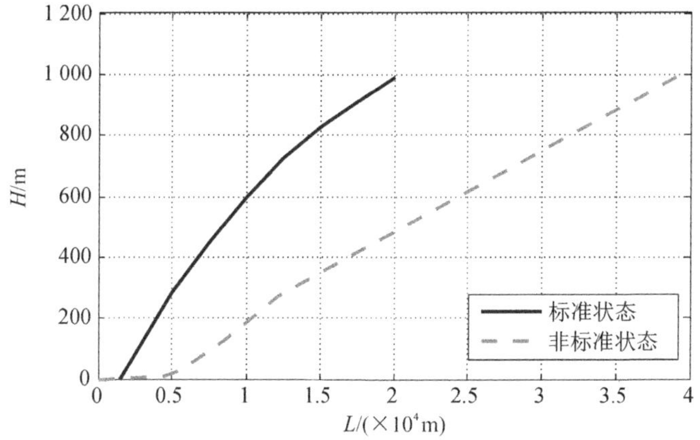

图 2　起飞航迹对比曲线

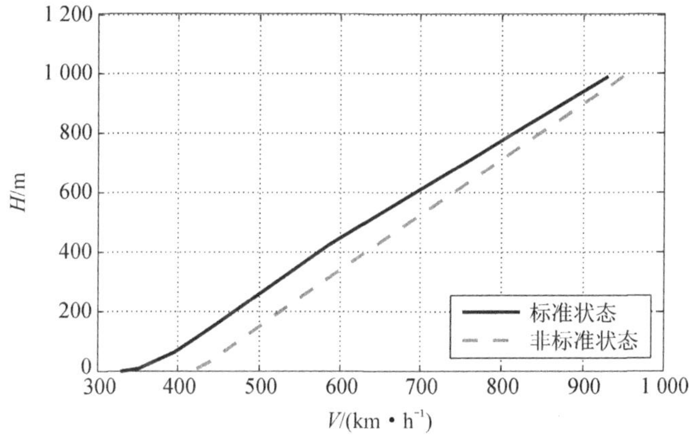

图 3　飞行高度-速度对比曲线

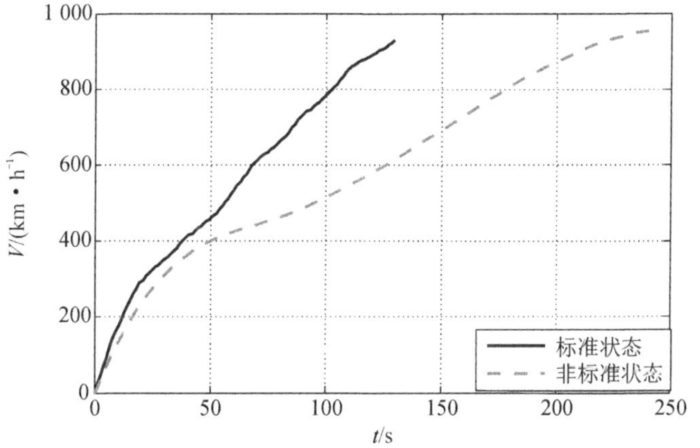

图 4　飞行速度-时间对比曲线

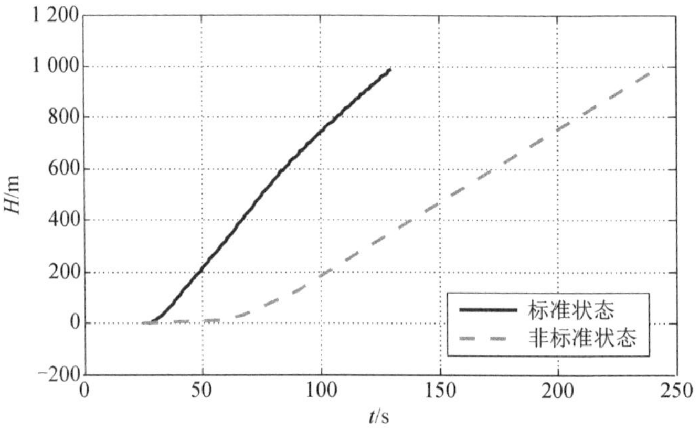

图 5 飞行高度-时间对比曲线

5 结束语

飞机的起飞过程实际上是飞机在发动机推力、空气动力、重力及道面(滑跑段)摩擦力作用下的加速过程。因此,凡是作用于飞机的外力因素都将影响飞机的起飞性能。飞机起飞航迹计算过程中,应根据不同阶段的特点分别建立计算模型进行计算。从计算结果可知,起飞大气条件、机场海拔高度、起飞质量、跑道坡度、风向等环境和条件对飞机的起飞航迹都会产生较大影响。现役轰炸机、军用运输机和歼击机等飞机的起飞原理基本一样,起飞滑跑和空中航迹的计算方法也基本相同。因此,本文有关飞机起飞航迹的计算方法和结果不仅对歼击机是适用的,而且对其他飞机也有着重要的参考作用。

参考文献

[1] 熊海泉,刘昶,郑本武. 飞机飞行动力学[M]. 北京:航空工业出版社,1990.
[2] 方振平,陈万春,张曙光. 航空飞行器飞行动力性[M]. 北京:北京航空航天大学出版社,2005.
[3] 宋花玉,蔡良才. 飞机起飞航迹计算中发动机推力计算方法[J]. 交通运输工程学报,2010,10(2):59-63.
[4] 张凤,阎国华. 飞机起飞航迹计算方法研究[J]. 装备制造技术,2011,11:15-17.
[5] 蔡良才,王声,郑汝海,等. 飞机起飞着陆航迹测试与分析[J]. 东南大学学报,2001,32(2):264-267.
[6] 李晓勇,邢霞. 民机起飞性能计算程序的设计与实现[J]. 中国民航大学学报,2008:26(1):8-12.
[7] MICHAEL V C. Flight Dynamics Principles[J]. Elsevier Aerospace Engineering,2007:320-330.
[8] PINDER S D, CRAVE T G, NIKIFORUK P N. A practical investigationof a takeoff performance monitor for turboprop aircraft[R]. AIAA-2001-4170,2001: 1-8.
[9] 陈廷楠. 飞机飞行性能品质与控制[M]. 北京:国防工业出版社,2010.
[10] 手册编写组. 飞机飞行性能计算手册[M]. 西安:飞行力学杂志社,1987.

专题 3
运输机飞行原理典型问题研究

某机巡航构型下积冰后的翼面流场特点与风险管控

摘要：为确定某涡桨飞机巡航构型下积冰后的风险管控对策，从翼面流场特点入手，分析了有关风险、提出了具体对策。结果表明：受螺旋桨滑流及翼型的影响，该机两侧机翼积冰与气流分离不对称，是一个不容忽视的重要特点，进而导致右翼升力减小及右副翼效率下降，飞机持续右滚、下俯，高度急剧下降；而有关资料未考虑此特点，对积冰后的现象及处置描述不够完善，容易引起飞行员错误处置，风险很高。对策包括：高度重视在积冰区飞行时的风险管控；必须在积冰区飞行时，根据飞行高度、重量，按照相关原则选择速度，正确使用调整片，必要时做适当的机动；一旦飞机异常右滚、驾驶杆意外右偏，首先减小迎角、再改平坡度，然后拉杆退出俯冲；力戒本能地在大迎角下压杆、带着坡度拉杆等错误动作；避免大的侧滑角和平尾负迎角。应通过进一步研究、论证，完善技术资料中有关表述。

关键词：某涡桨飞机；巡航构型下积冰；翼面流场特点；风险管控

1 引 言

尽管某涡桨飞机的各类平台都装有较为完善的防除冰系统，但在积冰条件下长时间飞行时，机翼除冰系统融冰产生的水容易在除冰区后部再次冻结，累积形成冰脊，有关事故证明了这一结论[1]。在－10～－4 ℃，过冷水滴较大、冻结慢，难以在机翼前缘积冰，但可能向后溢流、积冰[2]。机翼后部积冰处于除冰系统作用范围之外，更为危险。此外，在恶劣天气下，可能很快出现积冰。如某涡桨飞机下降入云，数秒后能见度降低，并伴随强烈颠簸和降水、积冰、冰雹，导致一发停车，后经空地人员共同努力，安全着陆。

涡桨飞机巡航构型下积冰后，由于翼面的负压区容易导致“舵面过补偿”[3]，特别是由于螺旋桨滑流及翼型特点的影响，两侧机翼的积冰与气流分离不对称，飞机容易呈现自动滚转及下俯的动态特点[1]。而目前有关教材对上述问题缺乏分析，某机技术资料中有关防除冰系统作用的论述及积冰区飞行速度的选择、对异常动态处置的叙述不够完善[4]，一旦飞机积冰后大迎角滚转时飞行员就容易做出“压杆制止滚转、带着坡度拉杆制止机头下俯”等错误地本能反应，进而导致“滚转及下俯失控”的危险现象。因此，本文从某机巡航构型下积冰后的翼面流场特点入手，就有关问题进行初步分析。

2 某涡桨飞机巡航构型下积冰后的翼面流场主要特点

某涡桨飞机采用了大展弦比层流机翼、前缘拉力桨、双开缝后退式襟翼、低置平尾的布局形式，一、二类平台的舵面还采用了移轴补偿措施。积冰后各翼面流场的共性特点是：翼剖面被破坏、气流分离加剧。巡航构型积冰后，三个翼面后缘的负压导致操纵效率下降，甚至铰链力矩异常，即“舵面过补偿”。特别是，机翼流场还存在不对称性，产生限制影响，具体包括两方面。

第一，右侧机翼的积冰与气流分离更严重。由于螺旋桨滑流使机翼流场的气流加速，并发生偏斜[4]。因此，螺旋桨后的气流速度相对较大，不易形成冰脊。左转螺旋桨的滑流向左偏斜、侧移，因而右侧机翼所受影响较小、积冰与气流分离的程度更严重。

第二，同侧机翼的外翼更易积冰与气流分离。为保证接近临界迎角之前，不会发生剧烈地倾斜，某机的机翼具有气动扭转，翼根、0.676 翼展、翼尖处的相对厚度分别为 18%，16%，14%，因而通常气流分离首先从翼根开始。但由于外翼较薄，较易积冰[5-6]。因此，外翼后部更易积冰与气流分离。

总之，受螺旋桨滑流、翼型的影响，某机在积冰区长时间飞行时，右机翼外侧的积冰与气流分离更明显，对横侧平衡的不利影响大。

3 某涡桨飞机巡航构型下积冰后翼面流场的风险

某机巡航构型下积冰后，翼面流场的风险主要表现为：持续右滚、下俯，高度急降；副翼效率下降，横侧操纵异常，极易失控。

3.1 机翼流场不对称易导致飞机自动右滚

由上述可知，某机巡航构型下积冰后，首先，机翼流场不对称使得右翼外侧的积冰与气流分离更严重、升力减小，使飞机右滚；其次，由于右侧机翼气流分离严重、负压较高，导致右副翼非指令上偏，也会使飞机右滚。某机曾发生积冰事故，飞参记录表明，9 149～9 157 s，副翼偏角基本不变，出现非指令性缓慢右滚，右坡度达 5.24°。这表明，机翼流场不对称性的影响已处于临界状态。在 9 157 s，第 9 次出现积冰信号后，迎角达 8.5°，右副翼表面的负压进一步增强，致使右副翼非指令上偏，由于该机采用有回力操纵系统，舵面气动力使驾驶盘右偏；到 9 162 s，右坡度达 22.3°。

此后，驾驶员几次左压盘制滚，但由于右侧机翼的积冰与气流分离更严重，右副翼难以下偏，加之飞机的横侧转动惯量大，压杆制止滚转困难，右坡度持续增大[1]。

同时，某机向左压杆制滚的效果差。

3.2 “副翼过补偿”导致横侧操纵异常

低速飞机通常采用移轴补偿，以减小杆舵操纵力。某机的一、二类平台的副翼采用了移轴补偿，如图 1(a)所示，即将副翼枢轴位置从前缘向后移动一段距离，正常情况下就可以利用位于枢轴前面的部分舵面起补偿作用；但由于 Y_1 大于 Y_2，此时仍需施加一定的压杆力。

如果机翼出现积冰，如图 1(b)所示，较大迎角下，机翼上表面出现明显的气流分离，如果此时向右压杆，受机翼后缘较高负压的影响，Y_1 的枢轴力矩小于 Y_2 的枢轴力矩，使副翼偏角继续上偏增大，需要的压杆力减小，即出现“副翼过补偿”使得横侧操纵异常。比如，当飞机在小速度时压杆，驾驶杆上的力可能意外减小甚至减为零，从而使坡度急剧反复变化。此时，应适当推杆减小迎角，并加油门增速[3]。

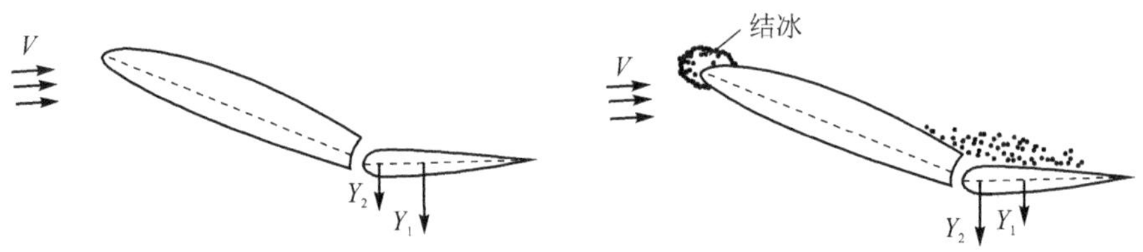

图 1　机翼积冰后的“副翼过补偿”

3.3　掉高度、“升降舵过补偿”导致飞机下俯

飞机掉高度过程中，在俯仰稳定力矩作用下，必然会机头下俯。上述事故机在飞行员制滚无效、右坡度与俯角持续增大的情况下，高速俯冲坠地，最终导致事故发生[1]。

此外，平尾积冰后，如果放下襟翼、平尾负迎角较大时，飞行员推杆后也易出现“升降舵过补偿”。此时，如果飞行员没有及时增加拉杆力，机头会急剧下俯，造成危险情况。

国内外的有关事故证明，尽管由于尾翼等布局的差异，不同涡桨飞机巡航构型下积冰后的具体动态不完全相同，但滚转与下俯的动态特点由翼面流场特点决定，具有一定共性，是飞行员判断、处置的重要依据。根据翼面积冰后的风险评估计算，遭遇非对称结冰后，以坡度作为评估参数的风险概率为 0.050 5，依照 GJB900—1900 标准，达到了 B 水平，即“很可能”，表明坡度超限引发事故的概率很大[7]。鉴于某机横侧转动惯量大，副翼效率低；如果飞行员没有经过模拟训练又无思想准备，特别是若存在认知盲区、误区，一旦滚转发散失控，就更加危险，必须采取有效对策加以应对。

4　某涡桨飞机在积冰条件下飞行的风险管控对策

风险管控是一项复杂的系统工程，涉及人、机、环、管诸多方面及预防、处置等多个环节。

4.1　加强防范，切实避免中度、重度积冰

在积冰区飞行时间较长时，避免重度积冰是安全飞行的基础。

第一，提高认知水平、增强防范意识。该机型技术资料中，“为保证飞机在各种复杂气象条件下飞行，机上装有防冰”的表述未能体现出其局限性；加之涡桨飞机的飞行高度、速度范围决定了其积冰概率较高，且轻度积冰对安全的影响不明显，易引起部分飞行员的麻痹。飞行员要正确认识上述表述的条件性，增强风险管控的自觉性。

第二，综合考虑积冰、气流分离等因素，选择速度与迎角。

在积冰区选择飞行速度与迎角，既要考虑预防积冰，也要考虑其他方面的安全问题[5]。根据驻点处动力增温的计算值，不同温度、不同飞行速度下机翼积冰的影响区域如图 2 所示[6,8]。

其中，最危险积冰区：云温为－10～0 ℃的云体内，过冷水滴大，且动力增温未能使机体表面温度升高到 0 ℃以上，因而最易积冰；且速度越大，单位时间内落在机翼上的水滴数量越多，而此区间速度与空气动力增温影响相对较小，因而积冰越强。较危险积冰区：云温为－20～10 ℃的云体内，大小过冷水滴并存，动力增温未能使机体表面温度升到 0 ℃以上，易积毛冰；

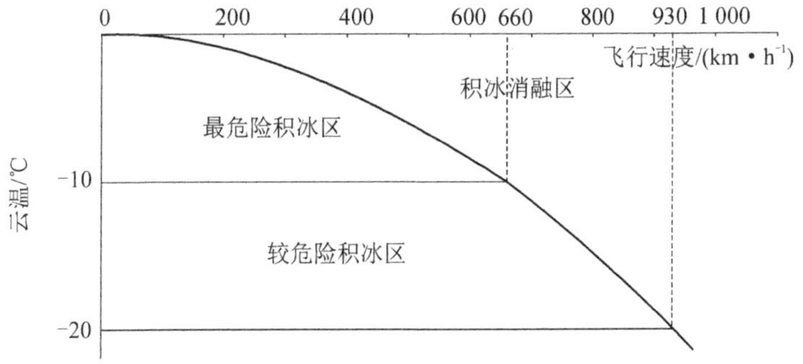

图 2　不同温度及速度下的积冰影响区域

速度越大，积冰越强。积冰消融区：速度较大，动力增温能使机体表面温度升到 0 ℃以上，积冰开始消融。

在危险区左边界内一定范围，由于速度小、迎角大，机翼驻点后移，容易在机翼下表面后部积冰[9-10]，处于除冰系统作用范围之外，且不易目视发现；积冰后气流分离的影响也大；处于第二速度范围，所需功率大、飞行性能差，螺旋桨滑流影响大，机翼流场的不对称性强。因此，在积冰区的最小速度应大于经济速度 20～30 km/h。最小速度与最大速度(由飞行重量和高度决定)决定了巡航构型下的可选飞行速度范围，如图 3 所示。在危险区右边界两侧的一定范围，积冰强度最大，不妨定义为“回避区”。其中，由于图 3 是以驻点处的动力增温为依据，而实际上机翼积冰多在后部，动力增温效果较差，因而“回避区”的外边界速度较大。

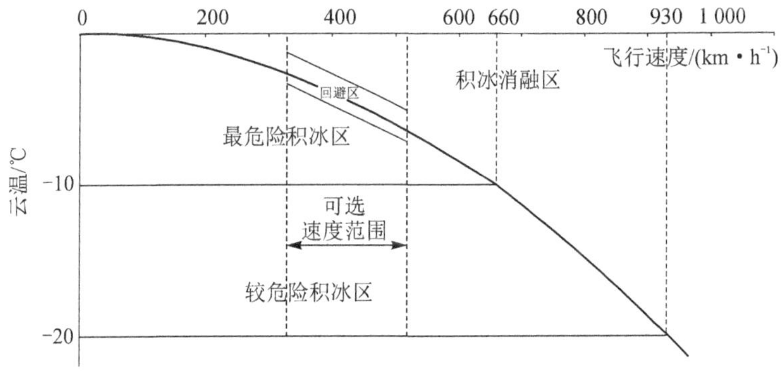

图 3　巡航构型下的可选速度范围

必须在积冰区飞行时，应根据飞机重量、高度所对应的最大飞行速度特点，按照“远离‘回避区’”的原则，确定飞行速度与迎角。以某机 $G<\times\times$ t、$H\leqslant 5.3$ km 为例：气温在 $-4\sim0$ ℃，由于 $V_{最大}$ 较“回避区”的最大速度大得较多，可以最大速度在积冰消融区短时间平飞；也可以大于经济速度 20～30 km/h 脱离。气温在 $-20\sim-4$ ℃，由于 $V_{最大}$ 接近“回避区”的最大速度，只能以大于经济速度的某一速度脱离危险区。

某涡桨飞机规定，在积冰条件下，飞行速度不得小于 400 km/h。上述分析表明：这一规定有待细化、完善。

由于迎角一定，速度大小随积冰程度、飞机重量、机动量等因素而变，因而参考特征迎角保持状态更为简单、精准，是飞机操纵理念进步的体现。某机的经济迎角为 11°，在积冰条件下直线飞行、上升，迎角以不超过 6°～8°为宜。

说明：由于飞行安全边界随冰形的改变而发生变化，且不同飞行参数之间相互影响；加之，目前积冰探测和辨识技术精度较低，精确划分边界线可能带来风险，按照一定的模糊区划分，是现阶段一种可行的工程实用途径[11]。

4.2 正确使用舵面调整片

某机的三个舵面后缘都装有调整片，以减轻杆舵操纵力。该机积冰后，由于各舵面处于负压区甚至出现过补偿，大迎角下向左压杆力增加；大的平尾负迎角拉杆力增加；大侧滑角下脚蹬向原方向移动、脚蹬力减小。而重度积冰后飞机的动态特点是：右滚、下俯。因此，副翼、升降舵调整片可正常使用，方向舵调整片则应中立。

4.3 进行适当机动

在积冰区上升时，温度降低，一定高度范围内积冰强度增大；发动机功率较大、流场的不对称性较强，风险较大；大重量时更为明显；下降，则相反。在积冰区右转弯，右坡度容易过大，进而引起大坡度盘旋下降，风险较大；左转弯，则相反。在积冰条件下，应通过适当地机动快速通过积冰危险区。

4.4 正确应对积冰后飞机状态的异常变化

一旦出现非操纵右滚、驾驶盘异常右偏等现象，应立即柔和推杆减小迎角至 5°以下。因为，积冰后右滚过程中，右翼的实际迎角比指示值大。这也是事故机在右滚、俯冲过程中尽管指示迎角小于 10°，仍难以制止滚转的重要原因。注意：推杆减小迎角，是避免状态恶化的关键；但推杆也不宜粗猛。因为，飞机滚转过程中，随着高度下降，机头会自动下俯、迎角也随之减小。况且，平尾积冰后下表面也容易出现气流分离与负压区，使升降舵自动下偏，引起机头急剧下俯。

其次，减小迎角后，应视情采取不同措施制滚，这是避免飞机急剧下俯与掉高度的前提，是保证安全的重要环节。

在变态初期开始右滚的瞬间，可及时向左压杆制滚。需注意的是，由于副翼效率低、飞机的横侧转动惯量大，压杆需要用力、且保持一定时间，不可反复。

一旦开始右滚、特别是快速右滚，因右翼迎角额外增大、副翼效率进一步降低，不可压杆制滚；根据实际情况，有两种替代方法。

一是适量蹬左脚蹬，产生右侧滑与向左的横侧稳定力矩。这种方法的缺点是，制滚力矩较小，且侧滑角过大，易产生“方向舵过补偿”。

二是适量收左翼外侧发动机油门。其制滚力矩包括：右侧滑产生向左的横侧稳定力矩，左翼外侧螺旋桨滑流减弱、升力减小所产生的左滚力矩，螺旋桨向右的反作用力矩减小。此方法制滚力矩多，效果明显，建议采用。需注意是，收油门过程中用脚蹬控制侧滑角不超过 12°。

最后，待改平坡度后，再拉杆退出俯冲，这是保证安全的最后一环。否则，带着坡度，特别是带着大坡度拉杆，飞机容易进入急盘旋下降。

5 结 论

(1) 某涡桨飞机在积冰区(特别是－4～－10 ℃)长时间飞行时,由于冰融水或过冷水滴向后溢流,机翼后部可能结冰,且该部分处于除冰系统作用范围之外。而机翼积冰后流场不对称的特点导致飞机持续右滚及下俯,高度急降,且相关规定不够完善,风险很高。

(2) 必须在积冰区飞行时,根据飞行条件,按照"远离'回避区'"的原则,选择速度与迎角,进行必要、适当地机动,正确使用调整片。

(3) 一旦出现非操纵右滚,驾驶盘右偏等异常现象,应先减小迎角,再视情采用压杆、蹬舵、收油门等方法改平坡度,最后拉杆退出俯冲。力戒本能地带着坡度拉杆、大迎角下压杆等错误动作;同时避免大的侧滑角和平尾负迎角。

6 结束语

建议通过进一步理论研究、试验、论证,完善技术资料中关于速度与迎角的选择、意外变态后的处置、调整片的使用等内容。

参考文献

[1] 胡朝江,陈列,杨全法.飞机飞参系统及应用[M].北京:国防工业出版社,2012.
[2] 特里·T·兰克福德.飞机结冰[M].黎先平,译.上海:上海交通大学出版社,2020.
[3] 李元文,王玉琴.运7飞机失速特性[M].北京:航空工业出版社,1996.
[4] 李征初,王勋年,陈洪,等.螺旋桨滑流对飞机机翼流场影响的试验研究[J].流体力学试验与测量,2000,6:46.
[5] 李哲,徐浩军,薛源,等.结冰对飞机飞行安全的影响机理与防护研究[J].飞行力学,2016,8(4):9-12.
[6] 黄仪方.航空气象[M].成都:西南交通大学出版社,2011.
[7] 徐浩军,李颖晖,李哲.飞行安全理论与分析[M].北京:科学出版社,2017.
[8] 周海申.航空气象学[M].北京:航空工业出版社,2020.
[9] 张强,曹义华,钟国.飞机机翼表面霜冰的三维数值模拟[J].航空动力学报,2010,6(25):1303-1309.
[10] 张大林,陈维建.飞机机翼表面霜状冰结冰过程的数值模拟[J].航空动力学报,2004,2(19):137-141.
[11] 桂业伟,周志宏,李颖晖,等.关于飞机结冰的多重安全边界问题[J].航空学报,2017,38(2):1-12.

薄冰和浅霜对起飞安全的影响分析

摘要：针对薄冰和浅霜对起飞安全的影响，分析了轻度积冰和浅霜对起飞性能和起飞安全的影响，提出了相应的安全建议。

关键词：薄冰；浅霜；起飞安全；滑跑距离

1 引 言

机翼表面的大量可见积冰对飞行安全的危害已受到广泛关注和重视。与此同时，有人却认为，不明显的薄冰或浅霜对飞行不会有太大影响，而事实恰恰相反。有关理论和实验研究结果及许多相关事故都表明，决不可忽视轻度积冰和浅霜对飞行安全、特别是起飞安全的影响。

2 轻度积冰和浅霜对起飞性能的影响

轻度积冰和浅霜也能导致飞机气动特性明显变差，即 C_y，C_{ymax} 减小，C_x 增大，具体变化情况因机型及气动构型（如襟翼角度）等因素而异。针对 2004 年 11 月 28 日，庞巴迪公司一架挑战者飞机发生的可能与积冰有关的事故，美国国家运输安全委员会（NTSB）发布的机翼表面积冰影响报告中指出：根据风洞实验数据，直径为 1～2 mm 仅为食盐大小的霜粒或冰粒，按每平方厘米一个稀疏分布在机翼表面，会使升力损失 22%（有地效）和 33%（无地效）。我国 Y12－Ⅱ飞机自然积冰飞行试验数据表明，多数情况下，非严重积冰后，C_y 约减小 5%～15%，C_x 约增大 15%～50%。

气动特性变化必然导致起飞性能的变化。其中，C_y 减小会引起升力减小与机轮摩擦阻力 $F_{摩擦}$ 增大；C_x 增大会引起气动阻力 X 增大。C_y 减小还会引起 $V_{离地}$ 增大。而 $V_{离地}$ 与 $F_{摩擦}$，X 增大都会导致滑跑距离增大。X 增大还会使起飞上升性能变差。此外，C_{ymax} 减小会引起失速速度 $V_{失速}$ 增大。轻度积冰对某大型飞机起飞性能影响的计算结果如表 1 所列。

表 1 轻度积冰对某大型飞机起飞性能影响

起飞参数	$V_{离地}$	$L_{起飞滑跑}$	$L_{起飞上升}$
变化百分比	5%～10%	12.5%～29.3%	15.3%～48.8%

3 轻度积冰和浅霜对起飞安全的影响

上述分析表明，首先，在轻度积冰和浅霜条件下起飞，离地速度、滑跑距离、滑跑时间、达到安全高度的时间及水平距离都要增大，起飞爬升困难。其次，平尾上的积冰和霜还会引起平尾操纵效率降低，平衡能力变差，并使飞机的俯仰稳定性减弱。同理，飞机的侧向操稳特性也可能变差。机翼上不均匀的薄冰和浅霜甚至会在飞机离地后导致不易觉察的倾斜，这在低能见度和低高度时非常危险。

更危险的是，在寒冷的清晨、夜间等易积冰条件下，薄冰和浅霜不易通过目视察觉。尤其对浅色机翼及上单翼、下单翼，飞行员很难通过座舱玻璃发现薄冰和浅霜。有时，偶然发现了也可能不以为然。

显然，对于难以及时发现的轻度积冰和浅霜，由于飞行员没有思想准备，在滑跑增速慢，俯仰操纵性差，上升困难的情况下，如果情绪急躁，就很可能通过增大拉杆量来尽快离地或尽快上升。由于积冰和浅霜使$\alpha_{失速}$减小，滑跑中拉杆粗猛，造成小速度离地后很容易使飞机失速变态；上升中拉杆粗猛同样会引起飞机失速变态而危及安全。这些情况如果出现在大重量、低气温（发动机性能降低）条件下，危险性更大。

4 安全建议

飞行人员对薄冰或浅霜的潜在危害性决不可掉以轻心，应深刻认识到：**冰——只会给飞机带来灾难；任何时候，任何地方，清洁光滑的机翼都是安全起飞的重要保证**，确实增强对易积冰条件的敏感性。NTSB的通告建议，在易出现薄冰或浅霜条件下，如外界气温低于5 ℃，并且露点和外界大气温度的差值小于3～4 ℃，有雨、雪、霜等现象；在寒冷而晴朗的冬季，飞机停放时间超过2 h等情况，对机翼上表面进行**目视**和**触摸检查**，以便进行必要的消除，这是最有效的安全措施。由此看来，安全的根本保证竟是如此简单的举手之劳。

5 结束语

薄冰和浅霜对起飞安全的影响是显著的，航空史上曾出现过因未清除飞机上的霜（冰）而导致的飞机失速坠毁的事故和其他事故征候，为降低这些风险，需要采取包括除冰和防冰措施、检查和维护、飞行员针对性培训以及气象监测等综合措施，以确保飞机在低温环境下的安全运行。

参考文献

[1] 黄仪方. 航空气象[M]. 成都：西南交通大学出版社，2011.
[2] 张强，曹义华，钟国. 飞机机翼表面霜冰的三维数值模拟[J]. 航空动力学报，2010. 6(25)：1303-1309.
[3] 刘选民、李凡. 国外现代战斗机飞行事故[M]. 北京：航空工业出版社，2011.

涡桨运输机积冰与“舵面过补偿”

摘要：针对典型涡桨运输机积冰后易出现的舵面过补偿问题，分析了舵面过补偿的产生机理以及舵面过补偿对飞行安全的危害，提出了舵面过补偿的预防和处置措施。

关键词：涡桨运输机；积冰浅霜；舵面过补偿；飞行安全

1 引 言

运-7、运-8、安-24(6)等涡桨运输机采用上单翼、低平尾、双开缝后退式高效襟翼的气动布局以及中、低速飞机的舵面形式，这决定了出现积冰后，极易形成一些严重威胁飞行安全的现象。除已受到广泛关注“平尾失速”外，较典型的还有“舵面过补偿”。

2 “舵面过补偿”的产生机理

2.1 舵面的“移轴补偿”及正常情况下的作用

随着飞机飞行速度的提高和舵面尺寸的加大，舵面偏转产生的枢轴力矩与相应的杆、舵操纵力必然增大，使操纵性变差。为减小杆、舵力，改善操纵性，运-7飞机的三个舵面、运-8飞机的方向舵和升降舵都采用了移轴补偿这一气动补偿措施。

如图1所示，移轴补偿是将舵面枢轴的安装位置从舵面前缘向后移动一定距离，进而起到补偿作用。以舵面下偏为例，枢轴之前的舵面(称为补偿面)空气动力的枢轴力矩方向与枢轴之后舵面的枢轴力矩方向相反，即可减小舵面总枢轴力矩及其杆、舵力，改善操纵性。

2.2 平尾积冰后“升降舵过补偿”的产生机理

理论与实践都证明，飞机各翼面的前缘极易积冰。平尾前缘的积冰会破坏前缘气动外形和气流流线，使下表面气流分离提前，临界迎角急剧下降。如图2所示，运-7飞机风洞实验表明，前缘积冰对平尾气动特性影响最大：平尾最大负升力系数下降60%，临界迎角提前了近10°。

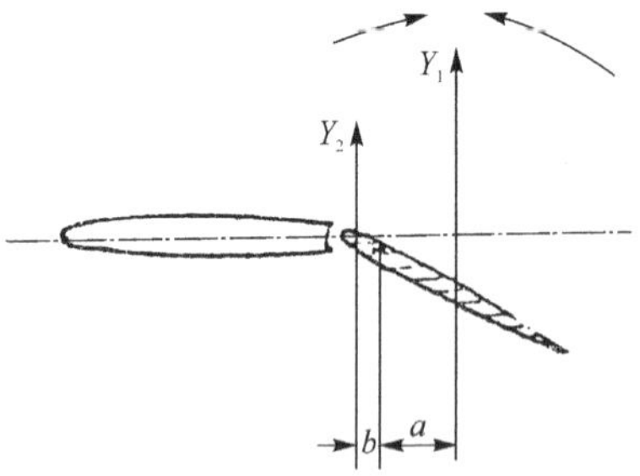

图1 移轴补偿原理

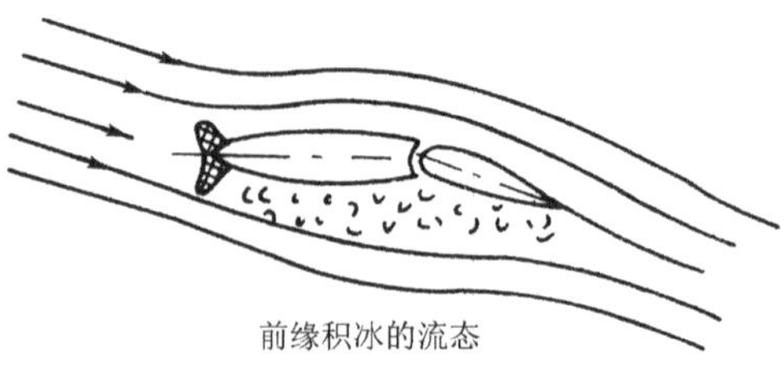

图2 运-7平尾前缘积冰的流态

如图 3 所示，由于枢轴移动的距离很短，补偿面的面积较小，所以通常补偿面的空气动力 Y_2 较小，补偿作用是次要的。而运-7、运-8 平尾积冰后，气流分离使得枢轴后舵面的空气动力 Y_1 减小，特别是着陆放大角度襟翼或复飞发动机功率较大时，由于平尾气流下洗角与负迎角较大，接近临界迎角，因而平尾下表面的气流分离更严重，Y_1 大大减小，甚至使 Y_1 的枢轴力矩小于 Y_2 的枢轴力矩，导致补偿作用占据主导地位，即为“升降舵过补偿”。图 4 是运-7 飞机平尾积冰和无积冰的枢轴力矩随平尾迎角的变化曲线，可见，平尾迎角为 $-7°$ 时，枢轴力矩急剧变化。

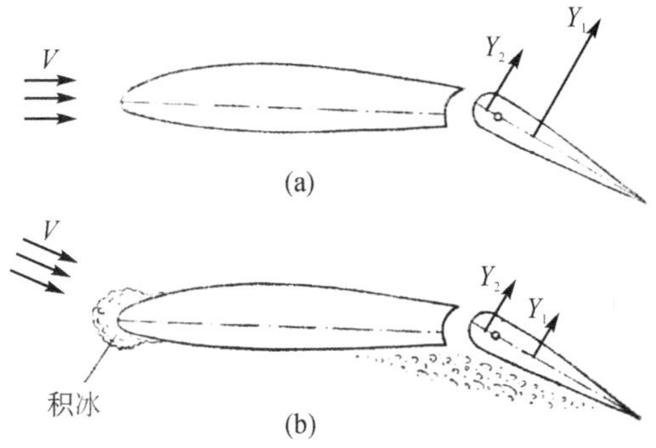

图 3 “升降舵过补偿”的产生

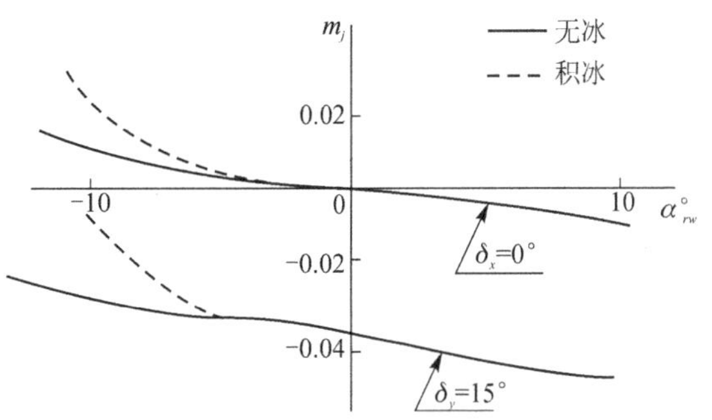

图 4 运-7 平尾积冰和无冰枢轴力矩随 $\alpha_{平尾}$ 的变化曲线

像运-7、运-8 这样的涡桨运输机多采用无助力或部分助力操纵系统。这样，“升降舵过补偿”引起的枢轴力矩反常就会直接导致杆力特性反常：即推杆力减小，拉杆力过大，驾驶杆自动前倾。由图 5 知，运-7 $C_y < 0.6$，平尾积冰后推杆力就会随迎角的迅速减小而减小为拉杆力，如果飞行员没有及时把原来的推杆力改变成拉杆力，升降舵下偏角就会继续增大，导致机头急剧下俯，从而危及安全。需说明的是，即便是采用全助力操纵系统，由于杆、舵力与飞行状态存在确定的对应关系，枢轴力矩反常也会间接导致杆、舵力特性的反常。

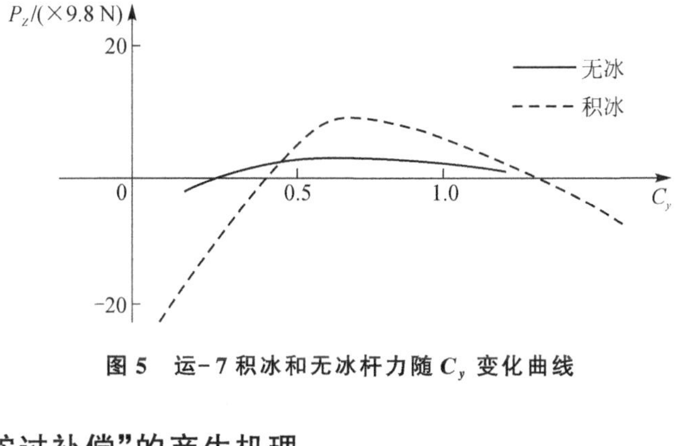

图 5 运-7 积冰和无冰杆力随 C_y 变化曲线

2.3 “方向舵过补偿”的产生机理

垂尾前缘积冰后，在大的方向舵偏角和大侧滑角下，会出现“方向舵过补偿”，其原因与“升降舵过补偿”类似。如图 6 所示，蹬左舵，飞机右侧滑。在垂尾前缘积冰和大右侧滑角下，垂尾左边出现严重的气流分离，Z_1 的枢轴力矩将比 Z_2 的小。为保持方向舵的左偏角不变，反而需用力蹬右舵，即方向舵的过补偿。运-7 垂尾前缘积冰后，侧滑角大于 15°时，脚蹬力会急剧下降甚至自发地向施力方向偏移，这可能出现大侧滑，引起掉高度和失速。安-24 飞机垂尾积冰的试飞中发现，方向舵偏转角超过 18°时，保持方向舵偏转角所需要的力大为减小，并出现反常操纵。

2.4 "副翼过补偿"的产生机理

如图 7 所示，机翼前缘在大迎角(小速度)下积冰，机翼上表面会出现严重的气流分离，副翼偏转到一定角度时，上偏副翼枢轴后空气动力 Y_1 的枢轴力矩会小于枢轴前空气动力 Y_2 的枢轴力矩，因而出现过补偿。此时压杆，杆力可能意外减小甚至为零，使飞机急剧滚转。

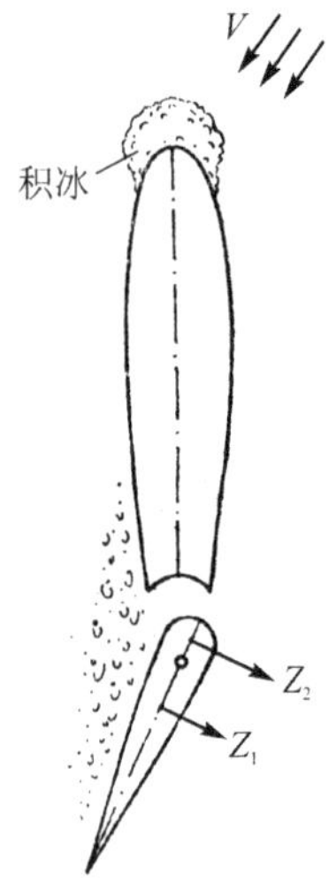

图 6 "方向舵过补偿"

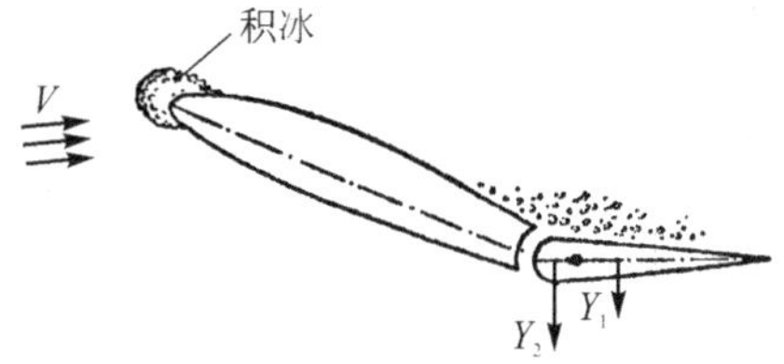

图 7 "副翼过补偿"

3 "舵面过补偿"对飞行安全的危害

"升降舵过补偿"通常出现在着陆、复飞阶段，此时高度低，速度小，机头急剧下俯，对安全危险极大。大迎角下的"副翼过补偿"和大侧滑角下的"方向舵过补偿"不仅会使飞机滚转和偏转而出现侧向飘摆，更危险的是存在着飞机失速的可能。因为，机翼积冰本来就使得飞机的失速特性显著恶化，如安-24 机翼前缘积冰厚度 20 mm 以上时，0°襟翼和 15°襟翼的失速速度增加 14%左右，而伴随"副翼过补偿"和"方向舵过补偿"出现的滚转角速度、侧滑及掉高度(迎角增大)使飞机的失速特性进一步恶化。

如果飞行员不了解"舵面过补偿"的原理和出现后的有关现象，没有经过模拟训练又无思想准备，不仅难以有效预防这一危险现象，而且出现"舵面过补偿"时也很难改出急剧旋转。一旦出现机头下俯或机身倾斜发散失控，就非常危险。

4 “舵面过补偿”的预防

预防“舵面过补偿”，最根本的是避免积冰。因此，起飞前，必须仔细研究航线，特别是起飞着陆机场的气象情况。需要注意的是，飞行中积冰信号灯亮表明空气温度、湿度基本达到积冰条件，但并非一定积冰，也并非一定导致严重后果，但决不能因此忽视积冰的严重危害，只要积冰信号灯亮，就必须按规定使用防冰系统，并目视除冰情况，并尽快脱离易积冰区。如果气温低于－20 ℃，飞机防冰系统失效或一台发动机停车时飞机积冰，必须采取一切可能措施，立即脱离积冰区域。

飞机积冰后，为防止出现“副翼过补偿”和“方向舵过补偿”，应避免小速度大迎角飞行；避免大侧风；尽量少做转弯；必须改变方向时，应充分考虑到积冰使抖动迎角及失速迎角减小，大迎角下容易出现“副翼过补偿”的实际情况，转弯的过载(迎角)不宜大，从发挥性能的角度，转弯速度应接近最小盘旋半径对应的速度；转弯中注意动作的提前量，压杆、蹬舵及拉杆动作都必须柔和、协调，还应尽量避免出现侧滑和下降高度。在积冰条件下着陆，为防止出现“升降舵过补偿”和“平尾失速”，运－7、安－24(6)襟翼的角度不得超过 15°，运－8 不得超过 25°。

在易积冰条件下着陆和复飞，为防止在大迎角下出现“副翼过补偿”，不允许粗猛拉杆；为防止在大侧滑角下出现“方向舵过补偿”，不允许侧滑仪的小球偏离中心超过一个球的位置。

5 “舵面过补偿”的处置

在易积冰条件下，若推杆力显著减小，甚至驾驶杆自动前移时，应立即向后拉杆，如果襟翼在着陆构型，应立即减小襟翼角度，并将发动机功率减小到空中慢车状态。

机翼前缘积冰，机翼表面开始产生气流分离时，飞机会发生轻微的抖动和横侧摇摆，如果此时压杆力减轻，应适当地向前推杆，减小迎角，增大发动机功率，增加飞行速度，并消除飞机倾斜。

垂尾前缘积冰，出现“方向舵过补偿”，脚蹬力会急剧下降甚至自发地向施力方向偏移，为消除侧滑，必须向另一脚蹬施加适当的力(运－7 为 98～148 N)。

6 结束语

综上所述，运－7、运－8、安－24(6)等涡桨运输机必须在易积冰条件下飞行时，对杆力、舵力异常与状态变化要敏感，注意尽快脱离积冰区。一旦出现积冰，应避免速度过小或做大的机动，操纵动作要柔和协调，以免出现大迎角而危及安全；由于积冰后出现侧滑不仅使飞行性能和失速特性严重恶化，而且容易导致“方向舵过补偿”，加剧侧滑，使飞机急剧旋转或机身倾斜发散失控，因此，还必须注意避免侧滑，飞机机动或小速度时更应注意这一点。着陆时的襟翼角度要小于正常值。出现“平尾失速”或“舵面过补偿”后要按规定及时处置。

参考文献

[1] 李元文. 运－7 飞机失速特性[M]. 北京：航空工业出版社，1996.

涡轮螺旋桨飞机单发自转状态的运动分析

摘要：基于涡轮螺旋桨飞机单发停车，螺旋桨进入自转状态产生负拉力这一危及飞行安全的特情，应用螺旋桨载荷系数，推算两翼升阻力差及横航向力矩，并仿真解算飞机的动态响应过程，与实际飞参数据进行对比，得到此种特情影响飞行安全的主要因素。研究结果对涡轮螺旋桨飞机发生此类特情，保障安全具有借鉴意义。

关键词：涡轮螺旋桨；单发停车；螺旋桨自转

1 引　言

涡轮螺旋桨飞机由于其技术成熟、低速经济性好，在军民航空中大量使用。载重量较大的涡轮螺旋桨飞机多采用多台发动机，安装于机翼两侧。飞行中如果出现发动机故障停车，要通过自动顺桨或人工顺桨来减小螺旋桨阻力和不平衡力矩，保障飞行安全。如果由于某种原因，发动机停车后螺旋桨没能顺桨，失去动力的螺旋桨就会进入自转状态，产生很大的负拉力和不平衡力矩。由于螺旋桨自转状态发生的概率较小，所以对此分析研究得不多，但此种状态下控制飞机困难，危险性大，有必要进行分析研究。

2 螺旋桨自转和负拉力

涡轮螺旋桨飞机动力装置的一个主要特点就是在飞行中螺旋桨可能产生较大的负拉力。飞行中当由于某种原因使得涡轮带动发动机转子旋转的功率不足时，转速调节器一面尽量保持转速不变，一面使螺旋桨变小距(桨叶角变小)。因而桨叶迎角减小，甚至变为负迎角，在新的飞行条件下保持发动机转轴上的力矩平衡时，螺旋桨产生负拉力，如图 1 所示。通常把螺旋桨产生负拉力的工作状态称为自转工作状态。

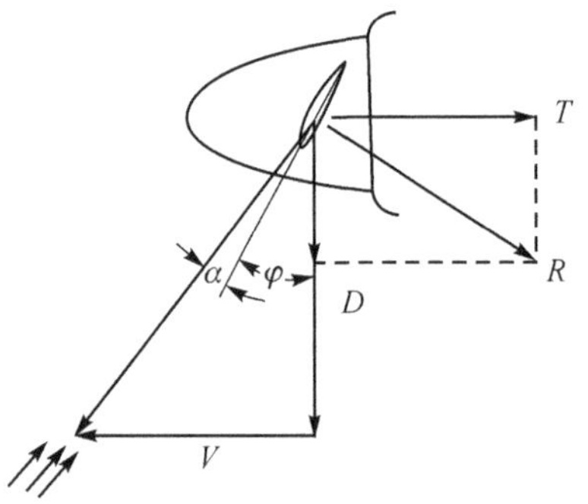

图 1　自转时螺旋桨的空气动力

发动机空中停车时，涡轮螺旋桨飞机克服负拉力危险影响的可靠办法是迅速将螺旋桨顺桨。所谓顺桨，就是在发动机空中停车后，通过专门机构，将桨叶角增大到 90°左右。此时，螺旋桨只能产生很小的阻力。

顺桨装置发生故障的情况很少见，但是有可能出现。如果没有顺桨，发动机停车后，涡轮扭矩迅速减小，以致旋转轴上的力矩不平衡，转速有下降的趋势。为了尽量保持发动机转速不变，调速器控制桨叶角很快减小，形成负迎角，螺旋桨进入自转状态工作，并产生负拉力。如果停车时发动机能够维持平衡转速，则螺旋桨在调速器的控制之下；如果停车时不能维持平衡转速，则螺旋桨以小于平衡转速的转速自转。因此，负拉力产生的具体情况与螺旋桨能否维持平衡转速有关[1-2]。而螺旋桨能否维持平衡转速，则与停车时的飞行速度有关。螺旋桨开始脱离调速器控制的飞行速度称为“调速器控制速度”。大于此速度，螺旋桨能够维持恒定转速，负拉力随着速度的增大而减小；小于此速度，螺旋桨变距到限动桨叶角位置，无法维持恒定转速，负拉力随着速度的减小而减小。

3 横航向不平衡力矩

涡轮螺旋桨飞机多是低亚声速飞机，特点是大展弦比，翼载荷小，升阻比较大，螺旋桨自转产生的负拉力往往比当时正常工作螺旋桨的拉力还要大，这必然会带来飞机动力不足，从而转入下降飞行。但相比于动力不足，横航向力矩不平衡带来的危害更大[3]，因为动力不足引起的轨迹和速度的变化相对较慢，而力矩不平衡带来的飞机姿态变化却比较快，处置不好就会危及飞行安全。

螺旋桨自转状态下，由于两侧螺旋桨拉力和机翼流场不对称，横航向力矩会使飞机状态很快发生变化。横向力矩主要包括副翼偏转引起的操纵力矩、侧滑引起的横侧稳定力矩、方向舵偏转引起的滚转力矩、滚转阻尼力矩以及两侧不对称的螺旋桨工作状态的机翼升力差引起的滚转力矩。航向力矩主要包括方向舵偏转引起的操纵力矩、副翼偏转引起的偏转力矩、侧滑引起的航向稳定力矩、偏转阻尼力矩以及不对称拉力力矩。

上述力矩，对于具体机型，从相应的气动实验和计算曲线可查到其中的数据参数，但对于两侧不对称的螺旋桨工作状态的机翼升力差引起的滚转力矩，则没有相应的数据参数，此方面的参考文献所能给出的实验数据也就是螺旋桨顺桨状态两翼的升力系数差，而对于螺旋桨自转负拉力状态的研究少，可参考的直接数据很难获取。

发动机工作时，螺旋桨滑流吹过一部分机翼，使流过这部分机翼的气流速度加快，因而升力、阻力都有所增大[5]。因为升力、阻力公式中所用的速度是指飞机与远前方相对气流的速度，而不是机翼某部分的局部气流速度，所以通常把螺旋桨滑流对升力、阻力的影响，归纳到升力系数、阻力系数的变化中去。就是说，由于螺旋桨滑流的影响，升力系数、阻力系数变化了，由于升力远大于阻力，因此升力系数的变化对飞机动态的影响必须考虑。

飞行条件不同，螺旋桨滑流所引起的升、阻力系数增加量也不同。速度小，油门大(起飞时)，螺旋桨引起机翼相对气流速度有明显增加，因而升力系数、阻力系数增加多。而在大速度，小油门情况下，螺旋桨引起机翼相对气流速度增量较小，升力系数、阻力系数增加得也少。通常用螺旋桨载荷系数来描述当时的飞行条件。螺旋桨载荷系数可按下式计算[4-5]。

$$\sigma = \frac{T}{\frac{1}{2}\rho V^2 S_{\text{桨盘}}} \tag{1}$$

式中，T，ρ，V 和 $S_{\text{桨盘}}$ 分别为螺旋桨拉力、空气密度、飞行速度和桨盘面积。

针对不同螺旋桨工作状态，计算其载荷系数，进而获取升、阻力系数变化。对于单台发动机停车螺旋桨自转的负拉力状态，可以用这一侧螺旋桨的拉力和(可能为负值)，代入公式中，得到载荷系数。图 2 是某型运输机的载荷系数对升阻力系数的影响曲线。根据左右两翼的载荷系数差，就可以得到两翼升、阻力系数的变化。

确定不同工作状态螺旋桨对机翼升力、阻力的影响后，还要确定升力、阻力作用点的位置。

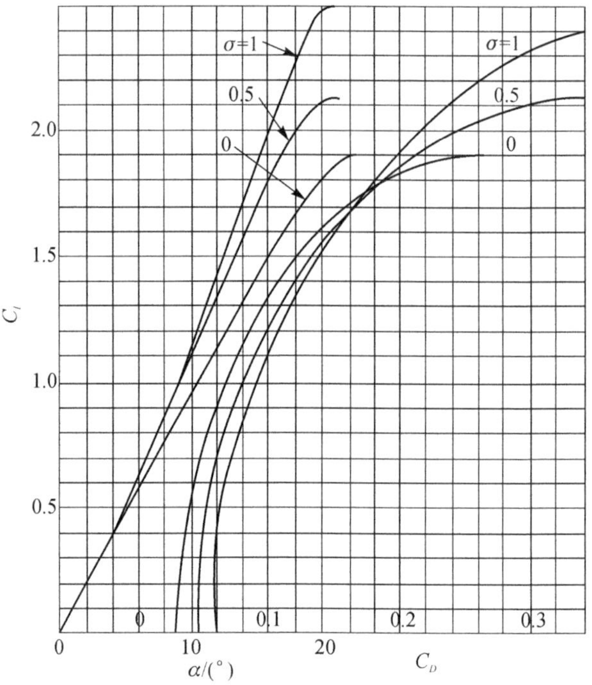

图 2 发动机工作对飞机升力、阻力的影响

由于这种影响是发动机的单发停车自转引起的,其作用点可以确定在安装发动机的机翼位置,这样就可以得到其对飞机横侧和航向力矩的影响,并分析飞机在单发停车自转条件下的动态响应过程。

4 全量仿真解算

发动机停车螺旋桨自转并产生负拉力,会对飞机带来很大的作用力和力矩变化,飞行员也会及时输入操纵来平衡这种力和力矩带来的不平衡响应。对此过程进行仿真计算,在机体轴上,建立如下的全量六自由度质心移动和转动的动力学方程[6-7]。

$$\begin{cases} m\left(\dfrac{\mathrm{d}u}{\mathrm{d}t}+qw-rv\right)=F_x \\ m\left(\dfrac{\mathrm{d}v}{\mathrm{d}t}+ru-pw\right)=F_y \\ m\left(\dfrac{\mathrm{d}w}{\mathrm{d}t}+pv-qu\right)=F_z \end{cases} \tag{2}$$

$$\begin{cases} I_x\dot{p}+(I_z-I_y)qr-I_{zx}(pq+\dot{r})=L \\ I_y\dot{q}+(I_x-I_z)rp+I_{zx}(p^2-r^2)=M \\ I_z\dot{r}+(I_y-I_x)pq+I_{zx}(qr-\dot{p})=N \end{cases} \tag{3}$$

式(2)是质心移动动力学方程,式中,u,v,w 分别为速度在三个机体轴的分量,F_x,F_y,F_z 分别为外力在三个机体轴的分量,p,q,r 分别为角速度在三个机体轴的分量。式(3)是质心移动转动动力学方程，式中，I_x，I_y，I_z 分别为飞机绕三个机体轴的转动惯量；I_{zx} 为飞机相对 Oz 与 Ox 轴的惯性积，L，M，N 分别为外力矩在三个机体轴的分量。

本算例仿真一次实际特情以及飞行员的实际操纵，发动机停车，螺旋桨进入自转状态，飞行员在 3～4 s 压杆、蹬舵到底，控制飞机姿态，并增加好发油门保持飞行速度。仿真和飞参曲线从停车开始计时，到停车后 10 s。图 3～图 6 中曲线 1 是仿真曲线，曲线 2 是飞参曲线。发动机停车对飞机初始阶段影响最剧烈的是横航向响应，这里给出的解算曲线包括坡度、侧滑角、高度和速度的时间历程。

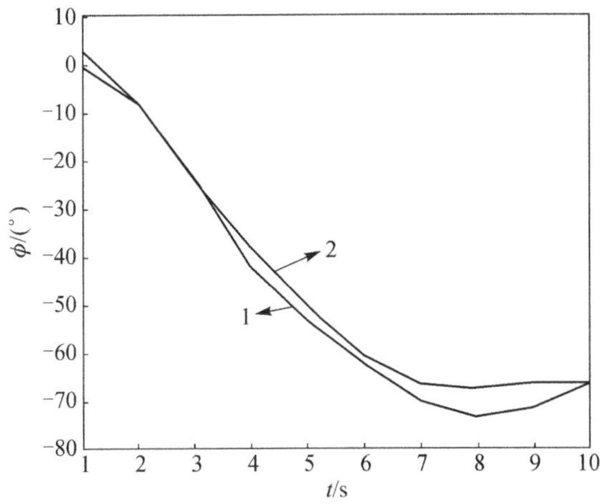

图 3　滚转角变化的时间历程

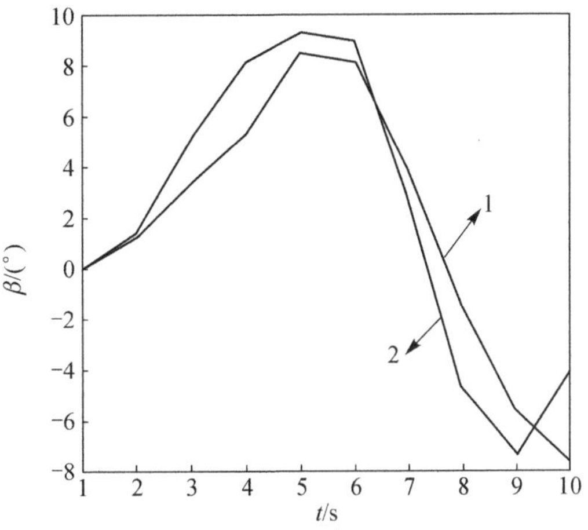

图 4　侧滑角变化的时间历程

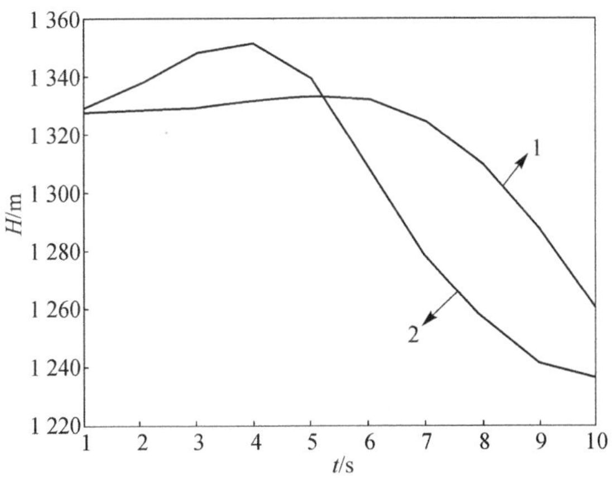

图 5　高度变化的时间历程

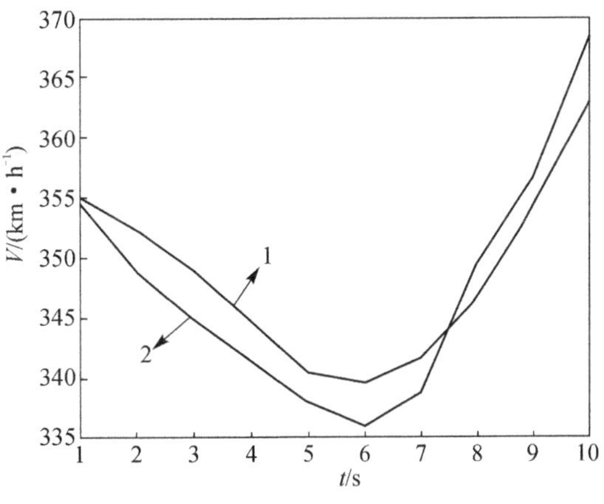

图 6　速度变化的时间历程

5　仿真结果与飞参对比分析及滚转可控边界

仿真结果与飞参对比可以看出，两者比较接近，特别是代表横航向飞机响应的滚转角和侧滑角响应，两者基本一致，这说明本文前面对螺旋桨自转状态下，应用螺旋桨载荷系数负值推算的两翼升力系数、阻力系数的变化，由此而引起的横航向力矩的变化是正确的。

从计算曲线和飞参曲线可以明显看出，发动机停车螺旋桨自转的初始阶段，由于飞机质量相对较大，其速度和高度变化相对缓和，但坡度却明显的增大，而且持续增加，即使飞行员压杆，坡度也不好控制，停车 10 s 后，坡度甚至达到 60°～70°。而姿态控制是飞行员最为关注的，也与飞行安全密切相关，因为滚转坡度的增加必然会引起飞机后面俯角的增大。理论计算表明，滚转坡度增加最主要原因就是停车螺旋桨自转引起两翼升力差明显增大。另外，向好发一侧蹬舵引起的交叉操纵力矩也起到了滚转加剧的作用。

另一个需要着重考虑的问题就是副翼效能。副翼位于机翼后部，在较大迎角下，由于气流分离，副翼效能会显著下降。较大迎角下，舵面效能都要降低，但相对于升降舵和方向舵，副翼的效能下降最明显[8]。甚至副翼操纵力矩不足以克服飞机的滚转加剧力矩。

这里就提出了一个问题此种状态下的滚转可控迎角边界的确定。从前面的分析可以看出，滚转可控的核心是副翼操纵力矩够不够，而副翼操纵力矩在此种状态下需要克服的力矩有两翼升力差力矩、蹬舵引起的滚转力矩以及侧滑引起的稳定力矩。合理的假设是发生单发停车自转后，飞行员蹬舵到底，压杆到底，由于航向操纵力矩能够平衡拉力差力矩，所以平均侧滑角可以设定为 0°，不考虑稳定力矩的影响。基于上述假设就可以计算随着迎角变化，两种滚转力矩系数的变化曲线，并确定其迎角，这样可控迎角边界了。

图 7 是特情机型压杆、蹬舵到底，单发自转，无侧滑条件下，两翼升力差力矩、蹬舵引起的滚转力矩系数(曲线 1)和压杆操纵滚转力矩系数(曲线 2)随迎角变化曲线。可以看出，当迎角约 12°时，操纵力矩已经无法克服向坏发一侧滚转的不平衡力矩。那么，图 7 中两条曲线的焦点对应的迎角就是特情机型此种条件下的可控边界迎角。

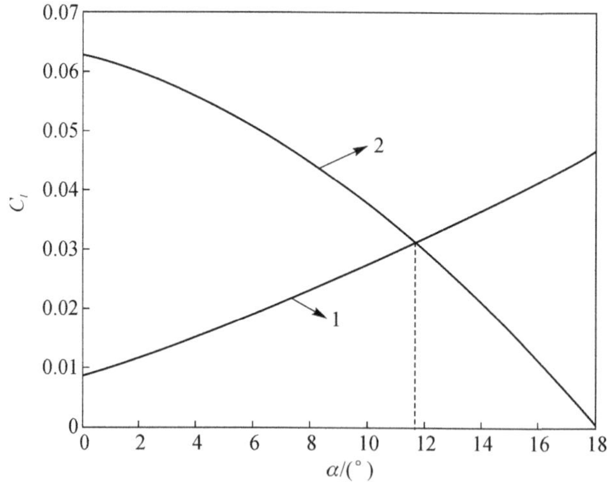

图 7 滚转力矩随迎角的变化

6 结束语

理论分析和飞行实践表明，本文利用螺旋桨载荷系数推算的螺旋桨自转状态两翼升力系数、阻力系数差，以及由此计算的横航向力矩是比较准确的。涡轮螺旋桨飞机单发停车螺旋桨进入自转状态，对飞行安全带来影响最大的就是力矩不平衡引起的飞机姿态的变化，而其最主要原因是两翼升力差引起的滚转力矩。

从飞机设计的角度，只要飞机迎角较小，即使是单发停车自转，操纵力矩仍然能够克服不平衡力矩，保持住飞机姿态。但在迎角较大情况下，超过横侧可控迎角时，由于舵面效能降低，操纵力矩就可能无法克服飞机的横侧滚转力矩，引起坡度的持续增大。驾驶员应掌握此种状态下飞机所受力矩特点，采取合理的操控策略，保证飞行安全。

参考文献

[1] 贾忠湖．飞行原理基础[M]．北京：国防工业出版社，2014.

[2] 徐越，李聪，李盛文，等．涡桨飞机螺旋桨风洞测力的实验研究[J]．黑龙江科技大学学报，2012，43(2)：150-154.

[3] 徐道琦．飞行力学[M]．北京：海潮出版社，2000.

[4] 张刘，白俊强，李华星，等．螺旋桨滑流与机翼之间气动干扰影响研究[J]．航空计算技术，2012，43(2)：87-91.

[5] 李征初，王勋年，陈洪，等．螺旋桨滑流对飞机机翼流场影响试验研究[J]．流体力学实验与测量，2000，14(2)：44-48.

[6] 方振平．飞机飞行动力学[M]．北京：北京航空航天大学出版社，2015.

[7] 刘孟诏．飞机转动惯量及其估算[J]．飞机设计，1997，00(1)：13-17.

[8] 刘沛清．空气动力学[M]．北京：科学出版社，2021.

某运输机不对称推力侧风着陆下滑分析

摘要： 针对某运输机4台翼吊布局发动机的不对称推力对飞行状态影响大，尤其在侧风条件下进行不对称推力着陆对安全影响大的特点，在分析某运输机不对称推力侧风着陆下滑时侧向力矩特点的基础上，结合有关的计算、试飞结果，讨论了此特殊情况下的侧向操纵特点，并得出了结论。

关键词： 不对称推力；侧风；着陆下滑

1 引　言

某运输机具有涡桨飞机的共性特点：低速气动特性好，起降距离短，维护费用低，经济性好，因而应用前景良好。但该机安装4台发动机，若因发动机停车而推力不对称时，可能产生较大的不平衡力矩，给控制飞机带来困难。随着某运输机使用时间增加，发动机故障的概率增大，2003年1月14日，某部一架某运输机因减速器3号游星齿轮滚子保持架损坏，大量金属屑污染滑油系统，导致第4台发动机失火。推力不对称时的杆舵操纵量与停车发动机的状态、位置、个数、螺旋桨工作情况及飞行高度、速度有关，非常复杂；若有侧风，则更为复杂。鉴于有关资料对此问题叙述欠详细，本文将就某运输机不对称推力侧风着陆下滑进行分析，以便飞行员视情况选择较有利的飞行状态，更好地保证安全。

2 某运输机侧风着陆的侧向操纵特点

2.1 某运输机侧风着陆的横侧操纵特点

螺旋桨飞机在侧风条件下做侧滑飞行，所受横侧力矩有：横侧稳定力矩、螺旋桨反作用力矩和横侧操纵力矩，即 $M_{x操}+M_{x稳}+M_{x反}=0$。

某运输机螺旋桨左旋，$M_{x反}$（大小取决于油门）使飞机右倾。

接地速度是空中最小飞行速度，接地时保持平衡所需的杆舵量最大。而接地前某运输机内侧发动机的油门为0°，外侧的也较小，$M_{x反}$可忽略。因而飞机的滚转力矩较小，副翼偏度足够。能否在较大侧风下接地，主要看方向操纵。

2.2 某运输机侧风着陆下滑中方向操纵特点

侧风中螺旋桨飞机的方向力矩有：方向稳定力矩、操纵力矩和螺旋桨滑流力矩，即 $M_{y操}+M_{y稳}+M_{y滑流}=0$。其中，左侧风（飞机左侧滑），$M_{y稳}$使飞机左偏；右侧风则相反。某运输机螺旋桨左旋，$M_{y滑流}$通常使飞机右偏。

当速度减小时，$M_{y操}$随之减小，而$M_{y稳}$一方面随速度减小，另一方面又因侧滑角增大而增大，即速度减小，$M_{y操}$减小得快，$M_{y稳}$减小得慢。所以，若不考虑$M_{y滑流}$，应逐渐增加反舵量。但$M_{y滑流}$却使实际的蹬舵动作变得复杂。

因为$M_{y滑流}$大小主要取决于油门大小，着陆收油门(某运输机油门从40°收到空中小油门)使$M_{y滑流}$减小，某运输机从空中小油门收到0°时，$M_{y滑流}$甚至变成左偏力矩。

这样，修正左、右侧风使舵上出现如下差别：左侧风着陆，随油门减小，因使飞机右偏的$M_{y滑流}$减小甚至变方向，应一直增加右舵量以保持方向平衡。而右侧风着陆，随$M_{y滑流}$减小甚至变方向，应逐渐收回左舵，甚至蹬出右舵。

可见，某运输机不同风向的侧风着陆蹬舵特点主要是：左侧风，所需右舵量较大，修正侧风的能力较弱。计算表明，若保证某运输机着陆接地前飞机不偏，90°左侧风可用舵量仅为15°，风速极限为11 m/s，而90°右侧风可用舵量为25°，风速极限为18 m/s。

右侧风所需右舵量小，修正侧风能力强，但随速度减小需改变蹬舵方向，操纵复杂。飞行员反映："右侧风着陆难，搞不好就会向左偏出跑道。"这主要因收油门时换(右)舵不及时，致使飞机左偏，若左偏时右坡度又减小，飞机会向左侧移，就可能左偏出跑道。

3 某运输机不对称推力飞行的典型状态及特点

3.1 某运输机推力不对称时的力矩及状态变化特点

如图1(a)所示，假定某运输机右边外侧发动机停车后，第一台发动机拉力产生右偏力矩$M_{y拉力}$。同时，机头右偏时出现左侧滑，产生右滚横侧稳定力矩$M_{x稳}$，停车发动机的螺旋桨滑流消失，右翼升力减小，产生右滚力矩$M_{x升力}$，这些力矩均使飞机向右滚转。此外，因速度减小，升力降低，飞机要掉高度，并在俯仰稳定力矩作用下，机头下沉。为保持平衡，应在带杆的同时向未停车发动机一边压杆蹬舵。

3.2 某运输机不对称推力飞行的三种典型平飞状态及特点

如上文的分析，某运输机以不对称推力飞行时，应向未停车发动机一边压杆蹬舵。依据不同的杆舵量，通常有三种典型状态。

3.2.1 无侧滑向未停车一边带坡度平飞

力矩关系为$M_{y操}+M_{y拉力}=0$；$M_{x操}+M_{x升力}=0$。

主要特点，无侧滑，飞行性能较好，但因带坡度，侧滑仪小球不居中，不便判断。

3.2.2 无坡度向坏发一边带侧滑平飞

力矩关系为$M_{y操}+M_{y拉力}+M_{y稳定}=0$；$M_{x操}+M_{x升力}+M_{x稳定}=0$。

主要特点：两翼水平，小球居中，便于判断，但舵量大(克服$M_{y稳定}$)，性能较差。

3.2.3 向坏发一边倾斜和侧滑平飞

力矩关系为$M_{y操}+M_{y拉力}+M_{y稳定}=0$；$M_{x操}+M_{x升力}+M_{x稳定}=0$。

主要特点：用舵量小，蹬舵轻($M_{y稳定}$帮助蹬舵)，但坡度较大，不便判断状态，飞行性能较差。

可见，上述三种状态各有优劣，都有使用价值，应视情况而选择用。

4 某运输机侧风下做不对称推力着陆下滑的侧向操纵特点

着陆拉平后，要将油门收至空中最小油门，$M_{y拉力}$ 和 $M_{x升力}$ 明显减小，平衡飞机的杆舵量也急剧减小。因此，着陆下滑应是关注的重点。以一发停车为例，不同着陆下滑状态与不同侧风组合特点如表 1 和表 2 所列。

表 1 左边一发停车、顺桨

飞行状态	左侧风，所需右舵量较大	右侧风，所需右舵量小，操纵复杂
(1) ($\beta=0,\gamma$ 较小) 性能好，但小球不居中	方向舵裕量偏小，便于目测着陆	方向舵裕量较大，操纵复杂，便于目测着陆
(2) ($\beta\neq0,\gamma=0$) 小球居中，但右舵量较大	方向舵裕量最小，便于目测着陆	方向舵裕量较小，操纵复杂，便于目测着陆
(3) ($\beta\neq0,\gamma$ 较大) 右舵量少，小球不居中	方向舵裕量较小，目测着陆困难	方向舵裕量最大，操纵复杂，不便目测着陆

表 2 右边一发停车、顺桨

飞行状态	左侧风，所需右舵量较大	右侧风，所需右舵量小，操纵复杂
(1) ($\beta=0,\gamma$ 较小) 性能好，但小球不居中	方向舵裕量较大，便于目测着陆	方向舵裕量较大，操纵复杂，便于目测着陆
(2) ($\beta\neq0,\gamma=0$) 小球居中，但左舵量较大	方向舵裕量较大，便于目测着陆	方向舵裕量较小，操纵复杂，便于目测着陆
(3) ($\beta\neq0,\gamma$ 较大) 左舵量少，小球不居中	方向舵裕量较大，不便目测着陆	方向舵裕量较大，操纵复杂，不便目测着陆

5 结束语

分析表明，某运输机不对称推力侧风着陆下滑特点与诸多因素有关，非常复杂。从安全着陆的角度看，在不对称推力侧风着陆时，不同情况需要的状态特点不尽相同。如着陆下滑中尽可能将机头对准跑道，坡度尽可能小，以便做好着陆目测；最好不变换蹬舵方式，使操纵尽可能简单。但在侧风较大时，应有足够的方向舵裕量，以便修正方向偏差。因此，应根据上述分析结果，确定某运输机不对称推力侧风着陆的检查单，以便飞行员视情况选择较有利的飞行状态，更好地保证飞行安全。

重心位置对中、大型运输机起降及复飞安全的影响

摘要：飞机重心位置不仅直接影响其操稳特性，而且对机翼失速、平尾失速特性也有一定影响，进而影响飞机起降，尤其影响特殊条件下起降和复飞的驾驶术和安全。因重心位置时刻处于变化之中，且确定不方便，不少飞行员未能深入了解重心位置对不同条件下飞机起降的影响，因而对重心边界不敏感，由此导致的严重事故不在少数。本文分正常条件和特殊条件两种情况，就重心位置对中大型运输机的起降和复飞安全的影响问题做了分析。

关键词：重心位置；中、大型运输机；起降安全

1 引 言

统计表明，正常条件下起降偏差(如偏离或冲出跑道、着陆跳跃、擦尾等)和特殊条件(如高原、高温、大重量及冒雨、易积冰或出现风切变的天气、横侧受力不对称等条件)下起飞或着陆时，由操纵不当导致的事故占很大比例。其中，飞机操稳特性、失速特性的不利变化是重要诱因。而起降迎角和构型一定时，重心位置是影响飞机起降操稳特性、失速特性的重要因素。现代中、大型飞机的重心会在一个相当大的范围内移动，且因俯仰转动惯量大，重心变化对俯仰操稳的静态、动态特性影响均较大。但由于飞机重心位置时刻在变化，确定重心的位置并不方便，特别是有些飞行员未能深入了解重心位置对机翼失速、平尾失速特性及对特殊条件下起降飞行的影响，因而对重心位置的边界不敏感，由此导致严重后果就不难理解了。目前各型飞机的教材、手册对有关问题尚无具体要求，对此进行深入分析很有必要。

2 重心位置对纵向操稳特性和失速特性的影响

2.1 重心位置对纵向操稳特性的影响

重心前限主要是从俯仰静操纵性的要求考虑的；重心后限则是从俯仰静操稳特性的要求综合考虑的。重心靠前时，拉杆力及拉杆位移大，俯仰操纵反应迟钝；重心靠后时，则相反。

2.2 重心位置对机翼失速特性的影响

由于重心位置不仅对纵向静稳定性有很大影响，而且对航向稳定性也有一定影响，因而影响到机翼失谏特性。

重心靠后时，因纵向静稳定性弱，失速后恢复原迎角的低头稳定力矩小，失速特性变差。重心靠前时，则相反。如某运输机前重心失速后，有明显地低头现象。而后重心时，只在巡航

状态失速后低头明显，进场、着陆状态失速后不易低头，尤其着陆状态需用力推杆。运-7 基本型进场和着陆状态的失速特性不能完全满足 CCAR-25 部的要求，飞行中应严格控制好飞机的重心，后限以 $28\%b_A$ 为宜[1]。

重心靠后，因侧滑时平尾侧力的力臂变小，其航向稳定作用降低，而前机身的方向不稳定作用增强，从而使飞机的航向稳定性减弱，失速特性变差。重心靠前时，则相反。

由上述重心位置对失速特性的影响可以推知，重心靠后时，飞机的尾旋特性也相应较差，此结论已得到理论与试验的验证。如雅克-42 飞机坠入尾旋的可能性很小，只有在技术上发生严重错误，特别在超出后重心时才可能发生[2]。此外，风洞和实际的尾旋事故都证明：作战飞机重心太靠前，螺旋的俯角增加，平均迎角减小，甚至不一定能进入；重心太靠后，则相反，甚至可能进入平螺旋，旋转加快，螺旋更稳定，增加了改出的困难。

2.3 重心位置对平尾失速特性的影响

为改善起降性能，许多中、大型运输机都采用了高效襟翼。此外，很多涡桨运输机采用了翼前缘拉力桨、上单翼、低平尾的气动布局。这些特点使平尾处的气流下洗角较大，平尾的负迎角也较大，从而使平尾失速问题变得突出。如安-24、运-8、"子爵"等飞机都曾多次在着陆、复飞阶段出现过平尾失速征兆和严重事故。

如上述，平尾失速的根本原因是高效襟翼及气动布局特点，外部诱因主要是平尾积冰与操纵不当。但重心位置对平尾失速也有一定影响。图 1 和图 2 分别是雅克-42 和安-24 飞机的 $C_{y平尾}-\alpha$ 曲线。可见，重心靠前时，平衡飞机所需的升降舵上偏角大，平尾下面的弯曲程度加大，平尾负的临界迎角减小，因而更易出现平尾失速。

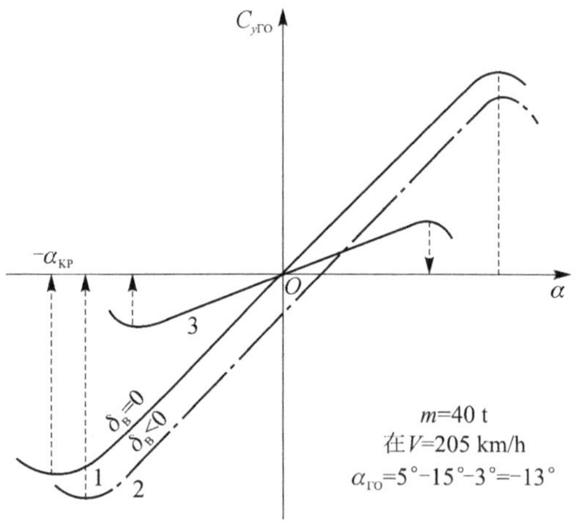

图 1 雅克-42 飞机 $C_{y平尾}-\alpha$ 曲线

影响平尾失速的其他因素还有着陆重量、放襟翼时的飞行速度及放襟翼飞机"上鼓"时推杆量等。尽管重心位置的影响有限，不起关键作用，但多种不利因素碰到一起时，重心靠前就可能导致质变。

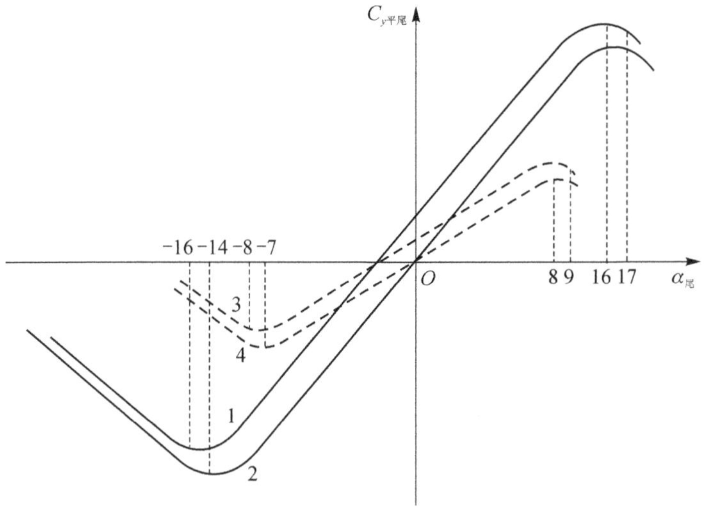

1—升降舵中立；2—升降舵上偏；3—升降舵中立和飞机结冰；4—升降舵上偏和飞机结冰

图 2　安-24 飞机 $C_{y平尾}$-α 曲线

3　重心位置对正常起降和复飞安全的影响

3.1　重心位置对正常起飞安全的影响

正常起飞中，若重心靠前，抬前轮的杆力、杆位移就大，若超过重心前限，就有可能在规定的速度抬不起前轮。因为在规定的速度下抬起前轮对应着一定条件下的最短滑跑距离，抬不起前轮必然使滑跑距离增大。同时，因重心越靠前，抬起前轮及两点滑跑中保持离地迎角需要的升降舵上偏角越大，平尾的负升力也越大，所以离地迎角一定时，离地速度也越大，这也使滑跑距离增大。因此，抬不起前轮，就涉及中断起飞与继续起飞的决断问题。

而在较大速度下进行中断与继续起飞决断时，若飞行员犹豫不决，贻误时机，就极易冲出跑道。对具体原因可做如下分析。设中断起飞极限速度为 V_1，中断起飞过程中的平均减速力为 F，飞机从中断起飞开始到跑道头停下来经过的距离为 L，根据运动学原理知

$$\frac{1}{2}mV_1^2 - 0 = \frac{G}{2g}V_1^2 = FL \tag{1}$$

如果中断起飞时犹豫不决，飞机到达跑道头的速度 V_2 就会大于零，假设中断起飞延误使速度增大 ΔV。滑跑中的气动阻力有所增加，摩擦阻力有所减小，平均减速力仍近似为 F，则

$$\frac{G}{2g}(V_1 + \Delta V)^2 - \frac{G}{2g}V_2^2 \cong FL \tag{2}$$

将式(1)代入式(2)，得

$$\frac{G}{2g}(V_1 + \Delta V)^2 - \frac{G}{2g}V_2^2 \cong \frac{G}{2g}V_1^2 \tag{3}$$

由式(3)得

$${V_2}^2 \cong 2V_1\Delta V + \Delta V^2 \tag{4}$$

显然，中断起飞速度增大 ΔV，到达跑道头时的速度远远大于 ΔV。例如，$V_1=290$ km/h，$\Delta V=5$ km/h，(延迟 0.5 s)。$V_2=(2\times290\times5+52)\times1/2=54$ km/h，比 ΔV 增大十多倍。

可见，接近、超过重心前限条件下起飞时，若抬不起前轮，中断起飞不及时，就容易冲出跑道。2003 年 12 月 25 日几内亚非洲运输联(UTA)运营的一架波音 727－200 型飞机从科托努(贝宁)Cadiehoun 机场在目视气象条件下起飞时，撞在了一混凝土建筑物上。5 名机组成员和 136 名乘客丧生，飞机报废。事故调查报告指出，事故的直接原因是"在飞机超载，不知道飞机前重心的情况下，飞行机组在飞机起飞时没能顺利抬起前轮"。

正常起飞中，若重心靠后，因俯仰阻尼力矩小，且中、大型飞机俯仰转动惯量大，所以俯仰操纵超调量大，若抬前轮的时机早，动作粗猛，就容易导致小速度、大迎角离地，加之重心靠后时失速特性变差，因而容易危及安全。

3.2 重心位置对复飞安全的影响

复飞时发动机处于大功率状态，无论螺旋桨飞机还是喷气式飞机，焦点都要前移，纵向稳定性降低。图 3 是某运输机放 38°襟翼条件下，焦点随拉力系数变化关系。重量为 17 t 时复飞拉力系数 $T_c=0.15$。从慢车到复飞功率，对应焦点前移量为 $17\%b_A$。有些飞机放起落架后，重心还后移，这也使纵向稳定性降低。此时重心再靠后情况更为不利。

此外，大功率状态，前机身的航向静不稳定性增强，飞机的航向静稳定性减弱。重心靠后也更为不利。

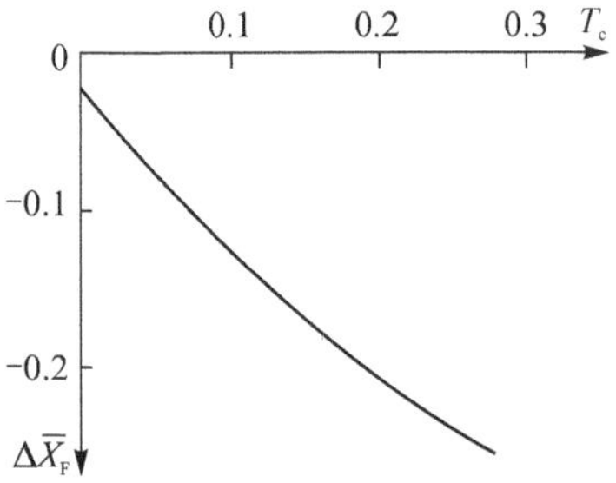

图 3 $T_c-\Delta\bar{X}_F$ 曲线

3.3 重心位置对正常着陆安全的影响

当重心靠后时，俯仰操纵反应灵敏，接地姿态易大而造成擦尾。有些高速飞机装有纵向阻尼器，提高了后重心飞行的安全性。但必须注意阻尼器关闭或故障时操稳特性的不利变化，否则就可能导致严重后果，苏联曾有过这方面的教训。

着陆跳跃是影响安全的重要偏差，大体可分为小速度(失速)跳跃和大速度(连续)跳跃两种。其中，大速度(连续)跳跃多由于进场速度偏大、高度偏高，加之目测不准，拉平高度低、时机晚，致使飞机接地姿态过小或带俯角前轮触地造成。这类跳跃跳起的高度一般较高，加之速度较大，若处置不当容易连续跳跃、增幅跳跃，因而危害更大。这里特别要强调的是，许多事故表明，因特殊原因重心位置过于靠前，飞行员在接地前未能及时将飞机拉平，是导致前轮触地跳跃的重要原因，对此应引起足够的重视。

4 重心位置对特殊条件下起降的影响

特殊条件是指对起降安全构成威胁的不利天气、飞机部件故障等情况。以下就一些典型问题进行分析。

4.1 高原、高温、大重量起飞

这些条件下，发动机推力小，飞机加速慢，起飞滑跑距离明显增长。重心靠后时，俯仰操纵反应灵敏，若飞行员因急躁而粗猛拉杆，更容易导致小速度、大迎角离地，从而危及安全。若重心靠前，因抬前轮慢，且离地速度大，使滑跑距离进一步增大，则易冲出跑道。

4.2 易积冰条件下的起降

机翼积冰后，翼型剖面发生变化，气动特性明显变差，C_y 减小、C_x 增大，失速迎角变小。如果重心靠后，失速特性变差，情况会更糟。

如上所述，对容易出现平尾失速的机型来说，平尾积冰是最重要的外部诱因，重心靠前也有一定影响。尽管重心位置的影响不起决定作用，但当诱发平尾失速的诸多因素凑到一起，尤其是出现平尾积冰，重心靠前就可能使情况发生质变。

4.3 风切变天气条件下的着陆

起降中意外遇到风切变尤其是出现顺风切变，下冲气流情况下，保证安全的关键在于对飞行状态的有效控制。

若重心靠前，俯仰稳定性强，遇到风切变时状态的初始反应较缓和，但升降舵余量小，俯仰操纵性差。重心靠后，特点则相反。这两种情况都不利于飞行员控制状态。因此，必须在易出现风切变的天气环境和地理环境中着陆时，重心应尽量位于有利位置。

4.4 雨中起降

雨中起降时，雨水在机身表面形成的水膜，使失速迎角变小（中雨减小约 $1^\circ\sim3^\circ$，大雨约 $2^\circ\sim5^\circ$），且 C_y 减小、C_x 增大。此外，滑跑时还可能出现滑水现象，滑跑方向也不易保持。

若重心过于靠前，俯仰操纵性差，跑道积水较厚时，不利于接地后保持足够长的两点滑跑，以便利用气动阻力尽快减速，使滑跑速度小于临界滑水速度。而重心过于靠后，失速后机头上仰的趋势增强，使失速特性变差。

冒雨着陆时，能见度通常较差，不利于观察，为便于复飞，不少飞行员习惯于增大着陆速度，这就埋下了着陆跳跃的隐患。如果重心位置过于靠前，飞行员在接地前未能及时将飞机拉平，就容易造成前轮触地导致危险的大速度跳跃。1997 年我国民航一架某型飞机在雨中着陆，因着陆速度、角度偏大，飞机连跳三次，飞机结构严重受损，飞行员操纵飞机复飞。随后着陆时，再次以较大速度和俯角触到跑道上，造成飞机解体、人员严重伤亡的事故。可见，为保证冒雨着陆安全，应保证重心在纵向处于有利位置。

4.5 横侧受力不对称时的起降

横侧受力不对称起降包括：大侧风起降，不对称推力起降，单轮着陆。这些情况下，应视具体受力特点适当调整重心的左右位置以便于保持方向平衡。实践证明，在横侧受力不对称的情况下，合理地调整重心的左右位置，对安全起降非常有益。如 1987 年 11 月 28 日，某部一架运 12 飞机进行性能试飞。在第三次起飞上升至 50～60 m 时，左机轮胎掉下，经指挥员同意，决定单轮起降。两名试飞员在操纵飞机绕机场转圈以减轻起降重量的同时，将剩余油尽量置于飞机的右侧，使重心右移，最后安全、顺利地完成了单轮起降。

需强调的是，若受条件所限，在积水跑道上起降又同时出现上述横侧受力不对称特别是大侧风起降时，更应尽可能调整重心的左右位置。因为在积水跑道上刹车效能低，小速度下保持滑跑方向的能力低。尤其是侧风较大时，跑道两侧的积水厚度会有较大差别。其中，迎风一侧跑道的积水少，机轮摩擦力大，背风一侧机轮摩擦力小，加剧了飞机向侧风方向的偏转，容易使飞机偏出跑道。

5 结束语

（1）重心位置对飞机操稳特性、特别对机翼失速、平尾失速特性的影响是有限的，正常情况下在接近极限重心时只要按规定操纵，就能保证安全，但由于安全裕量小，操纵不当仍会危及安全。在特殊条件下，尤其是多种不利因素碰到一起时，不利的重心位置就可能诱发质变。

（2）总的看，不同的重心位置对不同条件下起降安全的影响是辨证的。飞行员应根据具体条件，围绕影响安全的主要矛盾调整飞机重心位置。若不便调整，必须针对重心特点实施操纵，准确控制飞行状态，保证起降安全。

参考文献

[1] 李元文. 运-7飞机失速特性[M]. 北京：航空工业出版社，1996.
[2] 杨永华. 作战飞机的失速螺旋气动惯性旋转[M]. 北京：蓝天出版社 1996.

某运输机系列飞机低高度复飞分析

摘要：从某运输机飞机气动布局入手，根据有关试飞与研究结果，结合相关事故，分析了该机着陆复飞阶段纵向操稳与性能的主要特点及对低高度复飞的影响，最后提出了保证某运输机系列飞机低高度复飞安全应注意的问题。

关键词：某运输机飞机；低高度复飞；操稳特点；安全对策

1 引 言

理论分析、风洞实验和飞行实践均证明，某运输机系列飞机的气动布局给其着陆复飞时的纵向操稳特性带来一些明显特点，对复飞安全产生了较大的影响。考虑到与某运输机飞机气动布局相同的"新舟"系列飞机已成为我国民用支线客机的主体，复飞问题会更加突出，本文根据我国某运输机的专题研究成果，结合与某运输机气动布局相同的安-24飞机两起复飞事故，就某运输机系列飞机低高度复飞的有关特点与对策进行分析。

2 某运输机飞机的气动布局特点

某运输机飞机是以苏制安-24飞机为样机研制的双发、涡桨、常规气动布局的中短程支线飞机。该机采用了低速涡桨运输机常见的气动布局，主要表现为张臂式上单翼，双开缝后退式襟翼，前缘拉力桨及低置平尾。

如图1所示，某运输机的双开缝后退式襟翼有两个可收缩缝隙，气流通过缝隙后加速流向上表面，加速襟翼上表面的附面层，延缓气流倒流和分离；加之襟翼放下时向后运动，使机翼的弯度和面积同时增加，明显提高了增升效果，大大改善了起落性能。

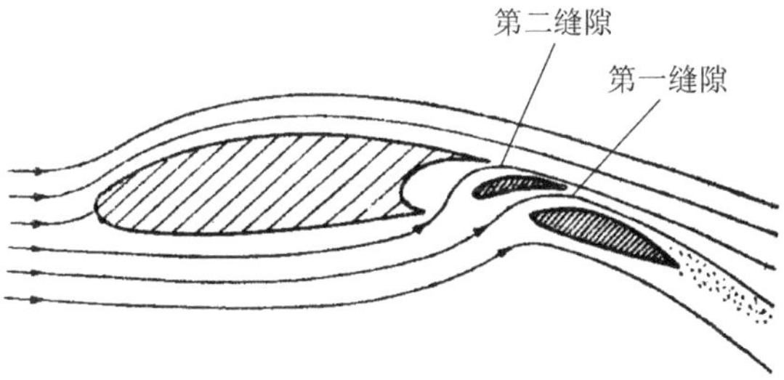

图1 双开缝后退式襟翼

某运输机飞机的螺旋桨装在机翼前缘，受螺旋桨滑流影响的机翼面积占到机翼总面积的34%，升力系数和阻力系数均增加12%～20%，对气动特性也有较大影响。

但同时，高效襟翼、前缘拉力桨及低置平尾的布局形式也给某运输机着陆、着陆复飞阶段纵向操稳特性及复飞安全带来显著影响。

3 着陆复飞阶段的纵向操稳与性能特点

3.1 平尾迎角大，平尾平衡能力弱，易出现平尾失速

平尾迎角 $\alpha_{平}$ 与机翼迎角 α 之间的关系为

$$\alpha_{平}=\alpha+\phi_{尾}-\varepsilon$$

式中，常规布局飞机的平尾安装角 $\phi_{尾}$ 为固定的负值，某运输机为 $-3°$。可见，$\alpha_{平}$ 取决于 α 和平尾区域内的气流下洗角 ε。其中，α 与飞行速度或飞机重量有关，ε 与襟翼角度和发动机功率有关。

某运输机飞机不放襟翼时，$\alpha_{平}$ 并不大。计算表明，巡航速度下，$\alpha_{平}$ 接近 0°，但着陆或复飞阶段带 30°襟翼时，$\alpha_{平}$ 变为负值，其绝对值显著增大。原因有二，一是双开缝后退式襟翼的增升效果明显，放 30°襟翼时，机翼迎角明显减小；二是某运输机采用了上单翼、低平尾布局，平尾恰好处于机翼气流下洗的最强区，放 30°襟翼时，平尾区域内的 ε（为负）明显增大。根据计算，某运输机 $G=21$ t，$V=210$ km/h、襟翼 38°下滑时，$\alpha_{平}=-12.2°$。如果飞行重量轻、速度再大，因机翼迎角减小，$\alpha_{平}$ 还会减小，如 $G=19$ t，$V=220$ km/h，襟翼 38°下滑时，$\alpha_{平}=-13.6°$，与临界迎角 ±16°比较接近。当然，襟翼 30°对应的 $\alpha_{平}$ 的绝对值较 38°的有所减小，但减小幅度有限。

特别是复飞阶段，因发动机功率大，螺旋桨滑流影响使 C_y 和 ε 进一步增大，$\alpha_{平}$ 的绝对值也进一步增大。如以质量 19 000 kg 为例，复飞时拉力系数为 0.15，相对于零拉力系数，下洗角增加 1.3°，平尾负迎角相应增加 1.3°。

总之，某运输机在着陆、复飞阶段带大角度襟翼飞行时，因 $\alpha_{平}$ 与平尾临界迎角接近，平尾下表面气流分离严重，平尾的平衡能力降低，在特殊情况下如平尾积冰时容易引起平尾失速。鉴于安-24(26)曾多次在着陆、复飞阶段因失速发生严重事故，20 世纪 80 年代原航空航天工业部组织专门力量对某运输机飞机失速问题进行攻关，根据研究结果对某运输机有关操纵程序做了修改，将着陆时襟翼角度由 38°改为 30°。

3.2 纵向静稳定性降低，纵向静操纵性增强

由于复飞阶段发动机功率增加，螺旋桨滑流使平尾处气流下洗加剧、$\alpha_{平}$ 更接近 $\alpha_{平临界}$，对应的升力系数处于非线性区，升力系数曲线的斜率小，迎角变化后平尾相应的升力变化也小，即飞机焦点前移，纵向稳定性降低。如图 2 所示，以放 38°襟翼为例，首先，从慢车到起飞功率，拉力系数 $T_c=0.15$，焦点前移量为 $17\%b_A$。其次，大油门、大迎角下螺旋桨气流斜吹的影响大，使焦点进一步明显前移。相关文献表明，某运输机不放襟翼下滑与复飞状态的焦点分别为 $63\%b_A$，$42\%b_A$。

此外，某运输机飞机放起落架时，重心后移约 2.4%～3.6%，也使纵向稳定性降低。纵向静稳定性降低，必然使纵向操纵性增强，粗猛拉杆易使迎角增加过多，这就要求驾驶杆的前后操纵动作更加柔和。

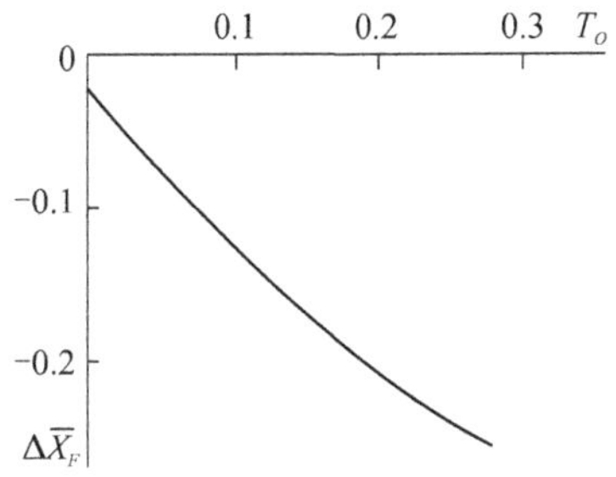

图 2　某运输机飞机拉力系数与焦点增量曲线

3.3　上升性能显著变差

由图 3 所示的某运输机升阻比曲线可知，由于复飞阶段襟翼角度大，且起落架放下，使阻力增加多，飞机的升阻比明显减小，上升性能显著变差。特别是加油门后的最初几秒内，由于发动机的迟缓性，螺旋桨拉力难以立即增加，飞机也不可能立即转入上升。如果飞行员不掌握这一特点，就可能因上升慢、情绪急躁而粗猛拉杆，而此时纵向静稳定性降低，粗猛拉杆极易使迎角过大、飞机失速。

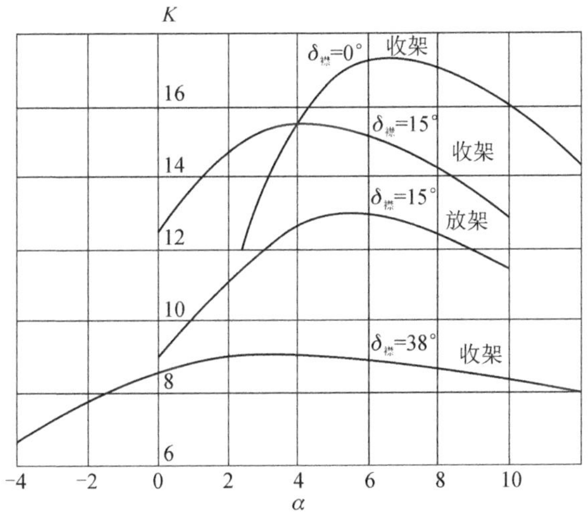

图 3　某运输机升阻比曲线

3.4　机翼失速特性变差

1991 年 11 月专门进行的某运输机飞机失速试飞结果表明，随襟翼角度增大，某运输机的失速特性不断变差，如 38°襟翼失速特性主要表现为抖动一出现，立即失速，两者间隔小；动态变化先慢后快；失速后有不明显的上仰趋势，坡度交替变化，抖动剧烈，看不清仪表板，驾驶杆摆动。30°襟翼失速特性较 38°襟翼的有所改善，但基本特点仍相似，与 0°，15 °襟翼相比仍明显变差。因此，由于某运输机复飞阶段飞机的失速特性明显变差，加之高度低，处置余地小，一旦失速，就非常危险。

4 低高度复飞操纵应注意的问题

某运输机飞行手册规定："在双发工作情况下，当起落架已放下，襟翼角度在38°位置，如果速度不低于规定的着陆前下滑速度190～200 km/h，从任何高度（包括开始拉平高度）都能复飞。"

但某运输机飞机在低高度出现意外情况必须复飞时，特别是重心靠后或飞行重量轻、着陆速度较正常偏小的情况下必须进行低高度复飞时，因纵向操稳特性变差，失速特性也变差，应按规定控制好拉杆时机，把握好拉杆量，切忌拉杆过早过粗，重点预防机翼失速和平尾失速。

特别是，低高度复飞时，飞行员情绪容易紧张，如果不等功率恢复就过早拉杆，因螺旋桨拉力不足，且带大角度襟翼飞行阻力大，容易出现进一步减速和高度损失。如果拉杆粗猛，因此时飞机的纵向静稳定性降低、单位载荷杆力小（重心靠后，此特点更加明显），极易出现失速的危险。与某运输机气动布局、操稳特性相似的安-24曾多次发生复飞失速事故。1980年3月20日，一架安-24客机在长沙机场穿云下降，未对正跑道，复飞中因驾驶员拉杆过猛，飞机失速后左右飘摆，右机翼朝上，左机翼朝下，侧着机身，几乎垂直地坠地。1985年1月18日，民航上海管理局的一架安-24型飞机在济南穿云降落不成功，复飞过程中失速坠地失事，主要原因也是复飞中驾驶员拉杆过猛。由于此时平尾迎角大，若向前操纵驾驶杆的量过大，尤其在积冰情况下还容易出现平尾失速。

需要指出，复飞加油门到100°位置时，由于螺旋桨滑流影响增强，飞机有抬头、右偏和右倾斜的趋势，应注意杆舵协调地进行修正，切忌出现大迎角和侧滑状态。

5 结束语

(1) 尽管某运输机飞机着陆程序修改后，复飞安全裕度有所提高，但复飞阶段的操稳特性仍不够理想，且此特点毕竟是由飞机气动布局所决定的一种固有属性，尤其是低高度复飞往往伴随着特殊情况，加之此时上升性能差，速度小，高度低，处置余地小，飞行员容易精神紧张，飞机的失速特性又明显变差，从而对飞行安全构成潜在威胁。因此，对此问题决不能掉以轻心。

(2) 要特别注意重心位置对低高度复飞的影响，当重心靠后、纵向操纵反应灵敏时，进近着陆中要注意及时修正偏差，尽量避免低高度复飞。必须做低高度复飞时，应控制好拉杆时机，把握好拉杆量，切忌拉杆过早过粗使迎角过大；加油门后注意修正螺旋桨滑流的影响，防止出现侧滑和大迎角而危及安全。

参考文献

[1] 李元文. 某运输机飞机失速特性[M]. 北京：航空工业出版社，1996.
[2] 郭增麟. 世界空难探秘[M]. 北京：当代世界出版社，1994.

运输机在深积水跑道的着陆性能计算与操纵策略分析

摘要： 飞机在积水跑道上着陆时冲出跑道的事故日趋增多，计算其着陆性能、分析操纵对策非常必要。从干水泥跑道着陆滑跑距离的原始计算公式入手，通过分析飞机在深积水跑道上着陆滑跑的特点，根据国内外有关资料、分段确定折算摩擦系数，推导出了某运输机在深积水跑道着陆滑跑距离的一般计算公式，进行了具体计算，并分析了操纵对策。

关键词： 运输机；深积水跑道；着陆性能；操纵策略

1 引言

随着航空事业的快速发展，飞机在积水跑道上着陆时冲出跑道的事故日趋增多。2005 年国际运输类飞机发生的 44 起冲(偏)出跑道事件中，跑道有积水、雪、冰的情况就占到 25 起[1]。飞机在积水跑道上着陆时操纵不当极易造成严重后果。2004 年 11 月 30 日，印尼一架 MD-82 型客机在梭罗机场冒雨顺风着陆时冲出跑道，造成 31 人死亡、60 多人受伤[2]。

具体机型在积水跑道上安全着陆的操纵策略与其着陆性能特点直接相关，而飞机在积水跑道上着陆滑跑距离的计算目前仍是飞行性能计算的难点问题。一是在深积水跑道上滑跑时的刹车摩擦系数与诸多因素有关，准确值需通过实验确定；二是缺乏在深积水跑道着陆滑跑距离的精确计算公式。本文参考国外有关资料给出的经验数据，初步确定了在深积水跑道上着陆滑跑的刹车摩擦系数，以某运输机为例分析了在深积水跑道着陆滑跑的一般特点，进而得到了在深积水跑道上着陆滑跑距离的解析表达式，并做了具体计算与分析。其中，计算方法可供有关人员进一步研究时参考；操纵策略对实际飞行有指导意义。

2 飞机在深积水跑道上着陆滑跑距离的计算公式

飞机在深积水跑道上着陆滑跑距离的计算，应从干水泥跑道着陆滑跑距离的原始计算公式入手分析。干水泥跑道着陆滑跑距离的原始计算公式为

$$L=\int_{0}^{(V_{接}+U)^2}\frac{\mathrm{d}V^2}{2a}=\int_{0}^{(V_{接}+U)^2}\frac{\mathrm{d}V^2}{2g(f''-p/G)} \tag{1}$$

式中，U 为风速；P 为着陆滑跑中发动机推力；G 为接地重量；f''为着陆折算摩擦系数，即将气动阻力折算到摩擦阻力中。

对干水泥跑道，实际计算中 f''，P 通常取平均值。但对深积水跑道，f''目前尚无具体值。因此，计算的关键是确定 f''，而 f''又与着陆滑跑一般特点有关。

2.1 飞机在深积水跑道上着陆滑跑的一般特点

飞机在积水厚度超过 2.5 mm 的深积水跑道上着陆，滑跑速度 $V_{滑跑}$ 大于临界滑水速度

$V_{临界}$时，在飞机气动升力和水动力升力的共同作用下，机轮完全脱离道面，出现动态滑水（见图1）。此时，刹车失效，机轮最大刹车摩擦系数降低到0.05左右，相当于在冰上滑跑。其中，$V_{临界}$主要与轮胎气压P有关，可由如下经验公式计算。

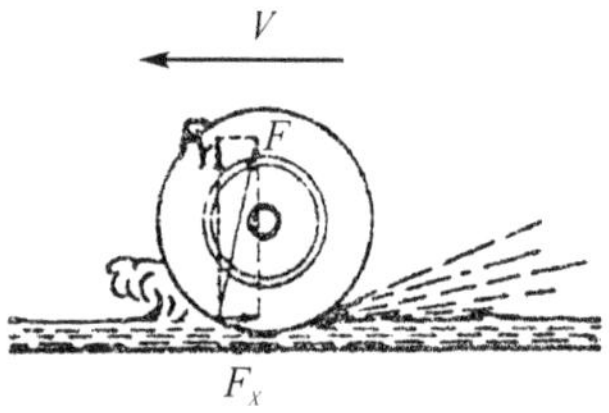

图1 动态滑水

若机轮保持转动，$V_{临界}=0.2\sqrt{p}$；

机轮被刹死，$V_{临界}=0.173\sqrt{p}$，p为主轮胎压力，N/m^2。

可见，飞机在厚积水跑道上着陆滑跑特点与接地速度$V_{接地}$的大小有关：若$V_{接地}>V_{临界}$，一接地就放前轮刹车，因此时最大刹车摩擦系数为0.05左右，滑跑距离反而比带起前轮做两点滑跑的距离长。如果急于减速，将机轮刹死，$V_{临界}$将减小，滑水加重，滑跑距离进一步增大。如果飞行员情绪紧张，还很可能将轮胎刹爆，使情况更加复杂。此外，长时间拖胎产生的摩擦热可使水沸腾、橡胶熔化，并形成密封层，延迟水的排开，致使水蒸气阻止了轮胎与道面的接触，摩擦系数也降低到0.05左右，这种现象被称为橡胶熔化滑水。

因此，某运输机在深积水跑道上着陆$V_{接}>V_{临界}$时，应先带住前轮，用气动力、负拉力或反推力减速；当减速至$V_{滑跑}<V_{临界}$时，用刹车减速，即“先气动减速（至$V_{临界}$），再刹车减速”。

2.2 某运输机在深积水跑道上着陆滑跑的特点

某运输机在积水跑道上着陆滑跑的具体特点与其$V_{临界}$，$V_{接}$有关。

正常情况下，某运输机主轮轮胎压力为$6.37\times10^5\ N/m^2$，则机轮转动时，$V_{临界}=159\ km/h=44.16\ m/s$；机轮被刹死，$V_{临界}=138\ km/h=38.3\ m/s$。

某运输机正常着陆放35°襟翼，着陆重量$G_{着陆}=40\ t,50\ t,58\ t$时，着陆接地速度分别为$V_{接}=191\ km/h,218\ km/h,240\ km/h$。

显然，通常某运输机在深积水跑道上着陆$V_{接}>V_{临界}$。因此，着陆滑跑过程应以$V_{临界}$为界分为两个阶段。

第一段，保持两点滑跑，减速至$V_{临界}$。

第二段，放前轮刹车，解除限动，三点滑跑至飞机静止。

因而，式(1)可变为

$$L=\int_{V_{临界}^2}^{(V_{接}+U)^2}\frac{dV^2}{2g(f''_{两点}-p/G)}+\int_0^{V_{临界}^2}\frac{dV^2}{2g(f''_{三点}-p/G)}$$
$$=L_{两点}+L_{三点}\tag{2}$$

可见，计算滑跑距离L，须首先确定各段的着陆折算摩擦系数。

2.3 某运输机在深积水跑道上着陆不同滑跑阶段f''的确定

第一段，$V_{接地}\to V_{临界}$，两点滑跑。

取摩擦阻力为F、气动阻力为X、螺旋桨拉力为P，该段减速度为

$$a_{两点}=\frac{(X+F-P)g}{G}$$

$$=\frac{(X+f_{两点}(G-Y)-P)g}{G}$$

$$=\left(\frac{X-f_{两点}Y}{G}+f_{两点}-\frac{p}{G}\right)g$$

$$=g\left(f_{两点}+\frac{X-fY}{G}-\frac{P}{G}\right)$$

与式(2)中第一式 $a_{两点}=g(f_{两点}''-P/G)$ 比较得

$$f''_{两点}=f_{两点}+\frac{X-f_{两点}Y}{G}=f_{两点}+\frac{(C_{x2}-f_{两点}C_{y2})\rho V^2 S}{2G}$$

式中，$f_{两点}$ 为两点滑跑时机轮与道面的摩擦系数。此时 $V_{接}>V_{临界}$，相当于在冰上滑跑，$f_{两点}=0.05$。空气密度 $\rho=1.225$。C_{y2}，C_{x2} 为两点滑跑时的升力系数、阻力系数。

某运输机放35°襟翼着陆接地迎角为11°，对应 $C_{y2}=2.26$，$C_{x2}=0.204$（考虑地效，升阻比取11.9）。机翼面积 $S=121.86\ \text{m}^2$。

为了便于推导，现令 $r_{两点}=(C_{x2}-f_{两点}C_{y2})\rho S/2$，则

$$f''_{两点}=f_{两点}+\frac{r_{两点}V^2}{G} \tag{3}$$

将上述数据代入得某运输机飞机 $r_{两点}=0.6931$。

第二段，$V_{临界}$→停止运动（三点滑跑刹车、解除限动）。与第一段类似，则

$$f''_{三点}=f_{三点·刹车}+\frac{C_{x3}-f_{三点·刹车}C_{y3})qS}{G}=f_{三点·刹车}+\frac{r_{三点·刹车}V^2}{G} \tag{4}$$

式中，C_{x3}，C_{y3} 为三点滑跑时的升阻力系数。某运输机停机角为5.5°，则 $C_{y3}=1.6$，$C_{x3}=0.15$（考虑地效，升阻比取11.8）。

具体机型此段的机轮摩擦系数 $f_{三点·刹车}$ 的准确值需通过实验或试飞得到。据国外资料，经验值可取干水泥跑道上刹车摩擦系数 $f_{刹}$ 的0.2～0.3倍，本文计算取 $f_{三点·刹车}$ 为 $f_{刹}$ 的0.3倍，某运输机飞机的 $f_{刹}=0.2$，即 $f_{三点·刹车}=0.06$，则

$$r_{三点·刹车}=(C_{x3}-f_{三点·刹车}C_{y3})S\rho/2=0.411\ 3$$

2.4 某运输机在深积水跑道着陆滑跑距离的一般计算公式

某运输机着陆接地后将油门收到0°，并解除限动，螺旋桨负拉力的平均值为34 323.3～39 226.6 N（3 500～4 000 kgf），本文计算取 $p=-36\ 775$ N（$-3\ 750$ kgf），且 $f_{两点}$，$r_{两点}$，G 均为常量。将式(3)代入式(2)中的第一式积分得

$$L_{两点}=\int_{V^2_{l临界}}^{(V_{接}+U)^2}\frac{\mathrm{d}V^2}{2g\left(\frac{r_{两点}V^2}{G}+f_{两点}-\frac{p}{G}\right)}$$

$$=\frac{G}{2gr_{两点}}\left[\ln\left(\frac{r_{两点}}{G}(V_{接}+U)^2+f_{两点}-\frac{P}{G}\right)-\ln\left(\frac{r_{两点}}{G}V^2_{临界}+f_{两点}-\frac{P}{G}\right)\right]$$

将式(4)代入式(2)中的第二式积分得第二段滑跑距离表达式

$$L_{三点}=\int_0^{V^2_{临界}}\frac{\mathrm{d}V^2}{2g\left(\frac{r_{三点}V^2}{G}+f_{三点}-\frac{p}{G}\right)}$$

$$=\frac{G}{2gr_{三点}}\left[\ln\left(\frac{r_{三点}}{G}V_{临界}^{2}+f_{三点}-\frac{P}{G}\right)-\ln\left(f_{三点}-\frac{P}{G}\right)\right]$$

则某运输机在深积水跑道着陆滑跑距离为 $L_{积水滑跑}=L_{两点}+L_{三点}$。

计算步骤可概括为：

(1) 对不同机型，根据 $G_{着陆}$，$V_{临界}$ 及 $V_{放伞}$ 确定滑跑各阶段；

(2) 由 C_{x2}，C_{y2}，$f_{两点}$，C_{x3}，C_{y3}，$f_{三点\cdot刹车}$，S 分段确定 $r_{两点}$ 与 $r_{三点}$；

(3) 根据公式分别计算各段滑跑距离并求和。

3 计算结果及分析

3.1 标准接地速度下的计算结果

某运输机以飞行手册中给出的标准接地速度，在不同 $G_{着陆}$、不同风速情况下在厚积水跑道上的着陆滑跑距离计算结果如图 2 所示。

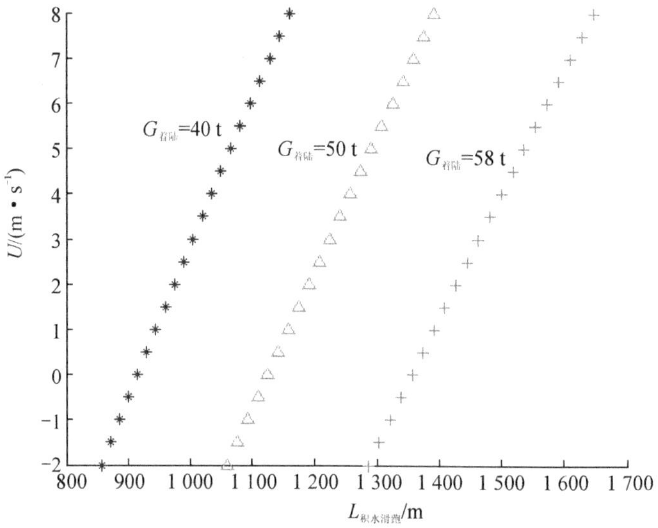

图 2 $V_{标准接地}$ 条件下的滑跑距离

计算表明，随着陆重量、顺风速增大，某运输机在深积水跑道上的着陆滑跑距离成比例增大。

在无风、标准大气条件下，某运输机飞机在干水泥跑道上以重量 40 t，50 t，58 t 着陆，对应的着陆滑跑距离分别为 645 m，910 m，1 050 m；计算表明，其他条件相同，某运输机飞机在深积水跑道上的着陆滑跑距离分别为 915 m，1 125 m，1 356 m。

3.2 较大接地速度下的计算结果

考虑到实际飞行中较普遍地存在"着陆接地速度大于规定速度"的现象，加之机翼表面有雨水时，飞机的升力系数减小，也易导致接地速度增大。图 3 是接地速度取标准接地速度＋20 km/h 条件下的计算结果。

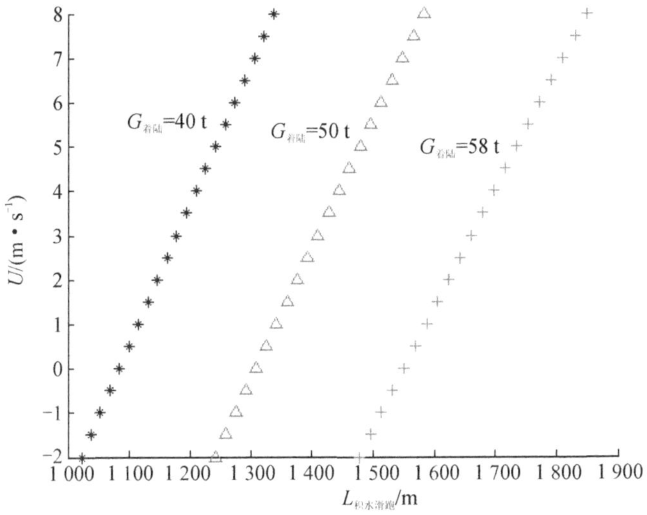

图 3 $V_{标准接地}$ +20 km/h 条件下的滑跑距离

计算表明，在较大接地速度下，某运输机在深积水跑道上的着陆滑跑距离随顺风速、着陆重量变化规律与标准接地速度下的相似。与标准接地速度比，滑跑距离增加近 200 m。

某运输机着陆重量 50 t、顺风 8 m/s 在深积水跑道上的着陆滑跑距离为 1 848 m，这在二级跑道的裕量就很小了。如果考虑到接地速度再大些，刹车使用不当，刹车效率降低，接地点再靠前，特别是机场标高高、气温高等不利因素，就极易冲出跑道。如以海平面机场为基准，气温在＋15 ℃以上，每升高 10 ℃，某运输机的着陆滑跑距离增加 35 m；标高升到海拔 1 km，着陆滑跑距离增加 12%。

4 运输机在深积水跑道着陆的操纵策略

当跑道上有深积水时，保证安全的根本方法是到备降场着陆或等积水减少时再着陆。尤其在刹车防滑系统有故障时，尽量不在积水跑道上着陆。若必须在深积水跑道时，应注意以下几点。

4.1 尽量减小着陆重量

计算表明，某运输机在深积水跑道着陆，重量增加 1 t，在标准大气条件下的滑跑距离增加 20～30 m，其他机型也具有相似的规律。因此，必要时通过空中耗油、应急放油等手段尽量减小着陆重量。2005 年 7 月 5 日，尼日利亚 EAS 航空公司一架波音 737 飞机，大雨后不久在尼日利亚乔斯机场着陆滑水中冲出跑道约 40 m，停在软地面上。该机着陆前曾用了 2 h 等待天气好转。显然，由于油量少，$G_{着陆}$小，冲出跑道距离不长，大大减小了损失。

4.2 尽量避免顺风着陆

计算表明，某运输机飞机在深积水跑道着陆时，顺风风速增加 5 m/s，滑跑距离增加150 m 左右。此规律在一定程度上也具有共性。因此，尽量避免在深积水跑道上顺风着陆。2005 年

6月11日，越南航空公司一架A-320-214飞机在柬埔寨西埃姆—雷普机场着陆时天降小雨，并有一定顺风，致使飞机冲出湿滑跑道。

4.3 注意控制好着陆、接地速度

冒雨着陆时能见度往往较差，从安全复飞的角度考虑，有些飞行员习惯于增大着陆、接地速度。计算表明，某运输机飞机在深积水跑道着陆时接地速度增加20 km/h，滑跑距离增加近200 m。其他运输机也有相似的规律。1994年，云南航空公司的波音737-300型飞机，在昆明机场冒雨强行着陆，由于收油门不及时，速度过大，加之跑道积水，飞机冲出跑道，造成重大损失。

此外，接地速度过大，还易引起着陆跳跃。1997年我国民航一架某型飞机在雨中着陆，因着陆速度偏大，连跳三次，飞机严重受损，飞行员操纵飞机复飞。随后着陆时，再次以较大速度和俯角触到跑道上，造成严重事故。

4.4 正确使用刹车减速

一是要了解临界滑水速度，掌握好开始刹车的速度，避免过早刹车而使滑跑距离增长；二是只要正常刹车没有故障，就不要使用应急刹车，否则因机轮刹死而降低临界滑水速度、加重滑水，甚至出现橡胶熔化滑水，使滑跑距离明显增长。

4.5 注意保持好滑跑方向

若跑道不平，两主轮的滑水、摩擦系数不同，尤其是遇到5 m/s以上的侧风时，迎风一侧排水受阻，水深增加，容易出现滑水，使飞机偏出跑道。实际上，飞机在积水跑道着陆事故，不少是由偏出跑道引起的。故应注意保持好滑跑方向。侧风过大时，尽量避免在深积水跑道上顺风着陆。

5 结束语

(1) 本文的计算方法具有一定的普遍意义，可供有关人员进一步研究时参考。由于刹车摩擦系数的误差，计算结果不够精确，但仍反映了性能特点和规律，可用于分析操纵策略。

(2) 需注意的是，尽管顺风、$G_{着陆}$和$V_{接地}$对滑跑距离各自的影响不算很大，但在各种不利因素的综合影响下，滑跑距离明显增大。如果飞行员情绪紧张，过早刹车，则适得其反，对此特点决不可掉以轻心。

(3) 应加强对跑道积水着陆特性的试验与试飞研究。美国早在1971年就针对波音727飞机的积水跑道着陆特性实施了“FAA-USAF-NASA联合跑道研究计划”，我国在这方面的研究进展较缓慢。

参考文献

[1] 高金源. 飞机飞行品质[M]. 北京：国防工业出版社，2003.
[2] 刘选民，李凡. 国外现代战斗机飞行事故[M]. 北京：航空工业出版社，2011.

运、轰机大坡度急转失速问题分析

摘要：结合三起运输机特殊情况下大坡度急转失速事故，分析了运、轰机正常转弯的坡度及操纵特点，以及特殊情况下大坡度急转失速过程和原因，总结了大坡度急转失速的特点。

关键词：运、轰机；失速；大坡度急转；飞行操纵

1 引 言

1993年5月27日，一架C-130飞机从空投区返回，障碍物迫使其反向急转进入狭窄山谷时失速坠毁。

2001年7月3日，一架图-154飞机夜间着陆，以坡度20°～30°左转弯时因发动机功率不足，飞行员拉杆保持高度时出现迎角告警，后将左坡度增至44°，因机头下俯，下降过快，飞行员拉杆粗，飞机失速并进入平螺旋而坠毁。

2010年7月28日，美国空军一架C-17飞机在大坡度右转中，出现失速告警，飞行员继续转弯，进入失速坠毁。

以上是运输机在特殊情况下大坡度急转失速的部分事故。大坡度转弯动作并不复杂，反复出现失速这样的低级错误并导致严重后果，值得深思。由于某型现役轰炸机正常转弯的坡度及操纵特点与运输机基本相同，且失速特性更差，因此一并进行分析。

2 飞机以较大、较小坡度稳定盘旋的操纵动作差异

下面从盘旋操纵动作的层次性特点入手分析。

2.1 盘旋操纵动作的层次性特点

《飞机驾驶学》一书提出了从客观、主观两个层次分析操纵动作的观点：客观操纵动作不可或缺，是主要矛盾；主观操纵动作是为满足某些主观要求附加的，是次要矛盾，可替代或省略。对盘旋来说，尽管单独压杆或蹬舵都能使飞机滚转、产生坡度与向心力；但与蹬舵比，压杆具有形成坡度快、控制更精准的特点，因而是盘旋的客观性动作。实际飞行中为了快速、精准地做无侧滑转弯，在压杆的同时需要协调一致地蹬舵。至于拉杆、加油门，是为满足稳定盘旋等高、等速的主观要求而附加的。操纵动作的层次分析，既与较大、较小坡度稳定盘旋的操纵动作差异有关，也符合“主、次要矛盾辩证统一”的哲学原理，便于深入理解、掌握复杂飞行动作，并为创新飞行动作奠定了方法论基础。

2.2 以较大、较小坡度稳定盘旋时操纵动作的差异

2.2.1 稳定盘旋所需过载随坡度变化的特点

稳定盘旋的过载与坡度的关系为 $n_y=1/\cos\gamma$。据此可作出两者的变化关系曲线，如图 1 所示。

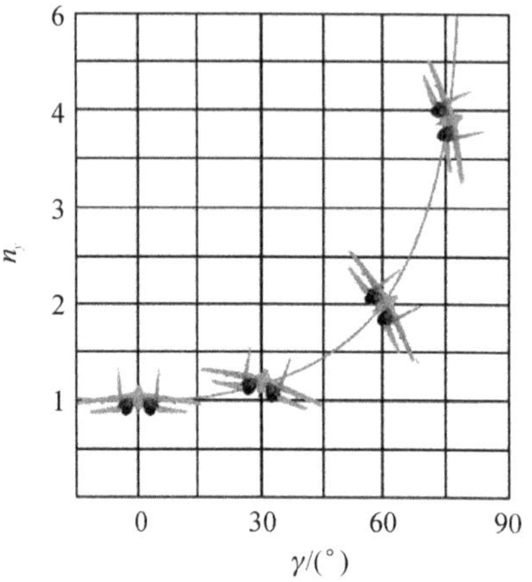

图 1 盘旋的过载随坡度的变化关系曲线

表 1、图 1 均表明，稳定盘旋中不同坡度范围内过载增大的幅度并不相同：在较小坡度范围过载增大很小，在较大坡度范围过载增大很大；坡度越大，这种特点越明显。

表 1 盘旋坡度意外增大 10°时高度损失随时间的变化

t/s	5	10	15	20	25	30
ΔH/m	1.86	7.44	16.7	29.7	46.5	66.9

2.2.2 以较大、较小坡度稳定盘旋时操纵动作的差异

由于以较小坡度盘旋，过载随坡度增加很少，即使不拉杆增加过载，高度损失也很少，影响很小。为减轻操纵负担，实际飞行中对盘旋操纵动作做了简化，如运、轰机盘旋坡度通常都较小，因而省略了拉杆、加油门，只需压杆、蹬舵；其他机型做大坡度的盘旋时，坡度超过一定值后才拉杆并加油门。可见，与较大坡度稳定盘旋相比，较小坡度时操纵动作省略了拉杆、加油门这两个主观性动作。

3 运输机特殊情况下大坡度急转失速过程、原因分析

综合分析相关事故，可得到上述运输机特殊情况下大坡度急转失速过程及原因的规律。

3.1 坡度增大后未及时拉杆、加油门，导致高度急降、俯角剧增

未及时拉杆、加油门的诱因主要有两方面。

一是“本能反应”的影响。因为运输机飞行员仅在教练机训练阶段进行一定的大坡度转弯训练，到部队后通常只做坡度不超过 30°转弯，因而随时间推移，大坡度转弯所需的拉杆、加油

门这两个主观性动作的印象必然不断弱化；同时，小坡度转弯时压杆、蹬舵的操纵动作经过长时间反复强化，固化下来近乎成为“本能”。所以紧急情况下大坡度急转时极易按“本能”做出反应而未能及时拉杆、加油门。

二是受坡度意外增大后高度损失“先慢后快”动态特点的误导。因为盘旋坡度意外增加后，如果不及时拉杆、加油门，由于升力的垂直分力小于飞机重力，在垂直方向具有自由落体的特点。假定盘旋坡度意外增大 10°，高度损失 ΔH 随时间变化的近似计算结果如表 1 所列。

可见，高度损失与时间的平方成正比，呈“先慢后快”的特点。这就容易导致偏差初期因下降率小，飞行员难以及时发现；随时间推移，下降率与高度损失显著增加，极易导致严重后果。1996 年 2 月 4 日，一架 B－52 在进行飞行表演时，飞行员霍兰德中校为炫耀技术，违规在 75 m 高度大坡度绕塔盘旋而坠地爆炸。

3.2 飞机高度急降、俯角剧增后，粗猛拉杆导致失速

此时粗猛拉杆的原因主要有两方面：一是在高度急降、俯角剧增的情况下，飞行员因过度紧张而粗猛拉杆；二是拉杆后飞机“响应慢、停止慢”特点的影响。因为多数运输机的重量与转动惯量较大，拉杆后飞机具有“响应慢、停止慢”或“开始不愿动、动起来不愿停”的特点。针对“响应慢”的特点，正常情况下飞行员都能把握分寸，及时柔和拉杆；但紧急情况下过度紧张就容易粗猛拉杆。同时，由于“停止慢”的特点，粗猛拉杆后，迎角易明显增加而进入“反区”，使速度显著减小，高度进一步下降；这又易导致继续错误拉杆，即速度减小，高度下降与粗猛拉杆形成恶性循环，最终导致失速。

3.3 失速后未能及时正确处置，导致严重后果

改出失速的基本原则：平、中，即推杆至中立附近，减小迎角，并保持副翼和方向舵中立，待速度增加，抖动消失后柔和拉杆转平飞。可见，改出失速的动作本身并不复杂，但失速毕竟是一种反常、复杂状态，对处置的要求仍较高。就涡桨运输机看，需要注意以下问题：一是失速后在俯仰稳定力矩作用下机头下俯时，切忌“本能”地错误拉杆；出现倾斜后，禁止“本能”地反向压杆。二是不要过早加油门，否则螺旋桨滑流和进动作用会引起状态不稳。需注意的是，由于运输机飞行员缺乏系统、深入的失速教育，特别是没有专门的失速训练，特殊情况下极易出现错误的“本能反应”。

需要说明的是，与涡桨运输机比，某型现役轰炸机的失速特性更差。因为该机采用后掠翼布局，迎角大于抖动迎角时，“翼尖效应”使焦点前移，超过失速迎角。由于迎角静不稳定，机头会自动上仰，使迎角急剧增大，加剧了失速与状态恶化。

4 着陆状态大坡度急转失速的特点

统计表明，运输机着陆时出现大坡度急转失速事故的概率较高，原因涉及以下两方面。一是放襟翼后失速特性明显变差。以某型涡桨运输机为例，试飞证明，0°襟翼，失速前有警告性抖动，失速后机头下俯；15°襟翼，警告较 0°襟翼晚，失速后下俯和倾斜同时出现；30°襟翼，抖动后立即失速，有上仰趋势，坡度交替变化，抖动剧烈，驾驶杆摆动。二是着陆四转弯是下降转弯；加之，高度意外损失“先慢后快”，不利于及时发现高度偏差；而着陆时高度低、且不断降低，

一旦发现高度偏差，易过度紧张而粗猛拉杆。某型现役轰炸机也存在同样问题。

5 结束语

运、轰机紧急情况下大坡度急转失速问题涉及机型特点、特殊飞行情境及飞行员的“本能反应”、认知等诸多因素。其中，错误“本能反应”又与认知、操纵习惯等因素有关，影响较大。因而应加强针对性学习与研究，为用理性战胜“本能”奠定基础。鉴于此问题的特殊性，尤其应强化底线思维，深入分析冰霜雨雪等复杂天气、低空夜间水上或山区等特殊环境、发动机异常等特殊情况的不利影响，做好风险评估，通过模拟飞行、实际训练等方法强化大坡度盘旋操纵要领，有效提升安全水平。

参考文献

[1] 丁邦昕. 飞机驾驶学[M]. 北京：蓝天出版社，2004.
[2] 刘选民，李凡. 国外现代战斗机飞行事故[M]. 北京：航空工业出版社，2011.

专题 4

直升机飞行原理典型问题研究

某型直升机异常离地状态的尾桨涡环特性分析

摘要：为弄清某型直升机连续发生的两起异常离地后加速快转事故的原因，根据直升机尾桨涡环的机理，结合事故直升机的状态特点进行了计算、分析，有关参数计算结果与事故直升机飞参记录的数据一致。研究表明，由于该型机在地面处于尾桨小拉力状态时，进入尾桨涡环的临界偏转角速度小，因而异常离地时一旦意外偏转，尾桨涡环易进、难改，即尾桨涡环特性显著变差。经分析，提出了相关应对措施，有利于提高该型机的起降安全水平。研究结论对其他类似机型也有参考价值。

关键词：直升机尾桨小拉力状态；尾桨涡环；异常离地；加快旋转；飞行安全

1 引 言

某型直升机 2018 年、2019 年连续发生了两起在着陆接地后因特殊情况异常离地、加速快转而导致的飞行事故。有关视频资料表明，国外也多次发生此类事故，且状态变化具有共性。由于直升机的着陆偏差等特殊情况难以完全避免；加之直升机在舰上、水面上空、野外起降时，因扰动气流等因素导致状态不稳，也可能出现异常离地，因而对此类事故的防范应引起足够重视。直升机异常离地后容易出现加速快转、难以制止的原因及预防措施，是飞行员非常关心的问题。经查阅，部分直升机飞行理论教材[1-4]、有关机型的技术资料对这些问题未加介绍、分析，飞行员认识不清。对此应引起关注，采取措施加以应对。鉴于一旦直升机在低空出现持续快速偏转现象后风险极高，本文结合有关事例就这些问题进行计算与分析。

2 某型直升机两起典型事故介绍

2.1 事故过程

事故 1：2018 年 11 月 13 日，某型直升机在着陆接地后飞行员关断自动驾驶仪，直升机滑行过程中状态不稳，飞行员增加总距离地。直升机离地后加速向右偏转，最后带坡度坠地。

事故 2：2019 年 3 月 17 日，某型直升机正常着陆后向停机坪滑行，因在左转弯对正停机位置的过程中前轮未摆正，飞行员修正前轮位置时上提总距杆过量，直升机离地并右偏；离地后带左坡度加速右偏约一圈半后（此过程中直升机离地面最高 3.3 m）触地，并继续向右偏转约 180°后坠地。

2.2 事故直升机的状态特点

上述事故中直升机状态变化的共性特点是：异常离地后加速右转、难以改出。以事故 2 为例，飞参数据表明，该机地面滑行中总距从 10°开始增加到 15°，直升机离地的后的 3 s 内，平均偏转角速度为 16°/s,随后的 4 s 内,平均偏转角速度迅速增加至 55°/s。

3 事故中直升机的状态特点分析

飞参数据表明,两起事故中直升机异常离地、出现右偏转后,偏转角速度均持续增大。考虑到事故当日直升机在空中一切正常,而某型直升机旋翼为左旋(俯视),出现难以制止的向右快速偏转,可初步判明在旋转过程中尾桨进入涡环状态。为分析其具体特点,下面首先计算两种不同条件下尾桨涡环的临界偏转角速度。

3.1 尾桨涡环的临界偏转角速度计算

单旋翼直升机在悬停回转和侧飞等情况下,尾桨可能会进入涡环状态[5]。由于尾桨涡环和旋翼涡环的机理和成因相同,可根据旋翼涡环边界的高-辛判据确定尾桨涡环边界[6]。就上述事故看,进入尾桨涡环是直升机在垂直上升中偏转引起,因而通过以下计算确定某机在垂直飞行状态下,尾桨涡环对应的临界偏转角速度[5]。

旋翼轴扭矩

$$Q_R=\frac{P\times 1000}{n_R(2\pi/60)},\mathrm{N\cdot m} \tag{1}$$

尾桨拉力

$$T_{wj}=\frac{Q_R}{L},\mathrm{N} \tag{2}$$

尾桨拉力系数

$$C_{wj}=\frac{T_{wj}}{0.5\rho(\Omega_{wj}R_{wj})^2\pi R_{wj}^2} \tag{3}$$

尾桨的诱导速度

$$v_{wj}=\frac{\sqrt{C_{wj}(\Omega_{wj}R_{wj})^2}}{2},\mathrm{m/s} \tag{4}$$

尾桨涡环的临界诱导速度

$$v_{wjlj}=0.28v_{wj},\mathrm{m/s} \tag{5}$$

尾桨涡环的临界旋转角速度

$$w_{lj}=\frac{57.3v_{wjlj}}{L},(^\circ) \tag{6}$$

式(1)中,发动机轴功率 P 根据旋翼扭矩的百分比计算,旋翼扭矩来自该机训练中的飞参数据。对某型直升机,旋翼转速 $n_R=210$ r/min,尾桨转速 $\Omega_{wj}=988.95$ r/min,半径 $R_{wj}=4$ m,尾桨轴到重心的距离 $L=5.1$ m。

为便于通过对比分析事故原因,取两种情况加以计算:直升机着陆接地后低总距、尾桨小拉力状态;空中悬停高总距、尾桨大拉力状态。

某型直升机不同条件下尾桨涡环的临界偏转角速度 w_{lj} 计算结果如表 1 所列。

表 1 某型直升机尾桨涡环的临界偏转角速度

初始状态	Q_R	P/kW	v_{lj}/(m·s^{-1})	w_{lj}/(°·s^{-1})
空中悬停 G=11.2 t	69%	1 738	2.8	31.5
地面滑行	20%	504	1.5	16.9

可见，空中悬停状态尾桨涡环的临界偏转角速度为 31.5°/s，地面滑行状态仅为 16.9°/s，即某型直升机异常离地过程中容易进入尾桨涡环。

3.2 事故直升机的状态特点分析

某型直升机在地面滑行状态的临界偏转角速度为 16.9°/s。以事故 2 为例，飞参数据显示，直升机离地后最初 3 s 的平均偏转角速度为 16°/s，这表明该机异常离地后，很快接近并随后超过了临界偏转角速度，进入了尾桨涡环状态。此结论还可进一步做如下分析。

如上述，事故直升机离地后的状态变化特点主要包括两个方面：直升机加速快转、飞行员反向蹬舵难以改出。其原因包括两个方面。

首先，直升机异常离地往往由状态不稳等特殊情况导致，飞行员因缺乏足够的心理准备而情绪紧张，上提总距杆易多、易快；且难以像正常情况下协调一致地蹬舵制偏、甚至来不及蹬舵，容易导致直升机离地后较快偏转。而如上所述，在地面尾桨处于小拉力状态时，尾桨涡环对应的临界偏转角速度较小，直升机一旦较快偏转，尾桨很快就会进入涡环状态，使尾桨拉力进一步减小，偏转进一步加快。其次，在直升机离地过程中飞行员增加总距后，发动机分配给尾桨的功率也相应增加；如果此时飞行员反向蹬舵制止偏转，也会使尾桨的功率增大。即直升机异常离地后随偏转角速度增大，尾桨的功率与诱导速度也增大，尾桨则会持续处于涡环状态且强度不断增大，因而向反方向蹬舵难以制止直升机快速偏转。

3.3 异常离地状态下的尾桨涡环特性

上述分析表明，直升机异常离地状态下的尾桨涡环易进、难改，涡环特性显著变差，具体表现为以下两点。一是由于在地面尾桨处于小拉力状态时，尾桨涡环的临界偏转角速度较空中悬停状态的小近 1/2，即更容易进入尾桨涡环状态。二是异常离地进入尾桨涡环后，如果飞行员蹬舵制止偏转，会使尾桨功率与尾桨涡环的临界偏转角速度增大，同时直升机偏转角速度迅速增大，导致尾桨持续处于涡环状态且强度不断增大，即蹬舵难以制止直升机快速偏转。由于单旋翼直升机的尾桨涡环机理相同，此结论对其他类似机型也适用。

需要说明的是，在已看到的国内外的直升机理论教材[1,7-8]、直升机(尾桨)涡环研究论文[9-10]中，尾桨涡环状态都仅限于空中悬停转弯、大侧风条件下悬停或小速度飞行、侧飞等大功率状态；至于异常离地状态下的尾桨涡环问题，未曾见到，飞行员对此问题了解、重视不够，因而应采取有效措施加以应对。

4 预防某型直升机异常离地事故的操控措施

由于某型直升机异常离地状态下尾桨涡环特性显著变差，表现为易进难改、加速快转，加之此时高度低、处置余地小，风险很高，因而保证飞行安全的关键是预防，而飞行员又是预防的重点环节。

根据此类事故形成的事故链：接地后状态偏差或不稳→异常离地→杆舵操纵不协调、直升机加速快转进入尾桨涡环状态→失控坠地，以下从操控的角度提出三方面预防措施。

(1) 由于着陆接地后状态不稳是导致异常离地的诱因，因而应注重完善着陆操纵程序，尽量避免着陆接地后状态不稳定现象。如着陆接地前出现摇晃、振动等情况，应及时控制、视情复飞；垂直着陆接地后，应确保在直升机无前后位移且总距较低的情况下再断开自驾。

(2) 接地后状态急剧变化时尽量避免异常离地。因为直升机在垂直离地前后受力很复杂，正常起飞时为保证直升机稳定地垂直离地，特别是为预防离地过程中快速偏转，对总距和脚蹬操纵协调动作有很高要求，具体规定是：上提总距杆应柔和，并视情调整上提总距杆的速度，根据总距位置和机头变化趋势决定蹬舵时机和量；接近离地，上提总距杆特别柔和，注意判断离地时机。其中，根据飞行经验，离地时机的判断依据是：直升机飘飘欲起，有离地趋势；机头有偏转的趋势；直升机抬头、倾斜。可见，正常情况下直升机垂直离地过程中的操纵属于精确操纵。而紧急情况下异常离地，往往没有充分地思想准备，加之情绪紧张，很难做到协调操纵。因此，应尽量避免异常离地，特别要尽可能避免在特殊平台、复杂地形、扰动气流条件下着陆时异常离地。因为此时异常离地，不仅容易导致直升机加速快转，而且离地过程中如果出现大坡度与大的旋翼拉力力矩，加剧机体倾斜，容易导致直升机翻倒。

(3) 飞行员杆舵操纵不协调是异常离地进入尾桨涡环的直接原因。因此，在地面修正状态偏差时，重点是柔和上提总距杆，关键是总距与脚蹬协调操纵。需强调的是，由于直升机的总距杆、驾驶杆、脚蹬之间的协调操纵复杂、难度大，且操纵灵敏度高，垂直飞行和小速度飞行时稳定性弱，因而对操纵动作的协调性、柔和性要求很高。作为一名直升机飞行员，既要注重培养树立"柔和、协调"的操纵品质，更要立足于自驾故障或未接通、"联动操纵"效能下降等复杂情况，强化"柔和、协调操纵是直升机操稳特性的根本要求，也是特殊情况下避免飞行状态剧变的关键"的理念，将"柔和、协调"的良好操纵品质固化为"本能"性习惯、升华为科学素养。

5 结束语

(1) 如前述，有效预防、避免异常离地是避免此类事故、保证安全的关键。为此，应及时补充、完善某型机的教材和技术资料，加强教育、提高认识，增强防范意识，注重飞行前准备，提高应急处置能力。

(2) 加强检查、维护，保证"联动操纵"机构正常发挥作用。某型机采用了总距—纵向、总距—横向和总距—方向的联动机构，明显减轻了飞行员协调操纵的负担。但由于机械装置难免存在安装误差、空行程、损伤等情况，可能使"联动操纵"的作用显著下降，进而对此类特情产生不利影响。因而应加强检查、维护，保证"联动操纵"正常发挥作用。

(3) 完善设计，增加直升机的总距杆操纵限制功能。由于总距杆同时控制着旋翼的总距、转速、拉力及发动机功率，决定着飞行性能、旋翼气动特性和飞行状态，且总距杆与脚蹬、驾驶杆的操纵均有关联，因而更强调柔和操纵。实践证明，在紧急情况、边界状态下飞行员操纵总距杆容易过粗，除异常离地外，还可能诱发旋翼失速、旋翼涡环、发动机超扭等险情，对飞行安全影响极大。因此，可借鉴先进固定翼战机飞控系统的极限状态限制(如通过控制率进行软限制或通过增加杆力进行硬限制等)功能，完善设计，对操纵总距杆的速度进行限制，最大限度地实现“无忧虑”操纵。这对发挥直升机性能、保证安全有普遍意义。

参考文献

[1] 徐道琦.直升机飞行原理[M].北京:海潮出版社,2002.
[2] 王永虎.直升机飞行原理[M].成都:西南交通大学出版社,2017.
[3] 苏峰等.直升机飞行力学[M].北京:海潮出版社,2010.
[4] 张雅铭,张苇.直升机基本原理[M].郑州:河南科学技术出版社,2012.
[5] 汤连刚,朱宇,李显耀,等.直升机尾桨涡环飞行试验研究[J].飞行力学,2008,26(5):63-66.
[6] 高正.直升机空气动力学的最新成果[M].北京:航空工业出版社,1999.
[7] A M 沃洛特柯.直升机实用飞行原理[M].北京:海潮出版社,1992.
[8] 普拉蒂.直升机性能及稳定性和操作性[M].高正,译.北京:航空工业出版社,1990.
[9] 孙文胜,马鸿儒.直升机尾桨涡环边界的计算[J].飞行力学,2014,32(02):126-128.
[10] 陆洋,高正,黄文明,等.直升机涡环状态边界的飞行试验研究[J].南京航空航天大学学报,2001,33(5):405-409.

共轴式直升机涡环状态特性有关问题分析

摘要：共轴式直升机涡环形成的机理与单旋翼直升机的相同，但涡环强度、涡环边界、有关现象特别是改出动作等方面存在差异。根据国内外有关共轴式直升机上下旋翼气动干扰的风洞实验和理论研究结果，分析了共轴式直升机涡环强度的特点；根据某型共轴式直升机涡环边界的试飞数据，确定并分析了其涡环上边界基本参数 $\tilde{V}_{cr}(90°)$，并根据共轴式旋翼经典理论中的模型 A，计算了该机悬停状态等值旋翼的平均诱导速度 v_{hpj} 及 $V_{cr}(90°)$；分析了共轴式直升机进入涡环后旋翼转速增加的原因；最后分析了共轴式直升机改出涡环动作中“减小总距”问题。

关键词：共轴式直升机；涡环特性；改出动作

1 引 言

共轴式直升机的涡环特性与单旋翼直升机的涡环特性存在很多共性；同时，由于旋翼结构与气动特性的差异，共轴式直升机进入涡环后上、下旋翼的涡环强度、涡环边界、旋翼转速的变化及改出动作也有一些明显差异。俄罗斯卡莫夫设计局在共轴式直升机的研制中一直处于世界领先地位。该局早在 1957 年就在 K－15 直升机上进行了共轴式直升机涡环状态飞行试验。随后，相继在 K－25，K－26，K－32 和 K－50 直升机上进行了涡环状态的理论研究、风洞实验和试飞。

鉴于涡环状态对直升机飞行安全影响极大，共轴式直升机涡环特性具有自身特点，而国外资料对相关特点未做解释、分析；国内也尚未见到对共轴式直升机涡环特性的研究。本文参考国内外实验、理论研究结果及试飞数据，研究了共轴式直升机涡环特性的有关问题。

2 共轴式直升机涡环强度的特点

2.1 共轴式直升机上、下旋翼涡环强度特点

共轴式直升机上、下旋翼之间的气动干扰，导致其上旋翼的涡环强度较强，下旋翼的较弱。其原因可从两个方面入手分析。

第一，上、下旋翼的诱导速度大小与进入涡环时机及涡环强度的差异。风洞试验表明，共轴式直升机悬停时，上旋翼尾涡直接穿过下旋翼而进入下旋翼，其尾涡下洗实际是两个旋翼共同作用的结果，因而下旋翼的诱导速度较上旋翼的大。

共轴式直升机垂直下降和小速度下滑时，上旋翼对下旋翼的干扰减小，但基本趋势和上述结论不变，即下旋翼的诱导速度也较上旋翼的大，进入涡环的时机较上旋翼晚，即上旋翼进入涡环“危险区”后，下旋翼的仍处于涡环“过渡区”，强度较弱。

第二，上、下旋翼的拉力系数与涡环强度的差异。风洞试验表明，悬停状态，上下旋翼的拉

力系数比 $C_{T\text{xia}}/C_{T\text{sh}} \approx 0.86$。在垂直下降和小速度下滑时，由于下旋翼的大部分桨盘面积是在上旋翼尾涡中运转，下旋翼排压的空气大部分预先已有了一定的轴向速度，在继续被向下排压的过程中，受到的作用力较小，因而下旋翼拉力系数即上下压力差比上旋翼更小。如K-××直升机在上下旋翼反作用力矩相等条件下，上下旋翼的拉力比 $T_{\text{sh}}/T_{\text{xia}} \approx 1.2$。加之，在涡环状态中上旋翼下方的堆积气流及向上翻转运动的存在，都影响了下旋翼下方气流向上翻转，因而下旋翼涡环强度也较弱，涡环状态特点就轻微得多。

正是由于共轴式直升机上、下旋翼的涡环强度不同，在涡环状态时上、下旋翼的拉力特性也不同。根据共轴式旋翼模型的风洞试验，在涡环状态时，上旋翼的拉力系数出现忽大忽小变化。而下旋翼的拉力系数变化很小，这是共轴式直升机涡环状态的典型特征之一。

2.2 共轴式直升机与单旋翼直升机涡环强度的差异

飞行试验和风洞试验证明：共轴式直升机的涡环现象在程度上较轻微[1]。其原因是，共轴式直升机的拉力由两幅旋翼分别产生，若飞行重量与单旋翼直升机的相同，共轴式直升机每幅旋翼的拉力即旋翼上、下表面的压力差近似为单旋翼直升机的1/2，旋翼下方的气流向上翻转的作用力小得多，因而其涡环强度也较单旋翼直升机的小。

3 共轴式直升机涡环上边界对应的临界垂直下降率

根据典型的涡环边界判据——Peters 判据中的描述，涡环形成的本质原因是：相对来流对尾流的挤压作用。无疑，共轴式直升机涡环的形成机理与单旋翼直升机的相同。因此，两者涡环边界的表示也相同：都取决于空速分量 V_y 和 V_x 的大小和比值或下滑角。其中，临界垂直下降率 $V_{\text{cr}}(90°)$ 或 $\widetilde{V}_{\text{cr}}(90°)$ 是直升机涡环上边界的基本参数。

飞行试验证明，对单旋翼直升机：$V_{\text{cr}}(90°)=0.28v_{\text{h}}$，即 $\widetilde{V}_{\text{cr}}(90°)=0.28$。以下确定共轴式直升机的临界垂直下降率。

3.1 共轴式直升机的 $\widetilde{V}_{\text{cr}}(90°)$

图1是共轴式直升机涡环边界的试飞结果。

图1表明，共轴式直升机的 $\widetilde{V}_{\text{cr}}(90°)$ 大于0.32，较单旋翼直升机的大。这说明在 v_{h} 相同的条件下，共轴式直升机进入涡环的初始下降率更大，即更不容易形成涡环。

其原因如前述，若共轴式直升机飞行重量、旋翼拉力与单旋翼直升机的相同，共轴式直升机每副旋翼上、下表面的压力差近似为单旋翼直升机的1/2，因而对同样的下降率，旋翼下表面堆积的气流更不容易从旋翼下表面绕边缘翻上去而形成涡环。

需特别说明的是，不同型号的共轴式直升机，$\widetilde{V}_{\text{cr}}(90°)$ 不同，如图1所示。这一特点与单旋翼直升机也不同。其原因是，不同型号的共轴式直升机的旋翼的外形特点、气动特性及上、下旋翼的间隔不同。因此，不像单旋翼直升机那样存在通用的 $\widetilde{V}_{\text{cr}}(90°)$，具体机型的 $\widetilde{V}_{\text{cr}}(90°)$ 需通过试验确定。

3.2 共轴式直升机悬停时的旋翼平均诱导速度 v_{hpj}

俄学者根据共轴式旋翼经典理论，建立了 A，B，C，D 四个共轴式旋翼模型，以单旋翼的动量定理为依据，确定诱导速度和气动力、力矩。v_{hpj} 可根据模型 B 求得。

模型 B 以单旋翼的动量定理为依据，将共轴式旋翼视为带双层充填的等值单旋翼。等值单旋翼的直径与共轴式旋翼的相同，拉力等于上、下旋翼拉力之和，其填充系数等于共轴式旋翼的填充系数。

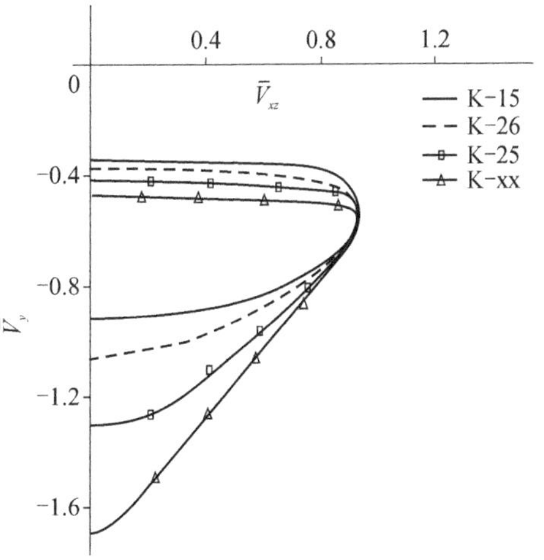

图 1 共轴式直升机涡环边界试飞结果

根据模型 B 理论有

$$v_{hpj}=\kappa_{gzh}v_h=\kappa_{gzh}\frac{1}{2}\Omega R\sqrt{\frac{C_T}{\kappa}} \tag{1}$$

式(1)中，κ_{gzh} 为考虑上下旋翼相互影响而引入的共轴系数，K－××直升机在悬停状态 $\kappa_{gzh}\approx 0.96$

拉力系数 C_T 为

$$C_T=\frac{2T}{\rho_h(\Omega R)^2\pi R^2}=\frac{2P}{\rho_h(\Omega R)^2} \tag{2}$$

由式(1)和式(2)可得

$$v_{hpj}=\kappa_{gzh}\frac{1}{2}\sqrt{\frac{2P}{\kappa\rho_h}} \tag{3}$$

式中，$P=T/(\pi R^2)$。

3.3 K－××直升机的 $V_{cr}(90°)$

对 K－××直升机，由图 1 可知

$$\widetilde{V}_{cr}(90°)=0.443 \tag{4}$$

因此，该机

$$V_{cr}(90°)=\widetilde{V}_{cr}v_{hpj}=0.443v_{hpj}=0.2126\sqrt{\frac{2p}{\kappa\rho_h}} \tag{5}$$

K－××直升机 $G=12\ 000$ kg，在标准大气条件下，$v_{hpj}=15.56$ m/s，对应 $V_{cr}(90°)=6.89$ m/s。该计算结果与该机预防进入涡环的数据一致。

4 共轴式直升机进入涡环后旋翼转速的变化特点

与单旋翼直升机不同，共轴式直升机进入涡环后旋翼转速会自动增加，此现象也是判断涡环的依据之一，但在国外有关资料中没有分析其原因。

旋翼转速从根本上取决于其能量转化或功率平衡特点。直升机进入涡环后，一方面，由于旋翼周围气流紊乱，旋翼消耗的功率增加，使旋翼转速减小；另一方面，直升机下降高度，部分势能转化为旋翼的动能，其气动原理与直升机自转下降中通过势能转为旋翼动能来旋翼稳定自转相同。

与相同飞行质量的单旋翼直升机相比，由于共轴式直升机旋翼半径较小，v_{hpj} 必然较大；其次，共轴式直升机的 $\widetilde{V}_{cr}(90°)$ 较单旋翼直升机的大，因而共轴式直升机的 $V_{cr}(90°)$ 大得多，即进入涡环后势能释放也大得多。取 K－××直升机飞行重量 $G=12\ 000$ kg；该机涡环上下边界对应的下降率为 7.18～25 m/s，取涡环状态“危险区”的平均下降率 $V_y=16$ m/s，则势能减小转换成的功率为

$$N_{zhh}=GV_y/75=2\ 560\ \text{ps}^{①}$$

K－××直升机单台发动机的起飞功率为 2 200 ps。可见，共轴式直升机涡环状态中势能减小转换成的功率很大。另一方面，如前述，共轴式直升机涡环的强度较弱，旋翼所需功率增加较少。综合直升机势能释放和旋翼所需功率增加两方面因素，共轴式直升机进入涡环后容易出现转速自动增大的现象。需说明的是，涡环状态旋翼转速增大并不意味着旋翼的拉力也增大。

5 对共轴式直升机涡环改出动作中“减小总矩”的分析

单旋翼直升机和共轴式直升机改出涡环的方法存在很多共性，但两者也存在差异：共轴式直升机改出涡环方法中，有“减小总距”的要求。有关资料既未分析其原理，也未规定其条件和时机。涡环多出现在低空，而共轴式直升机涡环状态的下降率大、处置余地小，所以涡环改出动作非常关键，以下专门分析“减小总距”问题。

5.1 涡环状态旋翼周围的流场特点

5.1.1 环状气泡周期性破裂导致旋翼周围气流紊乱

无论是单旋翼还是共轴式直升机，涡环状态对飞行安全最大的影响都是：由于旋翼周围流场紊乱，导致直升机振荡、摇晃，旋翼拉力脉动，特别是操纵性变差，甚至失控，比如提总距难以减小下降率，俯仰和滚转姿态角难以控制。

5.1.2 共轴式直升机涡环状态后行桨叶气流分离更剧烈

如前述，共轴式直升机进入涡环“危险区”后的下降率较单旋翼直升机大得多，加之涡环状态都是在悬停和小速度下滑时进入，此时旋翼的总距本来就较高，因而在涡环状态“危险区”后行桨叶气流分离程度较单旋翼直升机的更剧烈。

5.2 改出涡环时减小总距的必要性

共轴式直升机进入涡环后，因环状气泡周期性破裂和后行桨叶气流分离剧烈，桨叶的正常挥舞规律会被破坏，除存在与单旋翼直升机涡环状态相同的不利影响外，还容易出现上下旋翼危险接近甚至碰撞的现象。特别是小速度转弯时因桨叶挥舞幅度大，桨盘载荷大，一旦进入涡环后拉力脉动大，所以上、下旋翼桨叶碰撞的可能性更大。1985 年一架 K－50 直升机在转弯过程中坠毁。调查表明，当该机以较小速度做大坡度转弯时，遭遇较大阵风，进入涡环并导致

---

① 功率单位，1 马力(ps) = 735.5 瓦(W)。

旋翼交叉碰撞。

共轴式直升机涡环改出时，通过适当减小总距可减弱旋翼流场紊乱程度。因为，模型试验及飞行试验表明：在涡环状态，拉力脉动的幅度随桨盘载荷的增大而增大。而桨盘载荷大，实质是发动机的功率大。总之，在涡环状态的“危险区”适当减小总距，可以减弱由环状气泡周期性破裂和后行桨叶气流分离导致的旋翼流场紊乱与拉力脉动。

5.3 改出涡环时减小总距的时机

以上分析表明，改出涡环时减小总距的动作仅限于涡环状态的“危险区”。注意，在涡环状态的“过渡区”，不能减小总距；否则，会加速直升机进入“危险区”。

在“过渡区”，如果有剩余功率，应柔和上提总距杆。因为，在“过渡区”，旋翼（特别是下旋翼）周围的环状气泡尚未完全形成，桨盘处仍是诱导气流起主要作用，柔和上提总距杆后旋翼拉力会有不同程度增加，下降率可能减小，使直升机退出涡环；也可能下降率基本保持不变，仍处于“过渡区”，此时推杆即可进入“安全区”。

6 结束语

本文根据国内外有关风洞实验和理论研究结果，分析了共轴式直升机涡环强度的特点；计算了某型共轴式直升机涡环上边界基本参数 $\tilde{V}_{cr}(90°)$；分析了共轴式直升机进入涡环后旋翼转速增加的原因及改出涡环动作中“减小总距”问题，对共轴式直升机预防和改出涡环状态有一定意义。

(1) 共轴式直升机上、下旋翼相互干扰，其涡环强度有所不同。其中，下旋翼下方气流总的诱导速度大，进入涡环的时机较晚；且下旋翼的拉力系数小，所以涡环强度较弱。

(2) 用共轴式旋翼经典理论的旋翼模型 B 计算 v_{hpj} 及 $V_{cr}(90°)$ 与实际相符。共轴式直升机 $V_{cr}(90°)$ 较大，较不易形成涡环。

(3) 共轴式直升机的 $V_{cr}(90°)$ 及涡环状态中势能转换的旋翼功率较单旋翼直升机大得多，因而进入涡环后旋翼转速会自动增加。

(4) 在涡环状态“危险区”适当减小总距，可以减弱由环状气泡周期性破裂和后行桨叶气流分离导致的旋翼流场紊乱与拉力脉动，不仅有利于控制状态，且有利于避免上下旋翼的危险接近和碰撞。

参考文献

[1] 高正. 直升机空气动力学的最新成果[M]. 北京：航空工业出版社，1999.

[2] 邓彦敏，陶然，胡继忠. 共轴式直升机上下旋翼桨叶之间气动干扰的风洞实验研究[J]. 航空学报，2003，24(1)：10-14.

[3] 张西，孙杰. 直升机垂直下降时旋翼涡环飞行试验分析[J]. 飞行力学，2010，28(4)：82-84.

对直升机涡环特性及处置的探讨

费景荣

摘要：根据国内外有关的理论、实验和试飞结果，简要分析了涡环状态的形成和特性及其对直升机飞行安全的影响。以此为基础，结合一例飞行事故，重点探讨了改出涡环状态的第一处置动作。分析表明，不宜把上提总距杆作为改出涡环（尤其是典型涡环状态）的第一处置动作；在安全高度以上，以顶杆增速作为改出涡环的第一处置动作更为有利。

关键词：直升机；涡环状态；第一处置动作；上提总距杆；顶杆

1 引 言

涡环状态是直升机在垂直下降或小速度下滑中可能出现的一种危险状态，对飞行安全威胁极大。尽管各种单旋翼直升机涡环状态的形成过程、条件及本质都相同或相似，但不同机型的涡环状态处置程序仍存在较大差异。其中最重要的差异之一是，在有剩余功率的条件下，有的直升机将“上提总距（即油门—变距）杆”作为改出涡环的第一处置动作，而有的则不然。这一差异所导致的后果很可能是极不相同的。

在多数情况下，从特情信号的出现到演变为飞行事故，都有个从量变到质变的过程。飞行员在对特情性质迅速作出正确判断后，实施的第一个处置动作，对不失时机地控制住特情发展的初始环节，防止情况继续恶化，使问题在量变中得以解决，起着至关重要的作用。否则，就可能因第一处置动作未能发挥最大作用而错失良机，人为增大了处置难度。更有甚者，飞行员一开始就对特情信号作的错误反应，实际起到了极为有害的作用。可见，对直升机涡环状态特性的分析，研究改出涡环状态的第一处置动作，是非常必要的。

2 涡环状态的形成及其特点

2.1 形 成

理论和实践都证明，当直升机以悬停时桨盘处诱导速度（v_1）的 25%～125%为下降率[1]，做垂直下降或小速度下滑时，由于直升机的下降率近似等于桨盘处气流向下的合速度，桨尖涡不能被吹离旋翼而堆积在桨盘处。桨盘下面堆积的桨尖涡在桨盘上下表面压力差的作用下，绕过桨盘边缘自下而上转动至桨盘的上面，随后又被排压于桨盘下方，形成涡环。涡环的强弱与直升机下降率有关，在涡环状态初期，下降率较小，在桨盘处堆积的桨尖涡较少，涡环较弱；随着下降率的增大，涡环逐渐增强。

旋翼周围形成涡环后，由于转动的旋翼不断搅动涡环，将能量传给涡环。当涡环的能量积累到足够大时，便发生破裂，将能量释放到周围空气中，造成旋翼周围大范围内的气流紊乱，随后又形成新的涡环,如此循环不止。

前飞速度很小和下降率较大是涡环形成的条件,这两个条件缺一不可。比如,前飞速度足够大时,不管下降率多大,都不会进入涡环状态。可见,涡环状态取决于前飞速度和下降率的组合,即下滑角的情况,只有下滑角处于一定的范围内,才有可能进入涡环状态。

2.2 状态及操纵特点

在涡环状态下,由于涡环的不断形成和破裂,旋翼周围的气流非常紊乱,桨盘的一部分面积变为无效面积。加之消耗于涡环上的功率损失急剧增大,其状态方面主要有以下特点:直升机所需功率增大,典型涡环状态的所需功率比悬停时还大;旋翼平均拉力减小,下降率较大;出现振动,状态不稳。操纵方面的主要特点是操纵效能降低甚至操纵失灵,有时还可能出现反操纵现象。

有些国外文献将涡环状态下所需功率增大的现象称为“功率沉陷”。参考文献[2]提供的一个风洞实验表明,除桨叶无扭度的旋翼模型外,桨叶有扭度的实用旋翼模型,在涡环状态都表现出明显的“功率沉陷”现象。图1为某模型旋翼的总距(W_F)随垂直下降率(v_D/v_1)变化的风洞实验曲线。

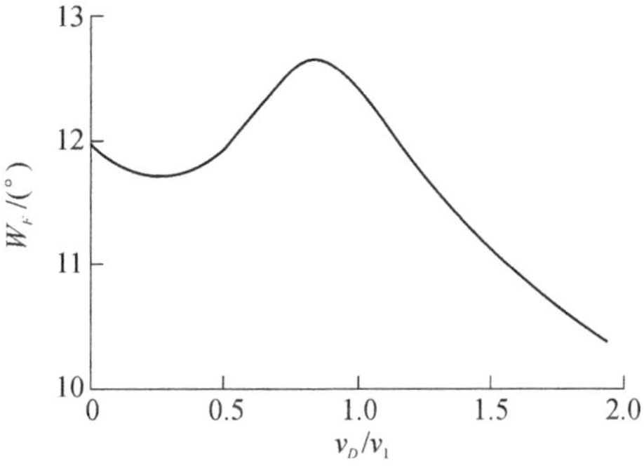

图1 旋翼总距随垂直下降率的变化

如图1所示,前飞速度一定时,不同的下降率对应的涡环强度不同,此时旋翼周围气流的紊乱程度也不同。在涡环状态初期,下降率增加不多,涡环较弱,桨盘处仍以诱导气流为主,尾流有些紊乱,但无明显的振动感觉;当下降率增大至 v_1 的 0.75～1 倍时[1],为典型涡环状态,此时涡环较强,气流最为紊乱,有明显的振动感觉,操纵性能降低甚至失效。可见,涡环状态的特点主要与下降率有关。

在涡环状态下,除了上述特点外,还常常伴有机头下俯的现象。这主要是因为涡环状态下直升机的下降率较大,由此引起的附加向上的相对气流,使旋翼和水平安定面的迎角都较大幅度的增加,而水平安定面受紊乱气流的影响较旋翼小,所以迎角增大后,水平安定面就会产生较大的俯仰安定力矩,使机头下俯。

直升机进入涡环状态后,状态不稳,情况紧急,飞行员很容易按照习惯实施操纵。机头越下俯,飞行员越拉杆,使直升机速度难以增大,下降率难以减小,若此时飞行高度低,就很容易导致严重后果。

3 对“上提总距杆”作为第一处置动作的分析

在涡环状态的不同阶段,首先上提总距杆的作用相差甚远。由图1的曲线可知,在涡环状态的初期,所需功率增加不多,且气流的紊乱程度不太严重,若最大可用功率大于所需功率,首先上提总距杆能不同程度地减小下降率。但在接近或进入典型涡环状态后,首先上提总距杆会产生不良后果。

例如，1997 年 9 月 20 日，某部飞行员驾驶一架直 8 直升机进行换季试飞。8:35 起飞，高度 5 m 悬停检查。8:36 飞行员报告，工作好，请示（垂直上升、下降）机动，指令可以机动。直升机垂直上升高度 80 m，稳定后下放总距，垂直下降至 60m 左右后，指挥员发现下降率增大，即令"操纵动作不要大"。此时，飞行员上提总距稳杆，直升机抖动。8:37 直升机以 3 m/s 的下降率垂直接地，飞行员正常关车。经检查，前起落架顶入机舱，损伤前部机舱；主（左）起落架斜撑杆折断，起落架向外张开；右主起落架斜撑杆折断，顶入机身，8550 框损伤，起落架向外张开。

根据事故记录可知，直升机垂直下降至 60 m 高度，飞行员得知下降率大（进入涡环状态初期）后，首先上提总距杆，使直升机抖动，状态恶化。这说明，首先上提总距杆不仅未能有效减小下降率，改出涡环，反而加剧了直升机抖动，使状态恶化。另外，直升机垂直接地，说明下降过程中，飞行员没能有效地操纵直升机增速。事故的主要原因为飞行员操纵不当，进入涡环；判断不准、处置不及时，造成垂直接地。

结合这一事故，对接近或进入典型涡环状态后，首先上提总距杆的效果，可做如下分析。

(1) 首先上提总距杆时，操纵动作失效。即上提总距杆不能有效地减小下降率。因为，接近或进入典型涡环状态后，涡环较强，破裂后造成气流紊乱的范围本来就大；而上提总距杆，尽管发动机功率增大，但传给气团的能量也增大，使气团破裂的周期变短，气流愈加紊乱，因而并不能有效地增大拉力。这不仅可从理论上加以论证，而且已为实践所证明。许多文献上都将"……下降率增大，上提总距杆不起作用"或"提总距不能制止下降"作为直升机进入涡环状态后的共同特征加以描述。

(2) 首先上提总距杆使直升机振动加剧、状态恶化。首先上提总距杆，加剧了气流的紊乱，必然使振动加剧，状态恶化，操纵效能降低甚至失效，上述事故就可证明这一点。而这些现象，尤其是操纵失效正是险情发展至巅峰的主要特征。

(3) 首先上提总距杆，可能使直升机陷入涡环状态而不能自拔。对多数直升机来说，很难保证各种条件下的最大可用功率都大于涡环状态下的最大所需功率。根据图 1 的曲线可知，在涡环状态下，首先上提总距杆增大功率后，如果可用功率仍小于最大所需功率，功率平衡点对应的下降率就正好位于功率沉陷区内，下降率只在一定范围内做小量变化，直升机也就相应稳定在某一特定涡环状态的范围内，即陷入涡环状态而不能自拔。反之，若不首先上提总距杆，因此时所需功率比可用功率大得多，下降率会连续增大，直升机不可能稳定在某一特定的涡环状态。

只有在涡环状态初期，才可把上提总距杆作为第一处置动作。由于下降率增大和振动是判断直升机开始进入涡环的主要依据，因此需要明确规定涡环状态初期的下降率范围，这显然有一定难度。况且，一方面，在涡环状态初期，直升机下降率增加较小，也无明显的振动，飞行员容易忽视；另一方面，直升机一旦进入涡环状态，下降率增加又较快，尤其在一些特殊情况和复杂状态下，当飞行员或指挥员发现下降率增大时，可能已接近甚至进入典型涡环状态。而此时首先上提总距杆，不仅不能制止下降，反而使状态恶化，操纵效能降低，延长改出时间，损失高度，这是飞行安全之大忌。可见，涡环状态初期的下降率范围不仅难以准确确定，更不易把握。因此，上提总距杆并非改出涡环第一处置动作的最佳选择。

此外，由于在正常情况下，飞行员是通过上提总距杆来减小下降率的。在涡环状态，特别在典型涡环状态下，随着所需功率与可用功率差值的增大，下降率增加较快，加之状态恶化，飞行员极易按正常操纵习惯本能地首先上提总距杆。如果再将上提总距杆规定为改出涡环的第一处置动作，就会人为增大飞行员无视具体情况盲目上提总距杆的可能性，甚至还可能在没有剩余功率的情况下急剧地上提总距杆，造成旋翼严重失速，状态进一步恶化，这是非常危险的。如果飞行员对改出涡环时首先上提总距的危害认识不足，还可能出现“越提状态越恶化，状态越恶化越提”的恶性循环，因而无暇顾及顶杆增速，造成直升机以大的下降率垂直撞地。

4 对顶杆改出涡环的分析

顶杆增速是通过吹散桨盘处堆积的气流来改出涡环的。在涡环状态的初期，因涡环较弱，旋翼周围的气流不太紊乱，顶杆增速有较明显的效果。接近或已进入典型涡环状态时，顶杆增速的效果也较上提总距杆增大拉力的效果明显。因为在涡环状态，上提总距杆失效的主要原因是增加的功率加剧了气流的紊乱，难以有效增大拉力。而顶杆增速只是改变拉力的方向，即改变旋翼锥体的方向，要相对容易一些。尤其是顶杆不像首先上提总距杆那样会产生不利影响。

顶杆改涡环的有效性已为实践所证实。根据文献[2]，某大型单旋翼直升机的涡环状态试飞表明，46.3 km/h(25 kn)的前飞速度就足以使该机避免涡环振动。

改出涡环时，先顶杆增速，而不是先上提总距杆，增大发动机功率，下降率不会增大过多。由图 1 所示的曲线可知，在涡环状态下，随着下降率的增加，所需功率先增加而后又减小。又因垂直飞行和小速度飞行的功率本来就较大，所以，当下降率增大至某一值，所需功率减小到与可用功率平衡时，下降率就不再增加，且随着前飞速度的增加，下降率还会逐渐减小。

综上所述，已有理由把顶杆增速作为改出涡环状态的第一处置动作。但由于在顶杆改出涡环过程中，直升机的下降率仍较大，应有足够的安全高度。根据直升机改出涡环所需要的最小速度和相应的增速时间以及涡环状态下的平均下降率，可估算出顶杆改出涡环所需的安全高度。经估算，米 8 直升机顶杆改出涡环所需的安全高度约为 130 m。但这种估算结果存在一定误差，更准确的数据应由试飞获得。

5 结束语

飞行员必须牢记所驾驶机型进入涡环的最小下降率和最大前飞速度，用上提总距杆的方法减小下降率时一定要确保下降率和速度不处于涡环状态的范围内。一旦确信直升机进入涡环状态，若飞行高度大于顶杆改出涡环的安全高度，应将顶杆增速作为改出涡环的第一处置动作。即采用先顶杆增速至一定值，待振动消失后，再用柔和上提总距杆的方法改出涡环；而不宜采用先提总距，再增速的顺序；尤其要避免只提总距，不增速的错误做法。对安全高度以下和操纵失效的情况，可按现有飞行手册的规定处置。

为了使处置程序更为准确，应通过试飞确定顶杆增速改出涡环状态所需的安全高度。鉴于国外已有此方面的实践，我国应在借鉴国外经验的基础上，进行尝试。

参考文献

[1] 王适存. 直升机空气动力学[M]. 南京：航空专业教材编审组出版，1985.
[2] R W 普劳蒂. 直升机性能及稳定性和操纵性[M]. 高正，陈文轩，施永立，译. 北京：航空工业出版社，1990.

对直升机低空涡环处置动作的理论分析

摘要：直升机低空进入涡环的概率高、改出难度大，而有关资料对此问题的叙述尚不系统、具体。以国内涡环飞行试验研究成果及国内外涡环模型实验结果为基本依据，通过相关分析、计算，将低空涡环的处置分为"过渡区"前、"过渡区""危险区"和接地四阶段，根据上述理论、结合有关事故分析了各阶段的处置动作并得出结论，该结论可供进一步研究时参考。

关键词：低空涡环；处置动作；飞行安全

1 引 言

理论与实践都证明，直升机进入涡环后，如果飞行高度足够，推杆增速即可有效改出；但若高度低于增速所需要的安全高度，尚无有效的改出方法，加之飞行员情绪紧张，极易操纵不当而加重损失。特别是悬停、垂直下降、小速度下滑这些易陷入涡环的状态多处于低空，使得低空进入涡环的概率更高，国内外相关事故证明了这一点。那么，处置低空涡环时，在什么情况下可上提总距杆？什么情况下应保持总距杆不动？能否推杆增速？在涡环中接地如何避免翻倒？这些都是飞行员非常关心的问题。

然而，目前各型直升机手册、守则对上述问题考虑不全面，且有些规定不一致。这也是低空涡环容易发展为事故的一个重要原因。为保证改出低空涡环动作的针对性、有效性和理论依据的可靠性，本文以国内涡环飞行试验研究成果及国内外涡环模型实验结果为基本依据，通过相关分析、计算，将低空涡环的处置分为"过渡区"前、"过渡区""危险区"和接地四阶段，根据上述理论、结合有关事故分析了各阶段的处置动作并得出了结论。该结论可供进一步研究时参考。

2 "涡环边界"的研究成果及有关结论分析

20世纪90年代，南京航空航天大学高正教授等为确定直升机涡环边界，进行了多组模型旋翼涡环状态实验，并用R22直升机进行了飞行试验验证。根据研究结果，将飞行区域分为涡环状态的"安全区"($V_y < -0.28v_{10}$)、"过渡区"($V_y \approx -(0.28\sim0.4)v_{10}$)和"危险区"($V_y \approx -(0.4\sim1.25)v_{10}$)。其中，$v_{10}$为悬停等效诱导速度。

通过试飞，还得到以下重要结论：

(1) 在"过渡区"，安全高度以上推杆增速是有效的改出方法。

(2) 应将航向摆动作为直升机进入涡环"危险区"的首要特征。

(3) 进入涡环后，下降率V_y呈不稳定波动，而非迅速增加，即若不实施改出操纵，直升机不会因V_y增加而自行从下边界退出涡环，而在颠簸中坠地。这不同于以往的有关认识，其原因分析如下。

图1是由涡环状态旋翼模型试验得到的相关曲线。由实验曲线及上述飞行试验结果可知，涡环状态对应的下降率范围可取为$V_y \approx -(0.25\sim1.25)v_{10}$。其中，$V_y = -(0.75\sim1)v_{10}$

时旋翼周围的气流最紊乱，所需功率较大，使下降率增大。但由图 1 可知，当 $V_y > v_{10}$ 后，因直升机逐步退出涡环状态，所需功率减小。而可用功率不变，下降率又会减小，如此循环，便导致 V_y 的不稳定波动。

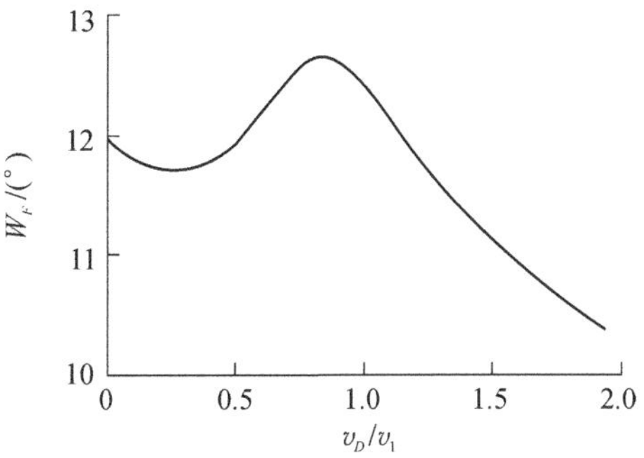

图 1　旋翼总距随下降率的变化

3　临界垂直下降率的计算与分析

"过渡区"内旋翼流场的紊乱程度有限，仍有足够的操纵效率，是低空改出涡环最后阶段。因而，进入"过渡区"的临界垂直下降率是改出低空涡环重要依据。

根据有关研究结果，为留有裕量，取临界垂直下降率为 $0.25v_{10}$。v_{10} 可通过下式确定：

$$v_{10} = \frac{1}{2}\Omega R\sqrt{C_T/\kappa} \tag{1}$$

某型直升机 $R=9.45$ m，$\Omega=207$ r/min $=21.66$ rad/s，桨尖损失系数 $\kappa=0.92$；飞行重量 9 000～13 000 kg。

表 1 是该型机在 80 m 高度以不同重量时悬停的 $0.25v_{10}$ 计算结果。

表 1　某机在 80 m 高度悬停的 $0.25v_{10}$

G/kg	C_T	v_{10}	$0.25v_{10}$
9 000	0.012 3	11.83	2.96
11 000	0.015	13	3.25
13 000	0.017	13.9	3.47

计算结果与该机型预防涡环的最大下降率 3.33 m/s 基本吻合。计算表明，临界垂直下降率与直升机重量有关：重量越轻，临界垂直下降率越小。掌握这一特点对涡环的预防、判断及处置都很重要。

4　低空涡环不同阶段处置动作的对比分析

为增强处置低空涡环的针对性、有效性，应分不同阶段分析。

鉴于低空涡环处置难度大，在"过渡区"之前进行预防性处置是最佳选择。因此，以下先按"过渡区"前、"过渡区"和"危险区"三个阶段，分析处置动作；最后分析一旦以涡环状态接地，如何避免直升机翻倒，尽量将损失降到最低。

4.1　对"过渡区"前"上提总距杆"的分析

4.1.1　"过渡区"前处置的可行性

以上述机型为例，以 9～13 t 的质量垂直下降，进入"过渡区"的临界下降率为 2.96～3.47 m/s。而正常情况下的垂直下降率仅为 0.15 m/s 左右，小速度下滑的下降率仅为 0.25 m/s 左右。可见，从悬停、垂直下降，小速度下滑进入涡环状态，下降率有明显的增加。如果飞行员对低空涡环敏感，就完全能及时发现下降率增大，进而在"过渡区"之前进行处置，实际飞行中这种情况并不少见。

4.1.2　"过渡区"前的处置动作

在"过渡区"之前，一旦发现下降率增大，及时柔和上提总距杆。就能有效避免进入"过渡区”。因为由图 1 可知，在“过渡区”前，即 $V_y<0.25v_{10}$ 时，直升机所需功率小于悬停所需功率，存在一定的剩余功率，及时柔和上提总距杆能有效避免进入“过渡区”。

4.2 对“过渡区”不同处置动作的对比分析

4.2.1 在“过渡区”柔和上提总距杆

柔和上提总距杆虽不一定保证退出“过渡区”，但可避免进入“危险区”。因为据图 1 知，在“过渡区”的前半段所需功率仍小于悬停功率，且此时旋翼周围的环状气泡尚未形成，桨盘处仍是诱导气流起主要作用。此时柔和上提总距杆，旋翼拉力仍会增加，并可能导致两种结果：若上提总距杆得到的最大可用功率大于此时的所需功率，则下降率减小，退出涡环；若最大可用功率等于此时的所需功率，则下降率基本保持不变，处于“过渡区”。如 1997 年 9 月 20 日，一架直 8 换季试飞，垂直上升至 80 m 高度后下放总距，垂直下降至 60 m 左右后，指挥员发现下降率大，即令“操纵动作不要大”，飞行员上提总距稳杆，直升机抖动，最后以 3 m/s 的下降率接地。

4.2.2 在“过渡区”总距杆、驾驶杆均不动

此时，下降率会不断增大甚至进入“危险区”，并不可能自行退出涡环。因为在“过渡区”内，下降率越大，直升机所需功率就越大，若总距杆、驾驶杆均不动，下降率就会持续增大。下降率增加到一定值，必然进入“危险区”。1986 年 9 月 16 日，一架拉玛型 758 号直升机执行吊挂任务时，因机组注意力分配不当，在转弯中速度消失到零也未及时发现，致使下降率越来越大，进入涡环坠地翻倒，导致二等事故。

4.2.3 在“过渡区”柔和上提总距杆同时推杆或仅推杆

直升机会进入“危险区”，并因高度不足、无法改出。因在“过渡区”剩余功率很小，甚至没有剩余功率，上提总距杆同时推杆或仅推杆后，旋翼拉力垂直分力将小于直升机的重力，使下降率增大，进入“危险区”；并因高度不足、来不及充分增速，无法退出“危险区”，导致直升机失控坠地。尤其是推杆可能引起直升机机头下俯坠地，或接地前急剧拉杆使机头急剧上仰，导致更严重的后果。

可见，在低空进入涡环“过渡区”，应首先柔和上提总距杆；若上提总距杆不能退出“过渡区”，则保持总距杆、驾驶杆均不动，并摆好接地姿态。

4.3 对“危险区”不同处置动作的对比分析

4.3.1 在“危险区”总距杆、驾驶杆均不动，摆好接地姿态

由我国涡环边界的飞行试验结果可知，在“危险区”总距杆、驾驶杆均不动，直升机不可能自行退出涡环，最终会失控坠地。

4.3.2 在“危险区”上提总距杆

此时，下降率仍呈不稳定波动，抖动、振动很可能加剧，状态进一步恶化。因为如图 1 所示，在“危险区”，直升机所需功率显著增大，即出现“功率沉陷”，上提总距杆不能产生剩余功率，不能制止下降改出涡环，特别是发动机传给涡环气泡的能量增大，气泡破裂的周期缩短，旋翼周围的气流更加紊乱，抖动、振动加剧，状态恶化。

4.3.3 在“危险区”柔和上提总距杆同时推杆或仅推杆

因在“危险区”直升机的操纵效能显著降低甚至失效，且因高度不足，上提总距杆、推杆都难以有效地改变飞行状态，且极易导致更严重的后果。

综上所述,处置低空涡环最好在“过渡区”之前实施,最晚不应超过“过渡区”。需特别注意,因为改出低空涡环来不及“推杆增速”,因而必然涉及“上提总距”这一近乎本能反应的改出动作。但“上提总距”仅限于“过渡区”之前和“过渡区”。

4.4 以涡环状态接地后直升机翻倒的预防

直升机在低空一旦进入涡环“危险区”,往往伴随着振动、摇晃失控坠地,极易翻倒,加重损失,如本文列举的第二起事故。

直升机在地面动态翻转中,旋翼拉力起不稳定作用,重力起稳定作用。而涡环状态中总距杆的位置往往比较高,接地后由于涡环不再存在,旋翼拉力较大,直升机倾斜时旋翼拉力的不稳定作用也大,就容易使直升机翻倒。

为此,接地后首先迅速下放总距杆到底,使旋翼拉力的不稳定作用迅速减小,在重力稳定力矩的作用下,直升机就不容易翻倒。

5 结束语

(1) 处置低空涡环的基本对策。

鉴于改出低空涡环难度大,在无“涡环报警器”的情况下,更应注意预防。一旦不慎进入,应视情做针对性处置。

1) 最好在“过渡区”前能发现下降率增大,柔和上提总距杆。

2) 不慎进入“危险区”(下降率增大并有明显的振动及航向摆动),应保持总距杆、驾驶杆不动,摆好接地姿态。

3) 接地后首先迅速下放总距杆到底,再视情修正机体倾斜。

(2) 重量越轻,进入“过渡区”的临界垂直下降率越小。掌握这一特点对涡环的预防、判断及处置都很重要。

(3) 用增速方法改出涡环所需的安全高度是正确决策的重要依据。由于临界垂直下降率与直升机重量有关,所以安全高度与推杆的时机、推杆的快慢与多少有关。

(4) 理论分析与实践证明,低空涡环的判断、处置较为困难。因此,应加紧“涡环报警器的研制”,以提高低空涡环预防、改出的有效性。

参考文献

[1] 陆洋,高正,黄文明.直升机涡环状态边界的飞行试验研究[J].南京航空航天大学学报,2001,33(5):405-409.

[2] RW 普劳蒂.直升机性能及稳定性和操纵性[M].高正,陈文轩,施永立,译.北京:航空工业出版社,1990.

[3] 辛宏,高正.直升机涡环状态速度边界的试验研究[J].南京航空航天大学学报,1995,27(4):439-444.

[4] W 约翰逊.直升机理论[M].北京:航空工业出版社,1991.

[5] 费景荣.对直升机涡环特性及处置的探讨[J].飞行力学,1998,16(3):82-86.

[6] 武维新.飞行事故调查方法与事故研究[M].北京:国防工业出版社,2007.

某直升机大右侧风着陆的操纵对策分析

摘要：根据某直升机大右侧风着陆的飞行实践，从方向力矩入手，参考涡环状态边界的有关研究成果，分析了某直升机大右侧风着陆的操纵规律。

关键词：直升机着陆；大右侧风；飞行安全

1 引 言

像某直升机、米-171这样的左旋旋翼直升机，在小速度飞行和悬停状态受右侧风的影响更大。其原因除大右侧风下杆舵裕量较小外，还存在方向不易控制的问题。实践证明，米8在7～10 m/s的大右侧风下着陆时，近地飞行阶段的方向控制与无侧风时区别较大，且存在着如下共性规律：悬停前的小速度下滑中，若保持正常下滑速度，需要的右舵量不大，且随速度减小右舵量增加不多；但接近悬停时，应及时增加右舵量，否则，机头很容易急剧左偏，从而影响顺利着陆。若飞行员情绪紧张，不能控制住滚转和掉高度，很可能危及安全。由于上述规律仅是经验的总结，缺乏理论依据，影响了飞行员认识的深刻性和操纵的主动性、科学性。鉴于单旋翼直升机的运动规律基本相同，部队复杂气象训练日趋增多，本文对此问题做出了理论分析。

2 某直升机大右侧风着陆过程中的方向力矩分析

脚蹬的操纵规律取决于方向力矩特点。

2.1 某直升机右侧风飞行时方向力矩的构成及特点

如图1所示，某直升机在右侧风中飞行时，除方向操纵力矩 $M_{y操纵}$ 外，还有一对方向相反的方向力矩：使机头左偏的旋翼反作用力矩 $M_{y旋翼反}$ 与使机头右偏的方向安定力矩 $M_{y安定}$。显然，$M_{y操纵}$ 的方向取决于 $M_{y旋翼反}$ 与 $M_{y安定}$ 这一对反向力矩的大小。

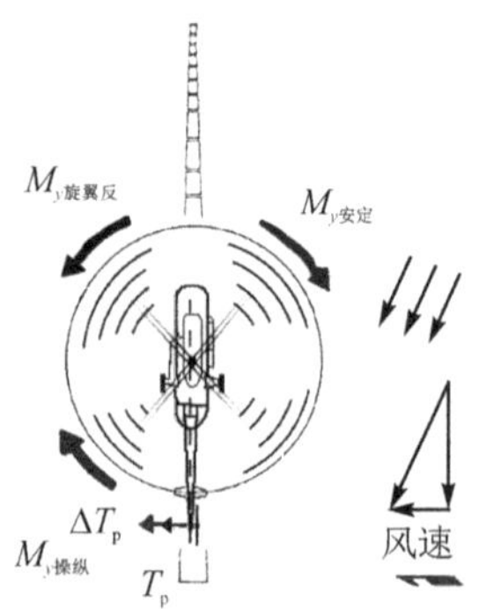

图1 右侧风时的方向力矩

2.2 某直升机大右侧风着陆后段 $M_{y旋翼反}$ 与 $M_{y安定}$ 的变化特点

$M_{y旋翼反}$ 的变化特点：下滑速度小于60 km/h，随速度减小，因所需功率增大，$M_{y旋翼反}$ 不断增大。

$M_{y安定}$ 的变化特点：速度减小，侧滑角增大，导致 $M_{y安定}$ 增大；但同时速度减小又使尾桨拉力减小，引起 $M_{y安定}$ 减小。由于尾桨拉力大小主要取决于其转速，飞行速度的影响较小，侧滑角的影响则相对较大，即随速度减小，$M_{y安定}$ 也增大，但幅度较小。

总之，某直升机大右侧风着陆的后段，随速度减小，$M_{y旋翼反}$ 与 $M_{y安定}$ 这一对反向力矩都增大，但 $M_{y安定}$ 增大幅度较小。

3 直升机的尾桨涡环状态

某直升机在 7～10 m/s 左右的大右侧风下悬停或接近悬停时的急剧左偏，实际上是进入尾桨涡环所致。

3.1 尾桨涡环状态的边界及范围

直升机尾桨涡环是在大侧风(米 8 依悬停功率不同，一般为 7～10 m/s 的右侧风)下做小速度飞行或悬停时出现的一种尾桨周围流场极度紊乱的危险状态，其形成机理及基本特性与旋翼涡环的基本相同。

20 世纪 90 年代，南京航空航天大学的高正教授等为确定直升机旋翼涡环状态边界，进行了 300 多组不同状态的模型旋翼涡环状态实验，并用 R22 直升机进行了 5 架次的飞行试验验证，共测得 10 组有效数据。由此得到了 R22 直升机的涡环状态边界。该研究表明，由于涡环状态是从正常状态逐渐过渡发展而来的，并不是一个突变过程，因此可依下降率大小将涡环区域分为“安全区”“过渡区”和“危险区”(见图 2)。其中，在“过渡区”，由于旋翼流畅紊乱程度有限，仍有足够的操纵功效[1]。显然，也可依尾桨侧向相对气流的大小，将尾桨涡环相应分为“安全区”“过渡区”和“危险区”。

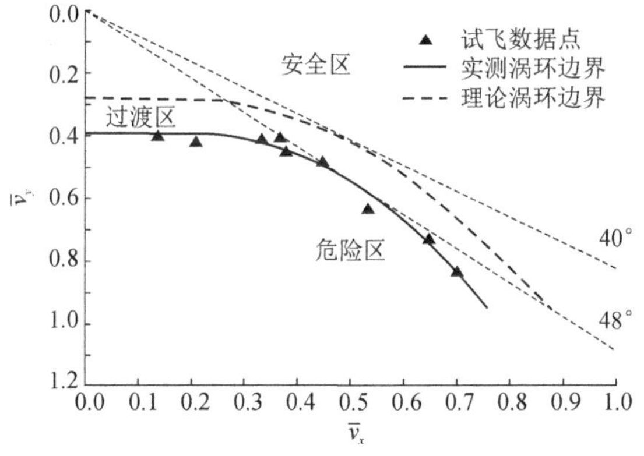

图 2 某型直升机涡环边界

3.2 大右侧风下接近悬停时机头左偏的影响

应注意的是，由于单旋翼直升机的重心与尾桨之间的距离较长，在大右侧风下悬停或接近悬停时，即使是较小的左偏角速度，也会对进入尾桨涡环有明显影响。以米 8 为例，其重心至尾桨距离约为 13 m，如以 10°/s 的角速度左偏，尾桨轴的旋转切向速度为

$$U = Rw - 13 \times 10 \times 2\pi/360 = 2.26 \text{ m/s}$$

即相当于引起了 2.26 m/s 的右侧风，从而显著增大了进入尾桨涡环“危险区”的可能性。

4 某直升机大右侧风着陆的方向操纵对策分析

根据我们的飞行实践，米 8 在 7～10 m/s 大右侧风下着陆时，方向操纵的基本对策有二。

基本对策之一是着陆近地飞行中，以不大的右舵量保持好方向，随速度减小稍增加右舵量，但接近悬停时，应及时增大右舵量。若右侧风过大，甚至可加大右舵量，使机头右偏一定角度。

第一，因为如上所述，在右侧风下着陆，$M_{y安定}$ 使直升机右偏，即 $M_{y安定}$ 帮助飞行员克服 $M_{y旋翼反}$，因此所需右舵量不大。第二，随速度减小，尽管使机头左偏的 $M_{y旋翼反}$ 不断增大；但同时，使机头右偏的 $M_{y安定}$ 也不断增大。因此，与无侧风时不同，大右侧风下随速度减小右舵量增加不多。第三，接近悬停时，由于右侧风较大，且侧滑角接近 90°，在 7 m/s 左右的右侧风下，直升机已进入尾桨涡环"过渡区"，尾桨拉力减小，须及时增加右舵量；否则，机头就会左偏。而根据上述计算，即使缓慢左偏，也相当于右侧风速增加 2 m/s 左右，从而进入尾桨涡环"危险区"，$M_{y安定}$ 急剧减小，此时在 $M_{y旋翼反}$ 作用下，机头就会急剧左偏。

若右侧风过大，可加大右舵量、使机头右偏一定角度。这不仅减小了侧滑角，而且增大了尾桨拉力和尾桨尾流的诱导速度，从而增大了尾桨涡环对应的临界侧风速值，有利于避免进入尾桨涡环"危险区"。

需要说明，理论和实践都证明，类似于旋翼涡环，在尾桨涡环"过渡区"，操纵效率依然较高。在 7 m/s 左右的右侧风下，及时蹬舵可有效避免急剧左偏。

基本对策之二是着陆下滑前半段减速适当快一些，飞行时间短一些；后半段近地飞行减速适当慢一些，时间长一些。这样，可增加反应时间和处置的余地。

5 结束语

某直升机在大右侧风下着陆中脚蹬的操纵规律取决于 $M_{y旋翼反}$ 与 $M_{y安定}$ 这一对反向力矩的相对大小。

大右侧风下意外出现急剧左偏的本质是因操纵不当进入了尾桨涡环"危险区"。其过程可归纳为：在接近悬停之前，$M_{y旋翼反}$ 与 $M_{y安定}$ 这一对反向力矩随速度减小同时增大，所需 $M_{y操纵}$ 及右舵量并不大；接近悬停时，由于进入尾桨涡环"过渡区"，尾桨拉力减小，若未能及时增加右舵量，机头左偏，相当于右侧风速增加 2 m/s 左右，正好进入尾桨涡环"危险区"，$M_{y安定}$ 急剧减小，导致急剧左偏。

避免急剧左偏的关键是，接近悬停时根据尾桨涡环"过渡区"内直升机振动、摇晃及左偏趋势等信号，及时增加右舵量，防止出现意外左偏这一重要诱因。同时，适当缩短着陆前半段时间，增加后半段时间，以增加反应时间和处置余地。

参考文献

[1] 陆洋，高正，黄文明，等. 直升机涡环状态边界的飞行实验研究[J]. 南京航空航天大学学报，2001，33(5)：405-409.

双发直升机单发着舰下滑段操控分析

摘要：在简述双发直升机单发飞行操控原则的基础上，结合某型双发直升机单发着舰的具体事例和性能特点，系统分析了对单发着舰最小下滑速度的限制及对舰船合成风的要求，并计算了下降率对直升机功率特性与最小下滑速度的影响；最后结合某型直升机单发着舰的规定，对下滑速度的选择与下滑轨迹的控制提出了完善建议，并总结了单发着舰操纵的基本原则。

关键词：直升机单发着舰；下滑段；操纵方法；飞行安全

1 引 言

随着海军远洋护航、联合演习及海上救护等多样化军事任务的常态化，舰载直升机伴随驱逐舰、护卫舰等非航空载舰飞行日趋繁多。飞行中，发动机供油和进气不良、机械故障、积冰及防冰系统使用不当等原因都可能造成一发停车；还可能因失火、滑油压力损失、喘振等原因被迫关闭故障发动机，从而造成单发着舰。

非航空舰船甲板面积小，对着舰下滑轨迹准确性要求高，特别是单发飞行中，旋翼转速随气温、直升机重量、风等条件变化大，发动机使用与正常情况存在区别，保持合理的下滑轨迹难度较大。如某型直升机曾发生一发停车故障，经过三次尝试才最终单发着舰成功。本文拟结合某型机单发着舰的实际，系统分析其单发着舰下滑的操控问题。

2 直升机单发飞行操控概述

直升机单发飞行中，飞行员操控的重点包括旋翼转速、好发动机状态及飞行状态[1]。因为旋翼转速过小，直升机会在短时间内掉高度；大速度飞行或小速度下降中，易加剧后行桨叶气流分离；单发飞行会增加主减速器的负荷。有些单发飞行状态下的可用功率不足，发动机转速和扭矩容易超出最大允许值。

从表面看，旋翼转速变化直接影响飞行状态和飞行安全，发动机状态又决定了旋翼转速和飞行状态，但从旋翼转速、发动机状态、飞行状态三者之间的内在关联看，只有合理控制飞行状态，才能正确使用发动机状态；飞行状态与发动机状态控制好了，旋翼转速就容易控制；旋翼转速适当，又有利于飞行状态和发动机状态的控制。可见，单发飞行操控中，飞行状态（主要是下滑速度）是前提和基础，旋翼转速是重点。以下从单发着舰下滑的有关限制、要求入手，分析某型直升机单发着舰下滑中的操控问题。

3 对最小下滑速度的限制

单发着舰都以行进着舰的方式进行，因而必须对着舰下滑速度做出限制。某型直升机规定，单发着舰的下滑速度(表速)为 70～140 km/h[2]。其中，最大速度 140 km/h 接近该机经济速度，所需功率最小；而最小速度 70 km/h 的限制原因，有关资料没有介绍，且最小速度对单发着舰安全影响较大，以下做初步分析。

3.1 “同速”平飞进舰对单发着舰最小下滑速度的限制

直升机在陆地单发降落时，到达着陆场地后可直接落地，如某型直升机飞行质量小于 11 t 时，可以做单发垂直着陆。但与之不同的是，单发着舰时，进入甲板过程中直升机需要与舰保持近似“同速”平飞，以便观察舰船摇晃情况。

上述单发着舰的最小下滑速度 70 km/h 与“同速”平飞进舰的要求直接相关，其本质是满足单发平飞所需功率与可用功率的平衡。图 1 是某型直升机在发动机紧急状态和起飞状态下的单发平飞速度范围曲线。

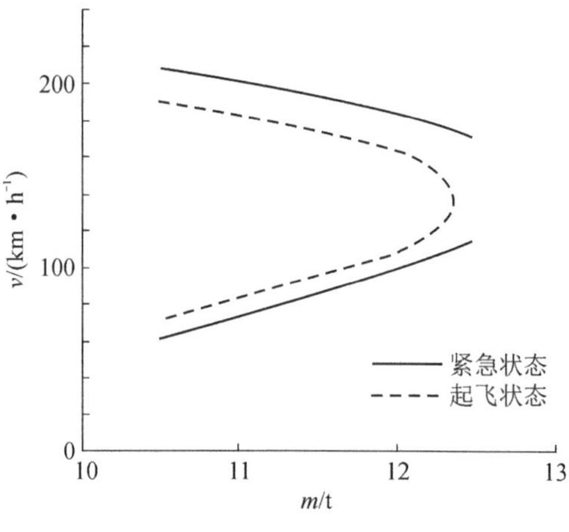

图 1 某型直升机在发动机紧急状态和起飞状态下单发平飞速度范围

图 1 表明，该型直升机在标准大气条件下，发动机在“起飞”状态，飞行质量 10 t，单发平飞的最小速度接近 60 km/h。

由此可推算，该机若按规定以不大于 9.6 t 的质量做单发着舰，标准大气条件下的单发平飞最小速度约 55 km/h，并随气温升高而增大。可见，该机最小下滑速度 70 km/h 能够满足进舰过程中“同速”平飞的功率平衡需要，且在较低气温下有一定裕量。

3.2 旋翼转速控制对单发着舰最小下滑速度的限制

某型机单发着舰程序的注意事项指出：根据重量和消速状态，着舰时增大总距有可能使旋翼转速减小到 80%；如果质量大于 10 000 kg，旋翼转速会降至低于 75%[2]。这表明，单发着舰后段如果速度过小、载重大，上提总距杆易导致旋翼转速明显下降。其原因主要包括三方面。首先，上提总距杆，桨叶迎角与旋转阻力相应增加，而发动机功率的增加相对滞后，会导致旋翼转速有所下降，这种现象双发正常时也存在；其次，由于单发着舰后段发动机功率与旋翼总距本来就较大，上提总距杆后进一步增大，而好发功率接近双发正常时的 1/2，难以克服较大的旋翼扭矩，导致旋翼转速下降；再次，上提总距后，短时间内直升机下降率及从气流中获取的能量减小，也会导致旋翼转速下降。如 2010 年 4 月 9 日，某型直升机单发着舰过程中，下滑线后段(距载舰约 300 m),高度 57 m、速度 51 km/h,飞行员上提总距,旋翼转速急剧减小,高度很快降到 16 m 左右。

直升机下降过程中,其势能转化为旋翼动能,相当于增加了发动机可用功率。以某型机单发着舰为例,直升机质量 $G=10$ t,平均下降率 $V_y=2$ m/s,则转化的功率为 $\Delta N=GV_y=$ 195.95 kW(266.6 ps)。在经济速度附近,对应的速度变化约为 30 km/h。

某型直升机经济速度为 100～120 km/h,考虑到下降率的影响,最小速度 70 km/h 对应的所需功率接近最小功率,因而下滑过程中该速度能满足旋翼转速稳定的要求。

3.3 预防涡环对单发着舰最小下滑速度的限制

某型直升机悬停时旋翼的诱导速度较大,因而进入涡环状态的速度也较大,为50 km/h,对应下降率 $V_y\approx4$ m/s。因此,限制单发着舰最小下滑速度为 70 km/h,也有利于预防单发着陆后段进入涡环状态。

4 单发着舰对舰船合成风的要求

某型直升机规定:单发着舰时指挥载舰快速形成 20°～ 30°,18～20 m/s(侧风角 30°,逆风分速 56～62 km/h) 的合成风[2]。这包括了“同速”平飞进舰和甲板涡流特性的共同要求。

4.1 “同速”平飞进舰对舰船合成风的要求

“同速”平飞进舰是指直升机接近舰船时,直升机平飞空速与舰船的合成风速接近。

显然,即便考虑到甲板涡流及机库遮挡对旋翼效率及所需功率的影响,上述合成风速的逆风分速(56～62 km/h) 与直升机质量不超过 9.6 t 时能单发“同速进舰”的速度 55 km/h 吻合,也可以说是逆合成风速的最小值。

4.2 甲板涡流特性对舰船合成风速、风向最大值的限制及确定

舰船合成风速、风向还影响到甲板涡流特性、直升机进入甲板后的操稳特性及动态反应。通常,此要求通过具体机—舰组合的“着舰风限图”体现。某型直升机缺乏“着舰风限图”,应根据甲板流场规律并结合机型特点分析,确定风速及风向的最大值。

综合国内风洞试验和实测结果,对舰船甲板流场特性及影响有如下基本结论。

(1) 舰船机库对甲板流场影响最大;机库后部的低压“涡流区”(主要包括下洗区、侧洗区)对着舰影响较大。

如图 2(a)所示,正逆风时,受机库遮蔽影响,甲板上方形成较大的下洗气流区,使旋翼锥体前倾,直升机“前冲”。同时,如图 2(b)所示,受低压“涡流区”影响,靠近舰体一侧的气流向内偏转,形成侧洗气流区。

如图 3 所示,逆侧风时,迎风一侧甲板上空有较强上洗流、侧洗流;背风一侧有较强的涡流负压区,直升机易产生摇晃。

可见,分析甲板涡流特性对舰船合成风速、风向的限制时,应根据机型的气动、操稳特点,权衡直升机“前冲”和摇晃两方面的影响。

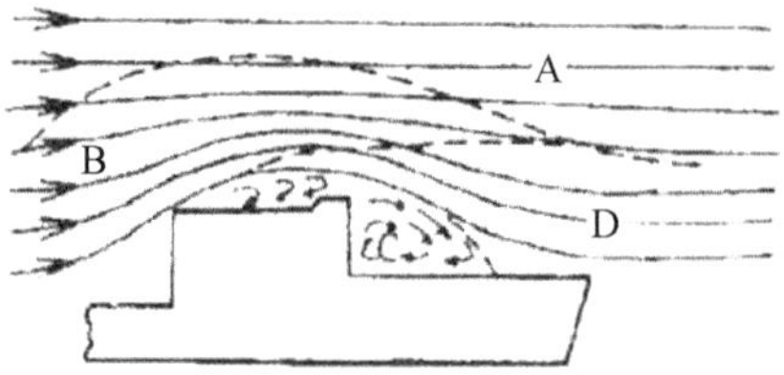

(a) 下洗区

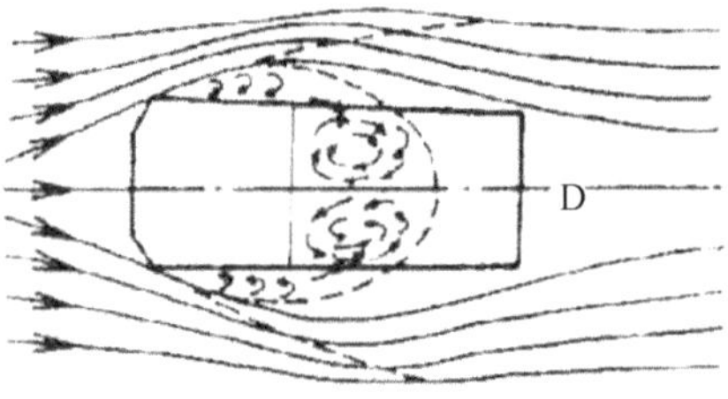

(b) 侧洗区

图 2　正逆风时甲板上方的下洗区、侧洗区

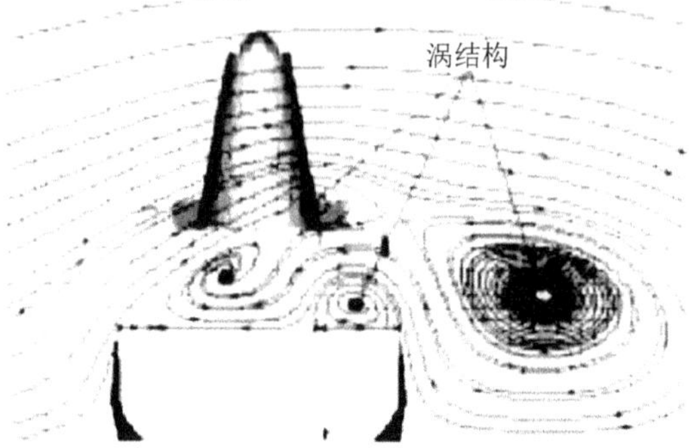

图 3　逆侧风时甲板上方的上洗流、侧洗流

(2) 不同合成风速、风向对甲板流场的影响。

风向角 β 一定，合成风速增加时，流场分布规律变化不大，但涡流强度增强。

β 变化时，流场分布规律明显变化：$\beta=0°$，"下洗区"几乎覆盖整个甲板。$\beta>30°$，"下洗区"不再覆盖着舰点——有利，但"侧洗区"和"上洗区"逐渐增大——不利。

某型直升机着舰实践证明，20°～30°，18～20 m/s 的合成风，考虑到了其对上洗流、侧洗流及侧风的动态反应特性，并权衡了"前冲"和摇晃两方面的不利影响。

5　直升机单发着舰下滑轨迹的控制

5.1　对某型机单发着舰下滑轨迹控制规定的分析

某型直升机单发着舰轨迹规定如下：进入着陆航向时固定下滑角约 15°，高距比约为 1∶5，下降率约 5 m/s；飞行速度 70～140 km/h；高度 35～30 m，增大总距减小下降率，控制好下滑角，保持好下滑线[2]。

上述规定的特点是：下滑线高(正常下滑线高距比约为 1∶10)，总距较小，着舰过程中复飞的余地大。但同时也存在如下不足：一是下降率大，留空时间短，下降过程中旋翼转速大，且退出下滑或复飞的所需功率大。实际上，各型直升机都对下降率做出了明确规定，如米-171 直升机单发下降率不大于 3 m/s；直 9 直升机单发正常下滑下降率不大于 3.33 m/s，单发进场不大于 2.5 m/s。二是下滑线与正常情况的差别大，飞行员操纵判断不习惯。鉴于此，以下结合某型机单发性能特点对此问题做一探讨。

5.2　下滑速度的选择与下滑轨迹控制的探讨与建议

如前述，某型机在"起飞"状态，飞行质量 10 t，在国际标准大气条件下，单发平飞的最小速度接近 60 km/h。可见，该机在上述条件下以 70 km/h 的最小下滑速度能够保持平飞，这也得到了单发着舰实践的证明。

这意味着，该机在单发着舰下滑过程中，在规定的速度范围内可根据需要调整下降率、高距比。因此，笔者建议，单发着舰时，飞行员可根据当时的重量、气温和好发动机状态，以经济速度和单发平飞最小速度为参考，试着找出能单发平飞的实际最小速度；然后以大于该速度、接近正常下滑线下滑；在略高出正常拉平的高度，带杆减速度，并增大总距，减小下降率。这种方法可避免原规定的不足，便于飞行员操纵。

5.3 下滑后段速度过小时对旋翼转速与下滑轨迹的控制

如前述，单发着舰下滑后段速度过小，特别是大载重时，上提总距杆易导致旋翼转速与飞行高度在短时间内明显下降，严重威胁飞行安全。因此，应注意前半段保持好下滑参数，为后半段创造好条件。若后半段速度过小、高度偏低，上提总距杆应非常柔和，以“小台阶”型分段逐步增加。

5.4 单发着舰下滑控制基本原则

上述表明，单发着舰下滑控制基本原则可归纳为：试出最小速度，接近正常下滑线，防止速度、转速超限。即鉴于性能计算数据的前提条件与实际条件的差异，飞行员应根据当时的条件，以经济速度和单发平飞最小速度做参考，试出单发平飞的实际最小速度；然后以大于该速度、接近正常下滑线下滑；下滑中防止速度、旋翼转速小于限制值。

6 结束语

（1）单发着舰操控的三个重点是旋翼转速、好发动机状态及飞行状态。其中，飞行状态（主要是下滑速度）是前提和基础，旋翼转速是重点。

（2）“同速”平飞进舰，着舰后段旋翼转速控制及预防进入涡环都对最小下滑速度提出了限制，单发着舰时应注意遵守。

（3）“同速”平飞进舰与甲板涡流特性对舰船合成风速、风向提出了限制。单发着舰时应积极创造条件形成规定的舰船合成风速、风向。

（4）某型直升机符合单发着舰条件时，按“以大于单发平飞最小速度、接近正常下滑线下滑；在略高出正常拉平的高度，增大总距减小下降率”的方法控制下滑轨迹，较为方便、实用。

（5）单发着舰下滑控制基本原则：试出最小速度，接近正常下滑线，防止速度、转速超限。

参考文献

[1] 顾蕴松，明晓．舰船飞行甲板真实流场特性试验研究[J]．航空学报，2001，22(6)：500-504.

[2] 赵维义，王占勇．舰船空气尾流场对直升机着舰的影响研究[J]．海军航空工程学院学报，2007，22(4)：435-438.

直升机舰上起降过程中一发停车后的决策分析

摘要：针对直升机舰上起降过程中一发停车后决策所需要的临界点条件，首先分析了确定直升机舰上起降临界点的依据，并确定了两种现役机型舰上起降的临界点，最后讨论了舰上起降一发停车后的安全性，提出了相关建议。研究表明：确定直升机舰上起降临界点的依据主要是：舰上起降轨迹特点，陆上开阔场地起降的临界条件及着舰有关要求。由于轨迹特点，直升机舰上起飞中有两个临界点；而由于着舰过程一发停车后来不及调整舰速，无法满足单发着舰的有关要求，难以安全单发着舰，即临界点只有一个，为单发复飞临界点。直升机舰上起降一发停车后的安全性与载舰类型、起降条件、舰船运动等条件有关，可通过采取针对性措施加以提高。

关键词：直升机舰上起降；一发停车；操纵决策；飞行安全

1 引 言

统计表明，由于诸多原因，双发直升机飞行中一发停车的概率相对较高。其中，与航线飞行中一发停车比，直升机在起降阶段一发停车后，由于处置余地小、难度大，飞行员及时、正确地做出是否单发继续起飞、单发复飞或中断起飞的决策是正确处置、保证飞行安全的重要前提。因此，美国联邦航空条例 FAR29 将多发直升机在陆上起降中一发停车后的处置分为 A，B 两类。“A 类”起降中一发停车后，飞行员根据临界点进行决策[1]。

而与陆上起降比，直升机舰上起降中一发停车后，除单发起飞(复飞)、单发着舰外，还可能单发海上迫降，因而风险更高；且单发着舰要求较高，从而导致临界点数量、条件与陆上起降有所不同，飞行员的技术准备更为关键。但有关资料对直升机舰上起降一发停车后的决策没有规定，也缺乏理论研究，形成了安全隐患。随着海军远洋护航、岛屿维权、联合演习的常态化，舰载直升机伴随驱逐舰、护卫舰等非航空载舰的飞行任务日趋繁重，迫切需要确定直升机舰上起降的临界点。本文就此问题进行研究，并分析舰上起降一发停车后的安全性，就如何提高安全性提出建议。

2 确定直升机舰上起降临界点的依据

以下从运动规律的角度出发，分别分析确定直升机舰上起降过程中单发起飞(或复飞)、单发着舰临界点的依据。

2.1 确定舰上起降中单发起飞(或复飞)临界点的依据

直升机起降临界点可根据功率条件，按优化轨迹计算。但由于单发继续起降和中断起降的轨迹特点都与飞行员的反应，可用功率大小，直升机重量，水平加、减速度大小等因素有关，为非定常飞行，理论计算存在一定误差。交付使用的各型直升机陆上起降临界点条件都通过试飞验证，因而根据实际情况，将陆上起降有关临界点数据做为确定舰上起降相关临界点的依据之一是可靠的。

由于在陆上开阔场地和在海上进行单发起飞（或复飞）的基本要求相同，都是尽快增速至起飞安全速度，因而相应的临界点条件也相同（主要取决于单发性能）。因此，确定舰上起降中单发起飞（或复飞）临界点的主要依据包括：陆上开阔场地起降的临界条件和舰上起降轨迹特点。

2.2 确定舰上起降中单发着舰临界点的依据

直升机着舰的一个基本要求是：进入甲板过程中需要与舰保持近似“同速”飞行，以便观察舰船摇晃情况。此外，单发着舰时还要求：能有效控制旋翼转速与飞行高度，以便直升机能稳定下降；否则，就可能因好发功率不足或飞行员操纵不当，引起高度剧降，危及安全。如 2010 年 4 月 9 日，某型直升机单发着舰下滑过程中，高度 57 m，因速度过小（51 km/h），所需功率大，飞行员上提总距杆，旋翼转速急剧减小，高度很快降到 16 m 左右[2]，幸好机组反应迅速，才化险为夷。

因此，确定单发着舰临界点必须考虑着舰特殊要求，其依据是：着舰要求、陆上起降临界条件。

3 直升机舰上起飞过程中临界点的确定

为借鉴直升机平台起飞临界点的确定，首先分析舰上起飞轨迹与平台起降轨迹的异同。

3.1 直升机舰上起飞轨迹与“A 类”平台起飞轨迹的异同

相关文献表明，直升机舰上起飞轨迹与“A 类”平台起飞轨迹基本相同。

(1) 如图 1 所示，首先垂直起飞至规定高度悬停，检查直升机、发动机工作是否良好。

(2) 接着后退上升，以便观察平台，判断直升机运动；也便于此时一发停车后降落时能看到场地。

(3) 后退上升至规定高度，顶杆尽快增速至安全起飞速度（高度变化不大）；再上升增速至经济速度。

两者轨迹差别：舰上起飞后退上升的顶点高度较低（5～8 m，平台起飞约 40 m）；其次，至顶点后，为避开舰面建筑，需要先改变航向，再增速。

由于直升机舰上起飞的增速方向与舰向不一致，出现一发停车后存在海上迫降的可能性，用一个临界点难以进行科学决策，因而应将单发着舰和单发起飞决策分开考虑。如图 2 所示，舰上起飞过程中的临界点包括：“单发着舰临界点”A；“单发起飞临界点”B。

3.2 “单发着舰临界点”A 的确定

由于舰上起飞过程中，倒飞上升的顶点距甲板的高度通常为 5～8 m，且位于甲板边缘附近。因而，在此顶点以下一发停车，可通过直接上提总距杆并推杆，降落到甲板上。

而在顶点后的增速阶段，由于飞行方向与舰向存在夹角；且由于此时速度小、高度低；加之一发停车后高度下降，难以有效控制状态，不能回到甲板。可见，如图 2 所示，“单发着舰临界点”A 为倒飞上升的顶点。实际上，规划直升机舰上起飞程序时，已考虑到 A 点及 A 点前单发着舰的问题。

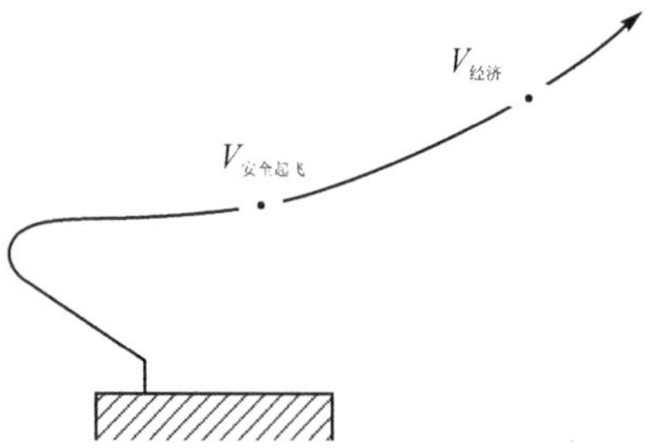

图 1 “A 类”平台起飞和舰上起飞轨迹

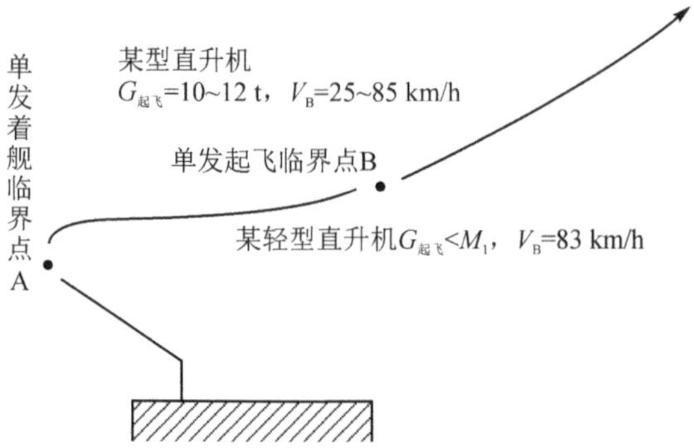

图 2 直升机舰上起飞中的临界点

3.3 “单发起飞临界点”B 的确定

3.3.1 直升机舰上起飞增速段的轨迹特点

由于 B 点处于起飞增速段，首先须分析该段的轨迹(主要是高度)特点：舰型不同，甲板高度不同，开始增速时(A 点)直升机距海面的高度也不同。按目前舰型，该高度包括 13.5 m 左右和 18.5 m 左右两种情况。其次，为了尽快增速，增速至起飞安全速度前上升角较小，高度变化不大。

3.3.2 直升机陆上(平台)起飞临界条件与舰上“单发起飞临界点”B 的确定

直升机“A 类”起降中的临界条件通过理论计算和飞行试验确定，符合国际适航条例规定的飞行标准。其中，对一发停车后的着陆来说，临界高度、临界速度应能够保证轨迹控制的需要，如临界点须在“回避区”之外；对一发停车后的继续起飞来说，临界高度、临界速度应能够保证尽快增速及狭小场地超越障碍物的需要。如前述，在陆上开阔场地和在海上进行单发起飞(或复飞)的基本要求相同。因此，依发动机功率储备特点不同，直升机陆上或平台起飞中的单发起飞临界点条件主要受直升机质量、气温影响。

某型直升机由于功率储备较大，陆上起飞的临界点仅考虑质量影响：$G_{起飞}=12$ t，对应好发动机“应急”状态，$H_{临界}\geqslant 15$ m，$V_{临界}=85$ km/h；$G_{起飞}<12$ t，每减小 500 kg，临界速度约减小 15 km/h。该机起飞质量为 10～11 t，临界点的速度为 25～55 km/h。可见，该型直升机质量越轻，单发加速性越好，临界速度也越小。

由于此处不小于 15 m 的临界高度与该机舰上起飞增速段的高度接近。因此，如图 2 所示，该机单发起飞临界点 B 为：起飞增速至临界速度的点。其中，起飞质量为 10～12 t，B 点速度为 25～85 km/h。

某轻型直升机由于功率储备较小，陆上起飞的临界条件同时受质量、气温影响。根据该机起飞决策质量 M_1(即在开阔场地进行“A 类”飞行的最大起降质量，能满足单发 30 min 功率状态，空速 138 km/h、上升率 46 m/min)曲线，得到不同温度下的 M_1，如表 1 所列。

表 1 某轻型直升机不同温度的 M_1

t/℃	40	30	25	10	0	−10	−20	−30
M_1/t	3.82	4.02	4.1					

显然,由于该轻型直升机功率储备较小,直升机质量对单发起降决策有着决定性影响。

以 M_1 为基准,该机在陆上开阔场地起飞过程中一发停车后的决策规定如下。

(1) 起飞质量大于 M_1,中断起飞。

(2) 起飞质量小于 M_1,速度小于 83 km/h,中断起飞;速度大于 83 km/h,可继续起飞。

(3) 因此,如图 2 所示,该机舰上"A 类"起飞中单发起飞临界点 B 为:增速至 83 km/h(高度约 30 m)的点。

3.4 直升机舰上起飞中一发停车的决策与安全性

某型直升机舰上起飞一发停车后的决策:A 点及 A 点前,单发着舰;B 点及 B 点后,$G_{起飞}<12$ t,单发起飞;$G_{起飞}>12$ t,海上迫降;A,B 之间,海上迫降。

某轻型直升机舰上起飞一发停车后的决策:A 点及 A 点前,单发着舰;B 点至安全起飞速度:$t<25$ ℃,$G_{起飞}\leqslant 4.1$ t:单发继续起飞;$t>25$ ℃或 $t<25$ ℃,$G_{起飞}\geqslant 4.1$ t:海上迫降。A,B 之间,海上迫降。

可见,直升机在 A 点之前一发停车,可安全降落到甲板;在 B 之后一发停车,可安全复飞或海上迫降;在 A,B 之间一发停车,只能迫降在海面,且高度低、速度小,风险较高。其中,甲板较低的舰型,因直升机距海面高度低,风险更高。

4 直升机着舰过程中临界点的确定

4.1 直升机着舰轨迹与"A 类"平台降落轨迹的异同

相关文献表明,直升机着舰轨迹与"A 类"平台降落轨迹基本相同。

(1) 在规定高度带杆减速,并调整总距、控制下降率。

(2) 通常,按高距比 1∶10 左右控制下滑线下降;接近舰船,减小下滑角。

(3) 以规定高度与舰"同速"平飞进入甲板、下降接舰。

两者轨迹区别:着舰进入甲板的高度(3 m)较平台降落(4 m)的低。

4.2 着舰要求与着舰过程中临界点的特点

如前述,直升机着舰进入甲板过程中与舰近似"同速"飞行以及单发着舰稳定下降的要求,都取决于功率平衡,并与着舰速度直接相关。某型直升机规定,单发着舰的下滑速度(表速)70～140 km/h。最小速度 70 km/h 就是为满足单发功率平衡。

然而,该型直升机正常着舰中,舰速通常在 27.78 km/h(15 节)左右,直升机进舰时速度比舰速大 15 km/h 左右。因此,行进着舰时,直升机接近舰船的速度为 42 km/h 左右。可见,在着舰阶段一发停车,由于舰来不及增速,直升机速度难以保证 70 km/h 要求,无法安全单发着舰。某轻型直升机功率储备小,更难以保证着舰阶段一发停车后的单发着舰。因此,直升机着舰过程中不存在单发着舰临界点,即着舰过程中临界点只有一个,为单发复飞临界点 C,如图 3 所示。

4.3 直升机陆上(平台)降落临界条件与"单发复飞临界点"C 的确定

某型直升机陆上降落的临界点条件:$G=11$ t,好发动机可进入"起飞"或"紧急"状态,只有

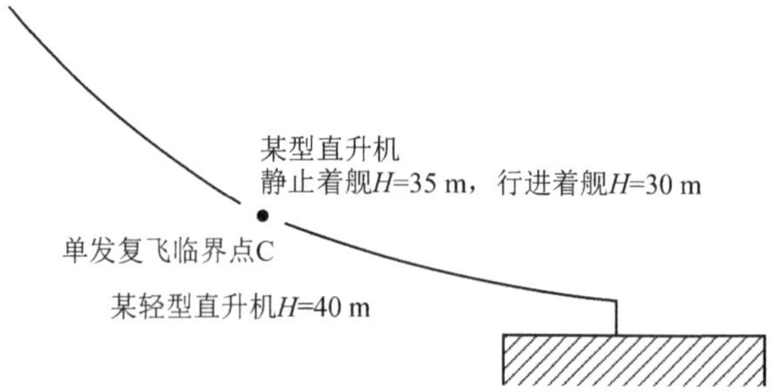

图 3 着舰过程中临界点

$H_{临界}\geqslant 25$ m，$V_{临界}\geqslant 50$ km/h，才可保证单发复飞和平台继续降落。如果 $G>11$ t，不能保证单发平台降落。

该型直升机正常着舰，高度 30 m，相对舰的速度 50 km/h 左右。与上述陆上降落临界点比，此点高度略高。行进着舰时，直升机速度与临界点条件基本符合；静止着舰时，速度略小。因此，如图 3 所示，该机“单发复飞临界点”C 为：行进着舰高度 30 m 的点，静止着舰高度 35 m 的点。

某轻型直升机平台“A 类”着陆的临界点为 $H=40$ m、$V=55$ km/h。该机着舰后段高度与速度匹配与平台“A 类”着陆相同：$H=40$ m，$V=55$ km/h。因此，如图 3 所示，该机静止着舰和行进着舰的“单发复飞临界点”C 点定为：$H=40$ m 的点。

4.4 直升机着舰时一发停车后的决策与安全性

某型直升机着舰时一发停车后的决策：$G>11$ t，海上迫降。$G<11$ t，C 点及 C 点前，单发复飞；C 点后，以海上迫降为宜；接近舰时一发停车，风险较大。

某轻型直升机着舰时一发停车后的决策：C 点及 C 点前：$t<25$ ℃，$G_{起飞}\leqslant 4.1$ t：复飞；$t>25$ ℃或 $t<25$ ℃，$G_{起飞}\geqslant 4.1$ t：海上迫降；接近舰时一发停车，风险较大。

可见，直升机在 C 点之前一发停车，可安全复飞；在 C 点之后一发停车，能迫降于海面，但控制直升机下降率、接水状态及选择风向、浪向的余地小；接近舰时一发停车，风险较大。

5 提高直升机舰上起降中一发停车安全性的思考

直升机在舰上起降中一发停车后，单发起飞或单发降落的安全性与直升机质量、气温、风、舰船类型、舰船运动等因素有关。为进一步提高直升机舰上起降的安全性，建议采取如下措施。

5.1 适情增加行进着舰时的合成风速

考虑到大速度航向时舰纵横摇及甲板涡流特性的限制，在一定范围内增加合成风速，则单发起飞、单发降落安全裕度增大，海上迫降的概率较小、安全裕度也增大。

5.2 适情减小直升机起降重量

起降重量小，则单发起飞、降落的安全裕度大，海上迫降的概率小。因此，发动机大修前后、高温、小(无)风、载舰不理想、静止着舰、新员着舰等不利条件下，应视情减少燃油及设备、人员。

5.3 舰上起降时加强发动机检查

由于直升机舰上起降过程中出现一发停车,安全性总体较低,因而应加强发动机检查。

5.4 应尽量避免大载重、高温、小(无)风、静止着舰等诸多不利因素的同时出现

6 结 论

本文在分析确定直升机舰上起降临界点依据的基础上,确定了两种现役机型舰上起降的临界点,并讨论了舰上起降一发停车后的安全性,提出了相关建议,对提高直升机舰上起降安全性具有一定意义。得出结论如下。

(1) 确定直升机舰上起降临界点的主要依据是:舰上起降轨迹特点、陆上起降的临界条件及着舰要求。受直升机单发功率的限制,根据临界点进行决策时,需考虑质量、气温影响。

(2) 舰上起飞一发停车后有两个临界点;着舰过程中临界点只有一个,为单发复飞临界点。

(3) 直升机舰上起降时一发停车后的总体安全性与载舰类型、起降条件、舰船运动等条件有关。通过采取针对性措施可在一定程度上提高直升机舰上起降的安全性。

(4) 本文仅从飞行性能的角度对直升机舰上起降过程中一发停车后的决策做了分析。实际飞行中如果有侧风,则会对直升机的操稳特性产生不利影响,相应的甲板涡流也对直升机进舰状态产生不利影响,进而在一定程度上影响到决策。因此,在“风限图”范围内一发停车后的决策有待进一步研究。

参考文献

[1] 张雅铭,张苇.直升机基本原理[M].郑州:河南科学技术出版社,2012.
[2] 孙自武.成功处置某型机单发着舰的经过与体会[J].海军航空兵,2010(4):44-46.

直-X系列直升机尾桨卡滞后着陆的操控分析

摘要： 在简述直升机尾桨卡滞后着陆的主要风险点与风险管控对策的基础上，分析直-X系列直升机返场、接地速度及着陆方法，重点研究无风、侧风条件下尾桨卡滞后着陆的有关问题。最后得出该型机尾桨卡滞后着陆操控的结论。所得结论对其他无涵道尾桨的单旋翼直升机有一定参考价值。

关键词： 直升机尾桨卡滞；操控要领；飞行条件；飞行安全

1 引 言

直升机尾桨卡滞通常由尾桨操纵机构卡滞或尾助力器故障等原因引起。有关事故和试飞表明：直升机尾桨卡滞后着陆是最难处置的特情之一；飞行员熟悉尾桨卡滞后不同状态、不同条件的操控策略非常重要[1,2]。尽管目前已有此类研究[1,2]，有关机型手册也有规定，但对具体机型来说仍有进一步完善、细化的必要；加之教材中没有对此问题的专门分析，不便于飞行员全面、深入地掌握。本文就直-X系列直升机的有关问题进行分析、总结。

2 尾桨卡滞后着陆的主要风险点与风险管控

直升机尾桨卡滞后，方向操纵的替代手段是压杆，即通过压杆产生侧滑与方向稳定力矩，克服旋翼的反作用力矩，保持方向平衡。直-X系列直升机的旋翼左转，反扭矩方向向右。尾桨卡滞后着陆的风险点主要包括接地、滑跑两个环节。

2.1 接地时的风险与管控

风险点之一：接地瞬间如果直升机存在明显侧移，则较大的侧力容易损坏起落架，甚至导致直升机侧翻。其中，侧移速度越大，风险越高。接地时的下降率越大，侧力作用时间越集中，则风险越高。为此，要求轻接地；理想情况下，接地瞬间直升机不侧移。实际飞行中，如果高度1 m后下降过程中出现侧移，则可通过反向压杆的方法修正。

风险点之二：由于接地前已将前轮锁死，如果前轮接地时直升机偏转，则易损坏前起落架。其中，偏转角速度越大，风险越高。为此，接地瞬间应保证直升机不偏转。

2.2 着陆滑跑过程中的风险与管控

风险点一：着陆滑跑过程中机头与跑道方向不一致时，易偏出跑道，进而导致直升机侧翻或地面共振；大速度转弯，由于离心力较大，容易侧翻。为此，要求接地时机头与跑道方向一致。接地后，带杆做两点滑跑减速，柔和减小总距，速度大于70 km/h，压杆保持方向；如果压杆不起作用，可双脚同时点刹，以便尽快减速。速度小于70 km/h，可通过单侧刹车保持方向。

风险点二：滑跑速度过大，容易诱发地面共振；滑跑中拉杆减速过快，旋翼易打尾梁。为此，接地、滑跑速度不宜过大，减速时拉杆不宜粗猛。

3 尾桨卡滞后接地速度及着陆方法

尾桨卡滞后返场、着陆时，尽可能做无侧滑飞行，以便控制状态。

3.1 尾桨卡滞后能进行无侧滑平飞的速度

尾桨卡滞后的无侧滑平飞须满足方向平衡、功率平衡两个条件。

从方向平衡的角度看，由于直-X系列直升机方向操纵力矩仅由尾桨产生，且其受飞行速度影响较小；而尾桨卡滞后，其方向操纵力矩基本不变，因而可认为无侧滑飞行的方向平衡仅取决于初始总距。即只要总距保持初始值不变，就可基本保持无侧滑飞行。或者说，要保持（接近）无侧滑飞行及着陆接地时，应尽可能保持初始总距。

从功率平衡的角度看，图1所示的功率曲线表明：如果尾桨卡滞的初始状态无侧滑，则满足无侧滑平飞的速度为初始总距对应的功率$N_{卡滞可用}$曲线与直升机所需功率$N_{所需}$曲线交点对应的速度。

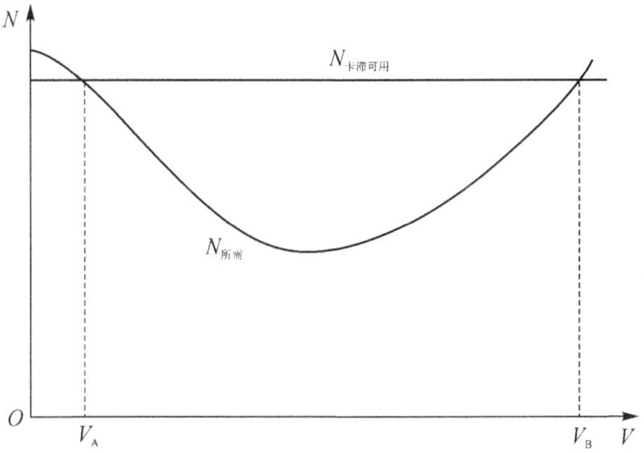

图1 直升机的功率曲线

对应于一定直升机质量，平飞所需功率曲线一定，由于直升机所需功率曲线为“勺”形，曲线交点有两个，即尾桨卡滞后理论上能满足无侧滑平飞的速度最多有两个，即V_A，V_B。

3.2 着陆接地的最佳速度与着陆方法

3.2.1 着陆接地的最佳速度

尾桨卡滞后着陆接地的最佳速度应满足三个条件：旋翼拉力与直升机质量平衡，以便轻稳接地；“接地瞬间直升机不侧移、不偏转”；接地、滑跑速度尽可能小。因此，接地的最佳速度应小于经济速度，为图1中的V_A。

尾桨卡滞后，如果飞行员未能及时判断出该速度大小，可用以下方法确定：保持初始总距，通过调整速度实现无侧滑来试出最佳接地速度；若不能判断出尾桨卡滞时的初始总距，则根据卡滞的脚蹬位置判断出初始总距，再通过调整速度来确定。

3.2.2 不同质量下的着陆接地速度特点

直升机在大质量时尾桨卡滞，是否需要通过空中耗油等措施减轻质量后再着陆，是飞行员关注的一个问题，现进行如下分析。

如图 2 所示，假定保持初始总距不变，直升机质量 $G_1>G_2$，则 $V_{A1}>V_{A2}$，即质量越轻，着陆接地最佳速度越小，越利于着陆安全，因而尾桨卡滞后应采取措施适当减轻质量。

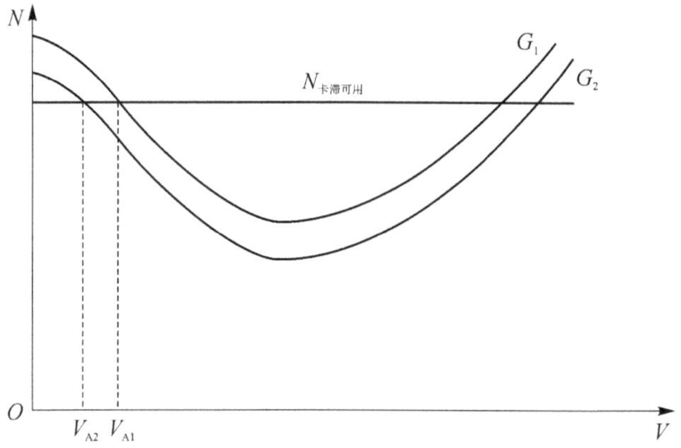

图 2 不同质量下的着陆接地速度特点

3.2.3 着陆方法选择

着陆方法取决于最佳接地速度大小，如在高总距、中等总距平飞时尾桨卡滞，最佳接地速度较小，甚至为零，应视情做垂直着陆或滑跑着陆；在低总距平飞时尾桨卡滞，则以较大速度滑跑着陆。

4 尾桨卡滞后无风时着陆的操控要领

为避免滑跑中偏出跑道，空中先锁前轮。

4.1 尾桨卡滞在较低总距位置

这包括接近经济速度平飞、下滑两种情况。

4.1.1 接近经济速度平飞时卡滞

返场：直-X 不同质量的经济速度为 110～130 km/h。因此，尾桨卡滞在较低总距位时，以速度 150 km/h 飞向机场，能保证在"正区"飞行，且侧滑角较小，便于控制状态。

进近：保持速度 150 km/h，压杆操纵直升机向右做三转弯、四转弯，四转弯改出速度 130 km/h 左右。如图 3 所示，改出四转弯后直升机略偏在跑道右侧。使直升机航向与跑道保持 15°～20°的左交叉，下滑点在跑道左侧（或左边缘），用总距控制直升机均匀下滑，控制驾驶杆均匀减速。

直升机进跑道，柔和补总距减小航向偏差角，用杆控制好速度。

着陆：随速度减小，继续柔和补总距，直升机逐渐右偏，最终在 1 m 高度，视情以着陆接地的最佳速度 V_A 或稍小于 V_A 对正跑道，方向、横侧稳定，无侧滑瞬间，柔和补总距使直升机保持两点姿态接地，做滑跑着陆。

4.1.2 稳定下滑时卡滞

稳定下滑时尾桨卡滞：柔和上提总距，同时顶杆增速至能稳定平飞时，以此速度带侧滑飞向机场。按前述方法进近、滑跑着陆。与平飞不同之处是，稳定下滑时的初始总距无法同时满足平飞、着陆接地所需要的功率平衡和侧向平衡，因而着陆下滑消速、增加总距时需多向左压杆、左侧滑保持方向平衡；接地过程中则需通过多向左压杆制止右侧移。

4.2 尾桨卡滞在中等总距位置

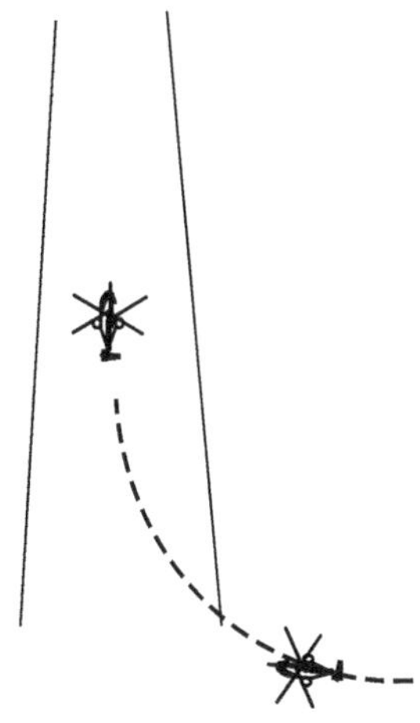

图 3 进近着陆过程

返场：由于中等总距位置对应的功率接近巡航状态，对应的飞行速度在"正区"，因而以尾桨卡滞时的速度无侧滑飞向机场。

进近、着陆：基本过程与上述尾桨卡滞在较低总距位置时基本相同，主要有以下区别。一是在中等总距位置卡滞后，选择小于 110 km/h 的速度进近，总距偏离初始值相对较小，相应的侧滑角较小，便于控制状态，也基本符合着陆减速的要求。二是以着陆接地的最佳速度 V_A 对正跑道接地，开始滑跑的速度较大，采取措施尽快减速。

4.3 尾桨卡滞在较高总距位置

较高总距位置的状态主要包括三种情况。

4.3.1 悬停或小速度飞行时卡滞

若在跑道或平坦地面上空做悬停或小速度飞行时尾桨卡滞，应立即做垂直着陆或滑跑着陆。若地面不适合着陆，则先上升、增速至能保持无侧滑的速度 V_B，以此速度飞至机场，再按以下第二种情况进近着陆。

4.3.2 较大速度平飞时卡滞

以卡滞时的速度 V_B 飞向机场。

三转弯：由于初始总距较高、速度较大，视情以略小于尾桨卡滞时的速度或 180 km/h 左右的速度，压杆做向右平飞转弯。这与正常条件下进近的速度相近，且侧滑角较小。

四边、四转弯：应保持较大侧滑角，以较小下降率减速下滑。为保证五边以较小侧滑角、较小下降率下滑，四转弯改出速度应小于 100 km/h。改出四转弯后，使直升机略偏在跑道延长线右侧。使直升机航向与跑道保持 15°～20°的左交叉，下滑点在跑道左侧(或左边缘)，用总距控制直升机均匀下滑，用杆控制其均匀减速。

直升机进跑道，柔和补总距减小航向偏差角，用杆控制好速度。随速度减小，继续柔和补总距，直升机逐渐右偏转，最终在 1 m 高度，使其以着陆接地的最佳速度 V_A 对正跑道，方向、横侧稳定，无侧滑瞬间，柔和补总距使直升机保持两点姿态接地；视情做垂直着陆或小速度滑跑着陆。

4.3.3 稳定上升、转弯时尾桨卡滞

稳定上升时尾桨卡滞：保持总距不变，顶杆形成 5°俯角增速并改出上升，当速度增至能稳定平飞时，以此速度无侧滑飞向机场。在飞向机场过程中，可保持总距不变，通过减速试出最佳接地速度。再按前述方法进行。

稳定转弯时尾桨卡滞，接近返场航向时，反杆、调整总距尽快改出盘旋。然后，再恢复到卡滞时的总距，顶杆增速至能稳定平飞时，以此速度无侧滑飞向机场。飞向机场过程中，可保持总距不变，通过减速试出最佳接地速度。按前述方法进近、滑跑着陆。

5 尾桨卡滞后侧风着陆的应对策略

尾桨卡滞后，侧风着陆的操控存在着一些明显特点。

5.1 侧风对尾桨卡滞后着陆的不利影响

尾桨正常时，侧风着陆后段通过迎风压杆、顺风蹬脚蹬修正侧风，以保证直升机接地时机头正，且不偏转、不侧移。

而尾桨卡滞后侧风着陆时，脚蹬修正侧风的功能丧失，仅靠压杆无法同时实现修正侧风所需要的反向压杆、蹬脚蹬两种功能，也就无法保证接地过程中同时满足不偏、不侧的要求；且不同总距位置卡滞，左、右侧风的影响特点都不相同，从而对操控提出了更高要求。

5.2 侧风着陆的应对策略

以左侧风为例，如图 4 所示，由于左侧风使机头左偏，而着陆后段增加总距使机头右偏，因而改出四转弯后应适当减小左交叉角。

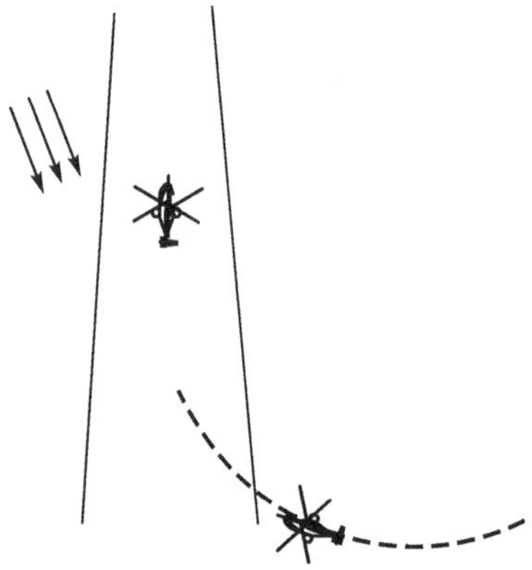

图 4 左侧风着陆

着陆前段：向右压杆制止直升机左侧移。

着陆后段：高总距尾桨卡滞后，由于可以做小速度滑跑着陆甚至垂直着陆，因而大侧风时可视情调整着陆方向，做无侧风着陆。中等、低总距尾桨卡滞后，需做较大速度左侧风滑跑着陆，因而在对正跑道接地过程中，向左压杆保证直升机不带侧向移动接地。在接地滑跑过程中，左侧风使机头左偏，减小总距也使机头左偏，机头偏转明显，所需右脚蹬量较大，按前述方法视情制偏。

右侧风着陆时，有关特点相反。此外，中等、低总距尾桨卡滞后，消速时机较左侧风应晚一些，以免机头右偏过快；下滑线稍高，以便多放些总距、消除右偏。

6 试飞、训练情况

某部直-X 直升机进行了模拟部分条件下尾桨卡滞着陆的试飞、训练，具体方法、步骤如下。

6.1 航线飞行

沿目视航线稳定飞行，发动机及各参数工作正常；三边经指挥员允许，左舵稍靠前，杆位释放，断开飞控，收回双脚；三转弯后用杆保持速度 150 km/h，压杆做四转弯，改出转弯使直升机略偏在跑道延长线右侧。

五边尽量逆风，或不大的左侧风。

6.2 着陆下滑

直升机航向与跑道保持 15°～20°的左交叉，下滑点在跑道左侧（或左边缘），用总距控制直升机均匀下滑，用杆控制均匀减速。

进跑道，柔和补总距减小航向偏差角，用杆控制好速度。

随速度减小，继续柔和补总距，直升机逐渐右偏，最终在 1 m 高度，不大于 60 km/h 的速度对正跑道方向。

6.3 接地、滑跑

高度 1 m，方向、横侧稳定，柔和补总距使直升机保持两点姿态接地。

接地后柔和下放总距，使前轮自然接地，左杆保持好横侧，左刹车控制好方向。

7 结束语

(1) 尾桨卡滞后着陆的风险点主要包括接地、滑跑两个环节。安全着陆要求直升机以尽可能小的速度轻接地，接地瞬间不侧、不偏，接地后及时制止机头偏转。

(2) 直-X 系列直升机尾桨卡滞后，着陆的最佳接地速度为能保持无侧滑平飞的速度中的较小者；应尽可能减轻直升机质量与接地速度。着陆方法取决于最佳接地速度大小。

(3) 直-X 系列直升机无风时尾桨卡滞着陆，改出四转弯后直升机略偏在跑道右侧，航向与跑道保持 15°～20°的左交叉，下滑点在跑道左侧（或左边缘），然后按尾桨卡滞时的总距位置进行着陆。

(4) 直-X 系列直升机有侧风时尾桨卡滞着陆，脚蹬修正侧风的功能丧失，仅靠压杆保证接地过程中同时满足不偏、不侧的要求；且不同方向侧风的影响不同，应视情修正侧风影响。

上述结论中的着陆方法与直-X 系列直升机技术资料有关规定及有关试飞结论一致；具体操控要领、有关数据（如着陆下滑速度、接地速度、交叉角）及侧风影响等得到了直-X 直升机尾桨卡滞后着陆模拟试飞及特请训练的证实，因而对飞行实际具有一定的借鉴、指导作用。

参考文献

[1] 孙杰，高艳辉．直升机尾桨故障及其试飞研究[J]．飞行力学，2001，19(4)：67-69.
[2] 于琦，章海红．直升机尾桨机械失效及试飞研究[J]．飞行力学，2008，26(3)：74-77.

一起直升机事故的飞行动力学分析

摘要：分析了“海豚”直升机执行运输任务时发生严重事故的过程与基本原因，深入分析了大顺风对“总距通道预操纵”的不利影响这一最可能原因，提出了提高飞行状态控制能力的建议。

关键词：直升机；事故分析；人为因素；特情

1 引　言

历史上的每一次飞行事故，都可以使我们发现并改进飞行链条中的缺陷。“每一次飞行事故的损失换来了飞行安全水平的不断提高”，这句话残忍却不失正确。然而，现代航空事故的原因不仅是多方面的，往往也是多层次的。如果不深入剖析典型事故的深层次原因，就不可能真正吸取教训，难以避免同类事故的再次发生。因此，深入性原则，是飞行事故调查的一个基本原则。本文拟对一起直升机事故深层次的原因进行探讨与思考，并供有关人员参考。

2 事故过程与基本原因

2006 年 12 月 17 日晚，一架“海豚”直升机执行为海上钻井平台运输职工的任务。事发当地有薄雾、小雨及近地风向 130°、风速 7.72 m/s 的大风。当直升机从第二个站点起飞并爬升到 150 m 时，机组启动自动驾驶功能。几分钟后，在机组准备着陆下降过程中，直升机低头并右滚。当 4 s 后机长开始操纵时，机头已下俯 38°、指示空速已达 166.5 km/h，此时高度仅为 87 m。最终因来不及控制状态导致直升机坠海，两名机组成员和 5 名乘客全部遇难。

据事故调查结果，主要原因属人为因素，包括：直升机降落过程中，由于雾、小雨及起降台照明设施存在缺陷，导致飞行员目视信号不足；副驾驶未能有效地监控飞机仪表；正驾驶未能有效地监控副驾驶，特情出现后处置不力；正副驾驶之间未能及时协调、沟通。

在复杂情况下能洞察全局、分清主次，抓住危及安全的主要矛盾，是一名成熟飞行人员应有的安全观念与安全素养。那么，我们完全有理由询问，具有机长资质的飞行员，在能见度差、大风且起降台照明设施存在缺陷等一系列复杂条件下，进行平台降落这一高风险科目，为什么未能事先预见特别是未能有效制止机身倾斜、机头急剧下俯这一极其危险的状态异常变化呢？如果仅以“安全意识薄弱，敏感性不强”这样笼统的说辞作答，显然难以完全令人信服。因此，有必要对其中的深层次原因进行剖析。

3 事故深层次原因的探讨

显然，降落时气象条件及目视条件差——监控、协调不力——预见性差、对状态异常变化不敏感——处置不及时，由人为失误形成的这一事故链，最终导致了不可挽回的严重后果。其中，未能有效预防、避免直升机在低空意外地下俯、倾斜，是最直接、最关键的环节，也是分析事故深层次原因的着眼点。

笔者认为，这起事故中直升机“意外”下俯、右倾斜的最可能原因是，大顺风对“总距通道预操纵”的不利影响。

因为，对“海豚”、直 9 及米 8 等单旋翼直升机来说，飞行员下放总距后，会产生一个使直升机低头右倾斜的力矩[1]。其原因是：一方面，下放总距后旋翼的拉力减小，直升机在下降高度过程中，由于俯仰安定力矩的作用，机头会下俯；另一方面，下放总距后旋翼向左的反作用力矩 M_K 减小(见图 1)，自动驾驶仪的航向通道会操纵舵机减小尾桨向左的拉力，以保持方向平衡，而尾桨向左拉力的减小就引起直升机右倾斜(见图 2)。

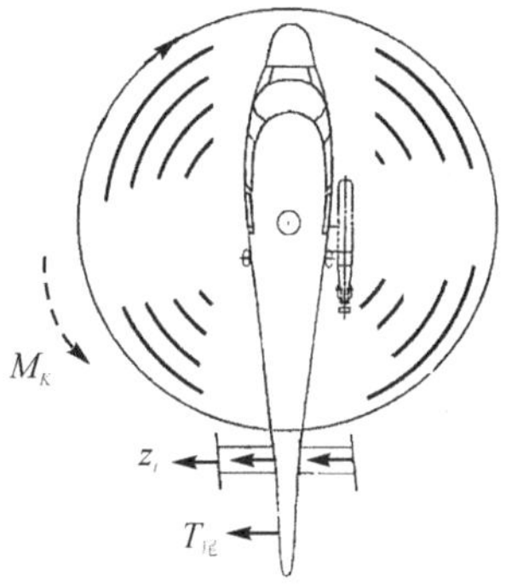

图 1　直升机的方向平衡

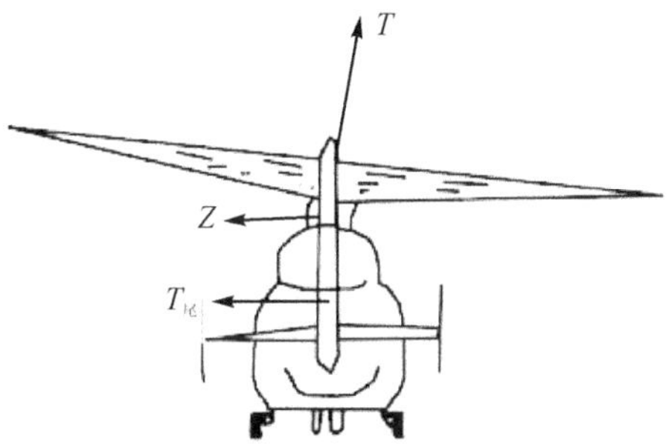

图 2　直升机的横侧平衡

由于此原因，米 8 等单旋翼直升机下放总距后，飞行员要及时蹬左舵、向左压杆保持平衡。“海豚”、直 9 直升机的自动驾驶仪通过“总距通道预操纵”来克服上述现象，即用给俯仰和横滚操纵器提供预操纵信号的方法抵消这个效应，从而减轻了飞行员的操纵负担。

但需要注意的是，这个预操纵功能只能在空速大于 74 km/h 时工作[2]。本文事故发生时的风速 7.72 m/s(27.8 km/h)，如果当时在调整着陆方向的过程中，处于正顺风状态，直升机的空速就会明显减小，甚至小于 74 km/h，因而飞行员下放总距后，就会出现的“意外”右倾斜。“意外”倾斜必然导致“意外”的下降；加之顺风导致空速减小，旋翼需要功率增大(见图 3)，且雨水使旋翼气动外形变化，这都会使旋翼的拉力减小，高度下降和机头下俯就会加剧。

航空实践证明，航空理论是飞行员操纵的基础；理论上的盲点，必然导致操纵、处置上的失误，这是航空安全的大敌。就这次事故看，飞行员对当时条件下状态变化预见性差，对放总距后的“倾斜、下俯”不敏感或“意外”，主要原因就是对上述道理认识不深刻，甚至不了解。因此，飞行员理论上存在着盲点，特殊条件下的“飞行状态控制”能力低，应是这起事故的深层次原因。

4　对提高“飞行状态控制”能力的思考

我军试飞员徐勇凌提出，“飞行状态控制”应包括三个层面：对当前状态的深刻认知；对未来运动趋势的预判；对期望达到状态的驱使。

其中，第三个层面即“驱使”是目的，第一、第二个层面即“认知”和“预判”是基础。而在前

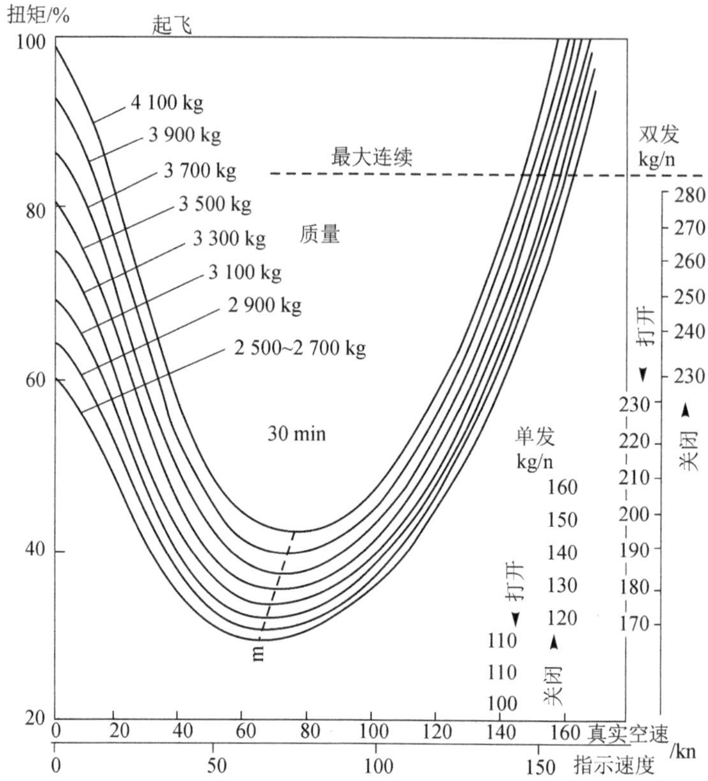

条件：高度9.5 m，温度15 ℃

图 3 平飞功率曲线

两个层面中，“认知”又是“预判”的基础。由此可见，飞行员要有效提高“飞行状态控制”能力，就必须在“当前状态的深刻认知”上下大工夫。

对飞行状态的深刻认知，就是要求飞行员不仅能够及时、准确地接收与飞行密切相关的飞机仪器信号和非仪器信号（如状态、声响和操纵力等方面的变化），而且能正确地了解这些信号所携带的信息。

应该强调的是，感觉到东西，不一定就能深刻理解它所携带的特殊信息，即感觉≠感知。要提高对飞行状态认知的深刻性，关键一条是要加强航空基础理论（如飞机的操稳特性、发动机及机载各系统的工作原理和相互关联等）的学习。以本次事故为例，如果飞行员对“海豚”自动驾驶仪的掌握不限于有关的开关、电门，而且对“总距通道预操纵”的工作原理特别是工作条件有深刻掌握，其对状态变化的预见性、敏感性、反应的及时性就会大大提高；如果飞行员对直升机在侧向稳定性（直升机对侧风的反应）理论有深刻认识，在大风条件下对直升机的状态变化就有较强的敏感性，这些都有助于避免事故的发生。

但值得注意的是，由于飞行活动的特殊性和复杂性，对飞行员的身心素质、飞行经验等诸多方面都有严格的要求，加之与航空实用理论（如具体操纵动作、设备使用步骤等）相比，航空基础理论对飞行实践的指导作用具有“隐性”的特点，致使不少飞行员对此重视不够，从而导致了很多事故。比如，国内外都曾发生过因飞机空速管故障，收油门后空速表指示不减小，飞行员因理论基础薄弱、综合判断能力低，盲目收油门使飞机减速过多而失速，甚至导致严重事故的例子。

5 结束语

飞行人员需要切实提高对航空基础理论作用的认识,注重结合飞行实践强化对基础理论的学习与应用,不断提高“飞行状态控制”能力,以保证航空飞行安全。

参考文献

[1] 曹义华. 直升机飞行力学[M]. 北京:北京航空航天大学出版社,2005.
[2] 中国民航出版社. 世界航空安全与事故分析[M]. 北京:中国民航出版社,1995.

直升机空中异常振动与振荡的预防、判断及处置

摘要： 分析了直升机异常振动与振荡的基本类型及动态特点，提出了直升机异常振动与振荡的预防、判断和处置策略，为保证直升机飞行安全提供依据。

关键词： 直升机；异常振动；飞行安全；涡环

1 引 言

直升机振源多、激励频率范围宽，且飞行环境复杂，若维护、使用不当就很容易导致多种异常振动与振荡，轻者使飞行状态意外变化，对飞行人员感知、思维、反应及机体结构产生不利影响，重者会导致状态剧变、机组受伤和机体损坏。加之异常振动与振荡不仅类型多，而且外在表现有很多共性，给机组及时、正确地判断与处置带来较大难度，直接威胁飞行安全，因而此类事故并不少见。本文根据有关文献、相关事例就此问题做初步研究。

2 直升机异常振动与振荡的基本类型及动态特点

直升机异常振动与振荡的基本类型如下。

- 基本类型
  - 旋翼及尾桨的作用力反常类
    - 操纵错误类：旋翼或尾桨涡环，旋翼失速
    - 旋翼故障类：旋翼系统或桨叶外形异常，桨叶重量和重心异常，桨叶装配或调整不当
    - 自驾故障类
    - 多诱因类：PIO、桨叶颤振、空中共振
  - 其他旋转部件故障类

2.1 旋翼、尾桨作用力反常类异常振动与振荡的动态特点

2.1.1 操纵错误类的动态特点

旋翼涡环：初始阶段，直升机抖动、掉高度、航向摆动；典型涡环状态，直升机剧烈抖动、摆动，下降率不稳、难控制，操纵性降低甚至失效。

尾桨涡环：直升机突偏或持续偏转、滚转、下降高度并有强烈振动。

旋翼失速：直升机剧烈抖动摇摆、下降高度并有噪声，操纵性变差。后行桨叶出现失速时，机体还向后行桨叶一侧倾斜。1976 年 11 月 26 日，空军一架某型直升机发生大速度失速，直升机剧烈抖动并摇摆右倾，下降率很大，速度表指示超出 200 km/h，并增大到尽头；左压杆不能克服右倾，有怪叫和爆破声。飞行员放油门变距杆到底并拉杆，高度由 1 200 m 下降到50 m 左右操纵恢复正常。

2.1.2 旋翼故障类动态特点

旋翼系统或桨叶外形异常。当出现变距拉杆脱落、桨叶变形及表面损伤、桨叶安装角不等、桨叶调整片调整不当时，各桨叶拉力不同，引起不同锥，由此产生激振力，导致直升机低频摇晃与振动，驾驶杆抖动，掉高度；而高度下降中旋翼迎角、拉力增大，高度又上升，即伴有跳跃性振动。2005 年 10 月 10 日，空军一架某直升机因 5 号旋翼后段上部脱胶撕裂，出现突发性跳跃振动，就近迫降在稻田内。空军曾发生过某直升机旋翼拔杆脱落，打坏尾梁，直升机解体的事故。但也有成功事例：一架直 5 旋翼拔杆脱落后，骤然下降 20 多米，并有较强抖动。飞行员柔和下放油门变距杆，做小坡度盘旋下降并安全着陆。实践证明，同一类故障的部位、程度及飞行状态不同，动态也不尽相同。尤其是机型不同，动态可能差异很大，如某直升机旋翼桨叶 16 号、17 号后段件上装有调整片，此处损伤后桨叶旋转阻力明显增大，而旋翼转速调节器保持旋翼转速基本不变，使旋翼反作用力矩增大，所以在振动的同时还可能左偏，右侧滑，左倾斜。

桨叶重量和重心异常。若旋翼使用、维护过程中桨叶重量或重心发生变化，如桨叶积冰或后段件吸水过多，桨叶损伤后修补质量不高，为排除大梁漏气灌胶多等，都会造成旋翼重心偏离旋转轴，或各桨叶重心不在同一平面内。这种情况下，飞机会产生不平衡的惯性离心力，引起低频摇晃振动，并随转速增大而加大、变快。但改变桨距时由于不平衡的惯性离心力变化不大，故摇晃不致加大。

旋翼装配或调整不当。如变距连杆接头间隙过大，桨毂关节轴承太紧或润滑不良等，都会引起桨叶气动力的附加变化而产生激振力，造成振动。此类振动不像桨叶不同锥那样所引起规律性的连续摇晃，往往是间断或脉冲性的抖动，一般振幅较小。

2.1.3 自驾故障类的动态特点

当自驾的交联部件如地平仪、航向系统、陀螺平台故障，或人为使用不当，或自驾和舵机技术参数不匹配时，就会导致自驾某一通道或几个通道故障。高度通道故障时，有过载冲动，高度有不大的变化；方向通道故障时，航向有不大的冲动；俯仰通道故障时，有急剧俯仰转动或迅速下降高度、增速，或迅速爬高、减速；倾斜通道故障时，向某方向倾斜或摇晃。要注意的是，自驾故障后，操纵不当极可能导致飞行员诱发振荡(pilot indulced oscillation，PIO)。

2.1.4 多诱因类的动态特点

PIO。即因人机闭环系统不良耦合而导致的共振现象，与人、机、操纵系统等因素有关，如飞行员判断和操纵滞后、自驾故障、杆力/杆位移梯度或助力系统参数不当、操纵机构的摩擦、间隙和空行程、气流扰动等。不同机型发生 PIO 的概率不同。据专门研究小组分析，1975—1981 年我国米 8 直升机曾发生 18 起严重的 PIO，主要类型为：俯仰操纵量大，往复频繁，导致直升机俯仰振动或“骑马式振荡”；自驾放大系数偏高、助力器故障、紊流及操纵不当导致直升机剧烈地周期振荡；自驾俯仰通道角速度传递系数小及操纵不当导致剧烈振荡。

桨叶颤振。其成因是，因正常情况下桨叶重心在轴向关节轴之后，且桨叶弯曲—扭转振动中的气动激振力与 n^2(n 为旋翼转速)，V^2 成正比，而相应的气动阻尼力与 n，V 成正比，所以当桨叶焦点相对于重心和轴向关节轴线的弦向位置，能满足 $n>n_{临界}$ 或 $V>V_{临界}$ 时，桨叶在挥舞方向受到扰动后，气动激振力就大于气动阻尼力，使桨叶弯曲、扭转耦合振动彼此激励，导致振动发散[1]。

现代直升机采取了一系列预防设计措施，一般不会发生桨叶颤振。但若维护、使用严重失误，如桨叶积冰或后段件吸水过多，或旋翼作较大修补使桨叶重心后移时，仍可能诱发颤振。1980年4月15日，我国一架某型直升机因严重结冰，导致旋翼颤振，打断尾梁，直升机空中解体坠毁。桨叶出现颤振后，旋翼锥体混乱，机身剧烈地摇晃、振动，仪表板模糊不清，驾驶杆有大振幅、低频率的振动，并有旋翼拍打空气的"呼呼"声。

空中共振。其成因可简述为，若不考虑桨叶挥舞/摆振、变距/挥舞和变距/摆振耦合，桨叶挥舞周期型与机体横滚和俯仰转动耦合会产生四种振型；同时，桨叶摆振周期型引起旋翼重心偏离桨毂中心，在桨毂平面产生的离心力对上述四种振型都可能起到激振作用。若有关操纵部件的位置、活动范围、间隙异常，自驾或增稳装置的参数异常，操纵动作粗猛、往复频繁，使旋翼摆振频率与机体振动频率相近且有外界干扰时，旋翼摆振离心力与上述四种振型就相互激励，特别是无铰旋翼桨毂力矩很大，振动阻尼力矩较小，更易发生空中共振，其现象与地面共振类似。

2.2 其他旋转部件故障引起的异常振动

主减速器故障：主减速器的齿轮出现裂纹、间隙不正常、润滑不好、齿轮轴变细及滑油系统故障，都会改变其传动比，进而使旋翼功率和转速发生变化，诱发机体抖动并产生噪声。

发动机喘振：在压缩器叶片损坏、变形，或上提油门变距杆粗猛，或大侧滑，或严重结冰情况下出现。此时有连续、高频的爆声，轻微至急剧振动，且发动机转速摆动或下降，燃气温度升高。

发动机涡轮叶片断裂：在发动机内有外来物、额定或起飞状态使用时间超限、长期在沙土中起降等条件下出现，伴有异常声音、振动、发动机转速不稳、燃气温度升高等现象。

3 直升机异常振动与振荡的预防策略

策略一，把握前提条件，增强预见性，避免与操纵不当有关的异常振动与振荡。此类异常振动与振荡都有着确定的产生条件，比如，旋翼涡环在小速度下滑、悬停、垂直下降时才可能出现；尾桨涡环在不利的大侧风下做小速度或悬停(转弯)时才可能出现；现代直升机的桨叶颤振通常在维护、使用严重失误如桨叶积冰或后段件吸水过多且飞行速度和旋翼转速较大时才发生。在这些条件下，按规定操纵就能避免相关的异常振动与振荡。

策略二，掌握过程特点，增强敏感性，避免与部件或系统故障有关的严重异常振动与振荡。此类严重异常振动与振荡都有一个发生、发展的过程，因而增强敏感性，克服侥幸心理，不放过任何蛛丝马迹和安全隐患，将事故消灭在萌芽状态，是保证安全的关键。否则，等情况发展到后期就会严重危及安全。1989年5月5日，日本一架贝尔直升机在天津新港区上空空中解体。原因是桨叶变距拉杆上端轴承接耳和其连接螺栓因磨损而折断，桨叶失去变距控制，切断尾梁。机务日记表明，该机此前曾多次发生异常振动，但都没有及时排除，仍带故障飞行直至情况恶化发生事故。1980年7月24日，某部某直升机机组执行跳伞任务时，因横向、纵向助力器擦伤，导致操纵迟滞，在下滑改平飞时出现左右摇摆，带较大左坡度和俯角坠地，左侧旋翼打地切断尾梁，前机身反扣滚转，爆炸起火，牺牲3人。该机曾于1980年6月19日和7月17日两次发生振动。

4 直升机异常振动与振荡的判断策略

策略一,熟知成因,掌握前提条件。如上所述,与操纵错误有关的异常振动与振荡的形成都有确定状态条件。掌握这些状态条件,就为迅速、正确的判断奠定了基础。

策略二,充分利用诱因、信号特点判断。一要善于根据显性信号与显性诱因进行判断。显性信号与显性诱因既是首先存在或易被感知的明显特情信息,又是关键特情信息。如旋翼结构异常的显性信号有噪声、旋翼不同锥;桨叶损伤的显性信号为由碰撞、断裂等引起的显著声响;自驾或其他旋转部件故障的显性信号为仪表、信号灯指示;PIO 的显性诱因有操纵不当、自驾故障、有吊挂物;旋翼与尾桨气动异常的显性诱因为边界条件飞行、操纵错误。二要善于根据关键动态特征进行判断。如旋翼涡环的关键动态特征是下降率不稳、难控制、操纵性降低甚至失效;旋翼结构或桨叶外形损伤、桨叶重量和重心异常的关键特征是旋翼脱锥与周期振动,前者还可能伴有跳跃性振动;空中共振现象与地面共振类似;桨叶颤振时,旋翼锥体混乱,机身剧烈摇晃,驾驶杆振动,有“呼呼”声;某直升机的 PIO 多发生在纵向,主要表现为俯仰振动或“骑马式振荡”。

5 直升机异常振动与振荡的处置策略

飞行人员在遵循各机型手册、守则中异常振动与振荡有关处置规定的同时,还应分析、领会有关规定中蕴含的基本策略。

策略一,掌握基本原则。各类异常振动与振荡的处置都存在一些基本原则。如处置操纵错误类的基本原则:按规定改变飞行状态,尽快脱离形成条件。处置自驾故障、旋翼故障及多诱因类的基本原则有以下 4 点:第一,最大限度减弱振动能量、破坏激振条件。一般都先关闭自驾,稳住杆舵,切忌人为干预振荡。旋翼故障还需调整速度、减小功率;多诱因类则需调整速度、改变状态。第二,操纵要柔和、协调,尤其是小总距条件下机头下俯时拉杆要谨慎、柔和。因为机头下俯时尾梁要上仰,而旋翼锥体具有陀螺定轴性,机头下俯时桨尖平面前倾延迟,使得尾梁与旋翼锥体像剪刀咬合一样相互靠近,加之旋翼锥体混乱、小总距条件下锥度角小,急剧拉杆极易导致旋翼打尾。第三,转弯时坡度不宜过大。第四,为避免情况恶化,应尽快着陆。旋翼故障后,由于功率不宜大,通常做滑跑着陆,并尽量在场内进行,以免场外道面不平导致地面共振或直升机翻倒。

策略二,把握处置差异。重点是相似的处置动作中的差异,如为减弱振动能量、破坏激振条件,空中共振时应减速或转入下滑;而桨叶颤振在减速的同时还要视情降低旋翼转速使其小于临界值。再如,米 8 旋翼故障与主减速器故障处置的差异主要是速度调整范围不同,前者调整速度为 100～120 km/h,后者调整速度为 120～140 km/h。其原因是,处置旋翼故障的关键是使故障桨叶的气动交变力 $R_{叶交变}$ 最小。而旋翼转速一定,$R_{叶交变}$ 大小与桨叶迎角 $\alpha_{叶}$ 和飞行速度有关。米 8 经济速度 $V_{经济}$ 为 120 km/h,对应最小 $\alpha_{叶}$(或桨距)。但据平飞功率-速度曲线可知,$V_{经济}$ 附近的曲线平缓,所以偏离 $V_{经济}$ 不大时,$\alpha_{叶}$(桨距)与最小值相差也很小。因此,视情在 100～120 km/h 选择速度,因 $\alpha_{叶}$,$R_{叶交变}$ 增加甚微,而速度减小使旋翼相对气流的不对称性减弱，$R_{叶交变}$减小的相对较多。而主减速器故障后，大的发动机功率与主减工作负荷易使情况恶化。因此，关键是减小发动机功率。同理，速度在 120～140 km/h，功率增加甚微，而速度大，操稳与气动特性好，利于安全。

策略三，注重审时度势。有关部件的故障部位、程度及外界条件不同，异常振动与振荡的具体特点也可能有很大差异。因此，对于部件或系统故障类异常振动，在按规定处置的同时，还须视情及时决断，防止情况恶化。

6 结束语

直升机异常振动对飞行安全有着重大影响，需要通过技术手段和维护措施来控制和减少振动，同时飞行中也需要飞行员准确预防、判断和处置相应的异常振动，以保障飞行安全和延长直升机的使用寿命。

参考文献

[1] 孙之钊. 直升机强度[M]. 北京：航空工业出版社，1990.

极限重心对单旋翼直升机悬停、小速度飞行安全的影响

摘要：系统介绍确定单旋翼直升机极限重心的依据；对比极限重心对单旋翼直升机悬停、低速飞行的影响，分析三种机型手册中的有关规定，并就完善有关规定提出了建议；最后阐述克服极限重心不利影响的对策。

关键词：极限重心；操纵规定；飞行品质；飞行安全

1 引 言

飞行中，燃油消耗、货物投放、人员移动、武器发射等都会引起直升机重心的变化。但由于与固定翼飞机比，直升机本体的操稳特性较差，在悬停和小速度状态尤甚。因此，直升机允许的重心变化范围较窄，尤其在起飞、着陆、特种作业等悬停和小速度状态，重心处于极限位置极易危及安全。为此，很多机型的手册、守则对极限重心条件下悬停和小速度飞行的操纵均作出了规定。如米8、直9和“超黄蜂”三种直升机都规定：“悬停中，重心在极限位置时，只能逆风起飞、悬停和着陆，一般不做机动飞行”。直9直升机守则指出：“海上悬停打捞飞行时，出现极限重心飞行是十分危险的，随机机械师要及时调整重心位置，根据情况发出停止工作信号”。米8也要求：“悬停空投时，注意掌握重心的变化”。

但是，上述规定只是原则性的说明，缺乏前、后极限重心的不同影响及相应对策，目前的教材中亦未有此方面介绍。况且，有些规定还值得完善。这些情况都不利于飞行员的正确操纵及飞行员与机械师的协调。鉴于此，本文就单旋翼直升机有关问题进行分析。

2 单旋翼直升机重心前、后限的确定

单旋翼直升机重心前、后限的确定主要受旋翼纵向操纵、桨叶挥舞、纵向稳定性等因素的限制[1]。

2.1 纵向操纵对重心前、后限的要求

根据纵向力矩平衡条件，可做出不同重心位置对应的自动倾斜器倾斜角与飞行速度的关系曲线（见图1）。可见，随飞行速度增加，向前推杆量加大，自动倾斜器的前倾角也增大。因此，重心不应过分靠后，以免在最大速度飞行时，超出自动倾斜器极限前倾角的限制，即最大速度决定了重心后限。

同时，重心也不应过分靠前，以免在悬停或后退飞行时，超出自动倾斜器极限后倾角的限制，即悬停或后退飞行状态决定了直升机重心的前限。重心范围的确定，还必须考虑留有操纵余量，以克服直升机在飞行时可能遇到的纵向扰动。如米8直升机重心为后限和正常中心时，驾驶杆应离开中立位置向前，大小为总行程的1/4，重心为前极限重心时，驾驶杆应离开中立

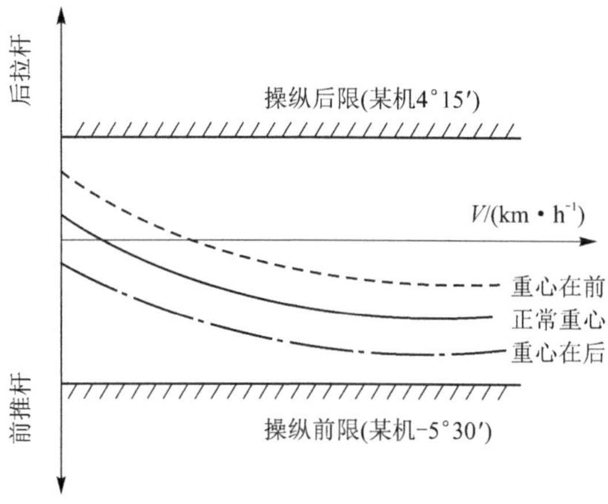

图1　纵向操纵倾斜角与平飞速度关系

位置向后，大小为总行程的1/2。

重心位置是否适当，不仅会影响自动倾斜器的倾斜角，而且会影响直升机的平衡和操纵，甚至危及飞行安全。例如，重心过于靠后将会使机头上仰，在飞行中，特别是在起飞增速时造成操纵困难。重心过于靠前将使机头下俯，对主油箱位置在桨毂中心线后面的直11直升机来说，随着燃油消耗其重心将会更加前移，结果下俯力矩更大。在此情况下着陆，将会给操纵带来困难，不利于保障飞行安全。

2.2　旋翼挥舞对重心前、后限的限制

旋翼产生的俯仰操纵力矩特点与重心的前、后位置及上下位置均有关，旋翼的周期挥舞量 a_1 可简单表示为

$$a_1 = x_G/(y+\Delta y)$$

式中，$\Delta y = Kl_B F_C/(2y)$；x_G 为重心距旋翼轴的纵向位置；y 为重心距旋翼桨毂重心的高度；Kl_B 为旋翼挥舞铰外移量；F_C 为旋翼桨叶离心力。

可见，在自动倾斜器的操纵范围内，直升机重心上下位置一定，前后位置变化范围愈大，则桨叶周期挥舞量的变化也愈大。显然，重心靠前时，周期挥舞量 a_1 在0°方位的值较大，在急剧拉杆、阵风、粗猛着陆等情况下，旋翼容易打尾梁。

2.3　迎角静稳定性对重心前、后限的限制

直升机的前后重心位置影响迎角静稳定性。若重心在旋翼轴之前，直升机受抬头扰动后，由于迎角增大，旋翼气动合力相应增加了 ΔT，从而产生一个绕重心的低头力矩，可抵消不稳定的扰动抬头力矩，这对稳定性是有利的。而当重心在旋翼轴后面时，则对稳定性不利。因此，从纵向稳定性的角度来看，直升机的重心位置不宜太靠后，一般应使正常重心变化范围相对于旋翼轴偏前，即重心的前极限大于后极限。

3 极限重心对单旋翼直升机悬停、低速飞行的影响及分析

3.1 极限重心的影响

为便于对比分析，现将极限重心的有关影响列于表 1。

表 1 极限重心对的有关影响

	前重心	后重心
纵向力矩与纵向操纵	下俯力矩大、拉杆量大	上仰力矩、推杆量大
迎角静稳定性	较强	较弱
悬停特点	修正机头下俯、直升机前移的能力弱	修正机头上仰、直升机后移的能力弱
起飞增速特点	起飞增速能力强	起飞增速能力弱
着陆减速特点	着陆减速能力弱	着陆减速能力强
近地飞行特点	倒飞能力弱	倒飞能力强
风的影响	顺风悬停、着陆不利	逆风悬停、着陆不利
其他影响	急剧拉杆、逆阵风等情况下，旋翼容易打尾梁	

3.2 对有关规定的分析

显然，“悬停中，重心在极限位置时，只能逆风起飞、悬停和着陆”这一诸多机型手册中的普遍提法显得笼统，需要完善。具体应细化如下。

前重心时，由于机头下俯、拉杆量大，顺风悬停、着陆不利于修正状态和减速，因而只能逆风起飞、悬停和着陆。

后重心时，由于机头上仰、推杆量大，逆风悬停、着陆不利于修正状态和增速；同时，迎角静稳定性较弱，而顺风又使迎角静稳定性进一步减弱，所以，要避免后重心飞行的情况出现。

总之，重心过于靠前或过于靠后，直升机修正状态偏差的能力明显降低，进行悬停、特种作业时，不仅难以顺利完成任务，还会危及安全。同时加减速机动能力也明显降低，加大了起飞和着陆的风险。在不利的风向条件下，上述特点更为明显。应尽量避免以极限重心飞行，特别是以重心后限飞行。必须以前重心飞行时，只能逆风起飞、悬停和着陆。

4 克服极限重心不利影响的对策

4.1 了解重心变化的基本规律

确定单旋翼直升机重心前后位置及变化规律有以下两种方法。

一是计算法。某时刻直升机重心前后位置 X_G 可表示为

$$X_G = \sum (X_i G_i) \Big/ \sum G_i \tag{1}$$

式中，i 从 1 到 n，$X_1, X_2, \cdots, X_n$ 分别为直升机各部分到 X 基准面的距离；$G_1, G_2, \cdots, G_n$ 分

别为直升机各部分质量(包括空机和机载物)。实际运用中,可根据设备、武器的装载及投放、发射计划,通过式(1)事先计算特定时刻直升机的重心位置,并结合燃油消耗对重心的影响,综合确定直升机重心前后位置的变化规律。借助简单的计算程序,这种方法并不复杂。

二是查图法。即根据技术说明书中的重心位置曲线,结合任务及装载情况,查出相应的重心前后位置。

4.2 掌握保证安全的基本要求

由于悬停、小速度和特种作业飞行时,直升机操稳特性较差、飞行高度低,且对直升机的位置、方向及高度的要求严格;而极限重心位置时驾驶杆的操纵裕量小,保持俯仰状态和修正偏差的能力弱,所以应尽量避免在极限重心位置和不利风向风速条件下做悬停、小速度飞行和特种作业飞行。

如果受条件所限,必须在接近极限重心位置时做悬停和小速度飞行,应充分考虑风的影响。此外,特种作业如投放物品、安装、调挂、搜救飞行前,应掌握重心变化特点和风向风速情况,制定详细的预案,加强机组人员的协同,注意操纵动作柔和、协调。

5 结束语

(1) 直升机极限重心对悬停、小速度飞行,特别是特种作业的安全有重要影响。

(2) 尽量避免在极限重心位置和不利风向风速条件下做悬停、低速飞行和特种作业飞行。特种作业前,应掌握重心变化特点和风向风速情况,制定详细预案,加强协同,确保安全。

(3)“悬停中,重心在极限位置时,只能逆风起飞、悬停和着陆”的提法显得笼统,需要完善。

参考文献

[1] 郭才根.直升机总体设计[M].北京:航空工业出版社,1993.

共轴式直升机的气动特性、操稳特性与飞行性能特点分析

摘要：分析了共轴式直升机的气动布局对其悬停性能、垂直上升性能和前飞的部分性能的影响，结合气动布局与操稳特性分析了共轴式直升机的机动能力及其平盘旋机动、漏斗机动两种特殊机动动作。

关键词：直升机；事故分析；人为因素；特情

1 引 言

飞行性能是飞行品质的重要方面，也是设计者和使用者关注的最终环节。无论是固定翼飞机还是直升机，分析飞行性能特点都应遵循“气动布局→气动特性，操稳特性＋发动机特性→飞行性能”这一主线。与单旋翼直升机相比，由于共轴式直升机的气动布局特别是旋翼布局的差异，使其气动特性、操稳特性与飞行性能也存在很多特点，进而在民用、军用方面都表现出独特的优势。

2 共轴式直升机的气动布局提升了其悬停、垂直上升性能

目前，单旋翼带尾桨式直升机以其简单、实用的操纵系统和相对成熟的单旋翼空气动力学理论，仍占据着直升机领域的主流，但其尾桨也存在不少副作用：除可能出现机械故障、外来物撞损及因尾梁振动引起尾桨传动机构故障等隐患外，在起飞、悬停状态下尾桨额外消耗的功率占到10％～12％，从而对飞行性能产生不利影响。

共轴式直升机由于上、下旋翼的反作用力矩基本上能够相互平衡，取消了尾桨，旋翼能得到更多的功率。加之上、下旋翼相互影响也产生有益的作用：上旋翼向下排压的气流受到下旋翼的吸拉，产生附加向下的速度，因而上旋翼对气流向下的作用减小，即上旋翼消耗的诱导功率减小；同时，下旋翼排压的大部分空气来自上旋翼尾涡，其预先已有一定的轴向速度，因而下旋翼的诱导功率也减小。资料表明，在相同拉力和旋翼直径下，共轴双旋翼的诱导阻力比单旋翼低20％～30％。

因此，共轴式直升机具有较高的悬停效率和较大的上升率。据卡莫夫设计局的资料称，通常共轴式直升机的悬停效率要比单旋翼带尾桨式直升机高出16％～22％，即在相同的起飞质量、发动机功率和旋翼直径下，共轴式直升机有更高的悬停升限和垂直上升率。

3 共轴式直升机的气动布局提升了其前飞的部分性能

如上述，一方面，共轴式直升机飞行中的诱导功率比单旋翼直升机的小；另一方面，由于共轴式直升机外露的非流线形部件如操纵系统和旋翼桨毂的数量和体积大于单旋翼直升机的，

因而废阻也较大。

总的看，共轴式直升机在悬停、中低速飞行时的需用功率小于单旋翼直升机，但随速度增加，需用功率逐渐增大至大于单旋翼直升机。这一特性决定了共轴式直升机有较大的实用升限、较大的上升率和续航时间。而单旋翼直升机则有较大的平飞速度、较大的巡航速度。

4 共轴式直升机的气动布局与操稳特性增强了其机动能力

直升机的机动性主要取决于旋翼的拉力特性、直升机的功率特性及操纵性和操纵特点。其中，共轴式直升机的拉力为上、下旋翼拉力之和，在直径和拉力相等的条件下，共轴式旋翼的拉力比等值单旋翼拉力大3%～10%。由前述，在中、小速度下，共轴式直升机的所需功率特性优于单旋翼直升机的。这两方面都增强了共轴式直升机的机动性。以下着重分析操纵性和操纵特点对共轴式直升机机动性的影响。

4.1 共轴式直升机较高的操纵能力增强了其机动能力

直升机的操纵能力是指操纵杆由中立偏转到极限限动器时得到的最大角加速度 $\varepsilon_{Z\max}$，$\varepsilon_{X\max}$，$\varepsilon_{Y\max}$。根据刚体的转动定律，最大角加速度取决于操纵力矩和转动惯量，如 $\varepsilon_{Z\max}=M_z^{\delta_B}\delta_{B\max}/I_z$。其中，$M_z^{\delta_B}$ 为操纵功效，指单位操纵倾角或位移产生的操纵力矩。显然，旋翼及尾桨距直升机重心的垂直距离大，则操纵功效大。此外，铰接式旋翼的桨毂力矩可增大操纵功效。

由于共轴式直升机采用两副旋翼，旋翼半径仅为同质量级单旋翼直升机的70%，加之没有尾桨，机身较短，所以共轴式直升机纵向尺寸仅为同质量级单旋翼直升机的60%左右。同时，共轴式直升机的结构质量和载重均集中于重心处，因而减少了俯仰转动惯量和偏航转动惯量。如10 t级直升机，共轴式直升机的俯仰转动惯量大约是单旋翼直升机的1/2。这有利于提高操纵能力。

特别是由于上、下旋翼之间的距离产生较大的操纵力臂与俯仰操纵力矩，所以共轴式直升机与单旋翼直升机相比，纵向操纵功效和能力明显提高。此外，由于共轴式直升机机身较短，故采用双垂尾提高航向操稳特性。因此，共轴式直升机在较大速度时有较高的航向操纵能力。

4.2 共轴式直升机气动力对称的特点简化了机动飞行操纵动作

直升机的气动力对称程度直接影响各操纵通道之间耦合程度。由于单旋翼直升机机身上一直存在着可变的尾桨侧向力及偏航力矩，其气动力是不对称的，因而各操纵通道之间存在复杂的联系。如要上提总距杆增大拉力，必须蹬脚蹬克服旋翼的反作用力矩，保持航向平衡，还必须压杆保持横侧平衡。飞行员称之为“动一兼顾二”。显然，这种操纵非常复杂。

而共轴式上、下旋翼的反作用力矩及方向相反的旋翼侧向力基本平衡，旋翼高度差产生的横侧力矩不大，因而具有气动力对称、各操纵通道基本独立的重要特点。该特点简化了正常条件下，特别是低空、复杂地形及故障情况下机动飞行的操纵动作。

苏联功勋卓著的试飞员 Бездетнова Н. П 说：“共轴式直升机的飞行员不感觉费力，实际就像走路一样不由自主地完成，从而腾出精力解决战术任务。”

5　共轴式直升机的气动布局特点与特殊机动动作

各型单旋翼直升机对绕立轴的偏转角速度和侧滑角大小都有明确限制。首先，因为单旋翼直升机的尾桨大多无垂直关节，若偏转角速度和侧滑角大，尾桨桨叶迎角变化也大，这会引起桨叶急剧挥舞，产生的哥氏力弯矩和动载荷对尾桨寿命产生不利影响。其次，悬停和小速度飞行中，偏转角速度和侧滑角过大，尾桨可能进入涡环状态。再次，偏转角速度和侧滑角过大，还会引起旋翼和尾桨消耗功率的变化，导致飞行高度意外变化而危及安全。而共轴式直升机一方面无尾桨，不存在对侧滑角和偏航角速度大小的限制，另一方面，大侧滑角下差动总距仍有较高的航向操纵功效，所以能完成一些带大侧滑角的特殊机动。

5.1　平盘旋机动

平盘旋是使直升机纵轴方向快速指向空间任一点的一种特殊战术机动。机动中飞行速度方向及飞行高度、法向过载大小基本不变，坡度和俯仰角变化很少，但带有很大的侧滑角。如90°平盘旋，直升机的侧滑角改变大约90°或更大。

平盘旋的操纵：向盘旋方向蹬脚蹬到底，通过纵、横操纵使旋翼轴方向基本不变。转到规定角度后，脚蹬稳定在中立，通过脚蹬消除偏航角速度并保持预定航向。方向和横侧静稳定性要求较大的杆舵操纵量；较高的偏航角速度要求有力的操纵。

平盘旋的应用。由于顺风使直升机的气动特性、飞行性能、稳定性都变差，因此单旋翼直升机不允许做大顺风着陆。而共轴式直升机通过180°平盘旋，可做大顺风着陆。如图1所示，着陆中直升机在减速至速度表变得不灵敏的过程中，完成180°平盘旋。此后，以倒飞减速至迎风悬停。

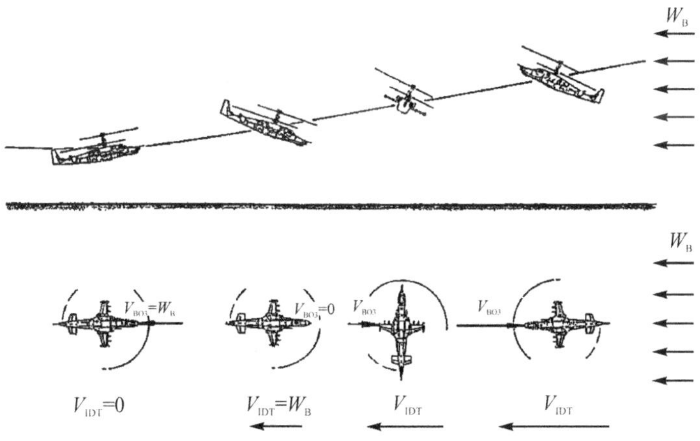

图1　大顺风着陆中的180°平盘旋机动

5.2　漏斗机动

如图2所示，漏斗机动的战术能力主要在于直升机可以长时间保持和改变纵轴方向到空间给定区域。如图3所示，当完成漏斗时，旋翼拉力的水平分量指向漏斗中心，并与直升机沿近似圆形轨迹、带90°侧滑旋转时的惯性力平衡。

图 2 漏斗机动

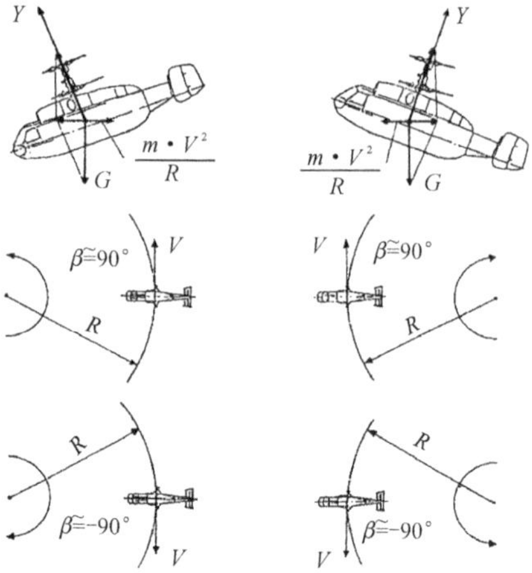

图 3 漏斗机动的作用力

漏斗的操纵：从左盘旋进入漏斗时，蹬左脚蹬，形成 90°的右侧滑。此过程中，直升机的俯角短时间增加到 30°且左坡度均匀减小。此时，为保持向右的飞行速度，应向右压杆保持不大的右坡度。

进入漏斗后，直升机带 90°右侧滑角、30°俯角和 2°～4°右坡度，沿曲线轨迹左转。转动过程中，脚蹬左偏几乎到底，以保持带侧滑的稳定飞行。

改出漏斗：调整脚蹬到中立位置以减小侧滑角。此时，俯仰角随坡度的变化而减小。在漏斗中，法向过载不大且完全由俯仰角决定。

综上所述，共轴式直升机无尾桨的布局特点及上、下旋翼的有利干扰改善了其悬停、垂直上升性能及前飞的部分性能。较小的外形尺寸与转动惯量、较大的旋翼操纵力矩提高了操纵能力与机动能力；气动力对称与各操纵通道基本独立的特点简化了正常条件，特别是低空、复杂地形及故障情况下机动飞行的操纵动作。因无尾桨而不存在对侧滑角和偏航角速度的限制，同时大侧滑角下差动总距仍有较高的航向操纵功效，所以能完成平盘旋、漏斗这样带大侧滑角的特殊机动动作。

6 结束语

共轴式直升机在气动特性、操稳特性和飞行性能方面具有一定的特点优势，但也存在一些操纵耦合和稳定性方面的挑战。这些特性使得共轴式直升机在某些机动飞行中表现出一些不同的特点，需要飞行人员切实提高对其飞行特点的认识，注重结合飞行实践强化对基础理论的学习与应用，以保证航空飞行安全。

参考文献

[1] 曹义华. 直升机飞行力学[M]. 北京：北京航空航天大学出版社，2005.

[2] 邓彦敏. 陶然. 胡继忠. 共轴式直升机上下旋翼桨叶之间气动干扰的风洞实验研究[J]. 航空学报，2003，1：10-14.

[3] 高正. 直升机空气动力学的最新成果[M]. 北京：航空工业出版社，1999.

专题 5
其他飞行原理相关问题研究

飞机不同迎角下近场飞行绕流场数值模拟

摘要：为分析飞机起降地面滑行阶段不同姿态下尾流场分布情况及对放减速伞的影响，运用计算流体力学(CFD)技术，以国外某飞机为研究对象，基于 Delaunay 非结构网格划分方法，采用 RANS 方程、可实现型 $k-\varepsilon$ 湍流模型和 Roe 离散格式，运用耦合隐式算法对不同速度和迎角下的飞机尾流场进行数值仿真计算。仿真结果表明：该型飞机以不同速度和迎角条件下滑行，尾部流场存在一定的反压区，表压范围在－320～1 140 Pa，反压区大小与速度、迎角相关性不大，对放伞影响作用较小并可忽略。

关键词：飞机；迎角；尾流场；网格划分；数值仿真

1 引 言

飞机的起飞和进场着陆阶段是执行飞行任务的事故易发多发阶段，据统计 1/2 左右的空难发生在起飞和进场着陆阶段[1]。高速军用飞机因起降速度大，在特殊情况下中断起飞和正常着陆时都需要放出减速伞以保障起降安全。据统计，高速战机起降过程中冲出跑道事件多与减速伞异常有关。更进一步的分析表明，在放伞系统正常的情况下，减速伞不能正常放出的事件多伴有放伞速度大、迎角小的现象，有资料提出这可能与飞机尾部的涡流、反压区有关，但并无详细的理论依据。随着科学技术的进步，减速伞故障分析和放伞仿真研究得到了进一步发展。如沈燕良等采用气动控制技术，提出了减速伞放伞机构的气压和电控改进方法，研制了一种新型阻力伞机构，大大提高了放伞过程的可靠性，解决了无法抛伞的常见故障[2]。朱武峰等为了解决阻力伞气动故障，构建了一套气动仿真实验模型，分析了多状态参数变化对放伞的影响，最后提出了一系列减少故障率的措施[3]。

本文以计算流体力学为基础，对不同速度和迎角下的飞机尾流场进行数值仿真计算，并综合考虑地面效应和尾喷流的影响。通过仿真结果分析，验证了网格生成和仿真计算的合理性，为飞机安全起降、科研人员开展相关仿真研究提供了理论参考。提出的建模分析、计算方法适用于各型飞机，具有较强的通用性和可移植性。

2 几何建模与网格划分

2.1 几何建模

首先，飞机起落架细小精密部件较多，会导致网格质量降低，但其结构对飞机整体气动和流场影响很小[4]。为简化研究，提高整体网格质量，网格划分不考虑起落架结构。

其次，原始模型包含了大量的几何文件，实际网格划分和数值仿真过程是在飞机表面壳体基础上开展，因此需对体积模型进行表面提取，保证提取的面结构是一个连续的无缝面，便于后期网格划分[5]。

最后，对飞机模型前后襟翼做进一步的重构和修正。飞机在起飞和降落时通过放下襟翼来增加机翼面积、改变翼型弯度，延缓机翼的气流分离，从而提高低速状态下的升力，有利于飞机快速起飞和缓慢着陆，保证飞行安全[6]。襟翼放下与否对飞机的外流场会产生一定影响，为提高仿真精度，模拟飞机真实地面滑行状态，对机翼前后缘按实际比例分别分割出前缘襟翼和襟副翼，根据飞机起降规范，分别向下偏转，偏转角度为 $\delta_{前襟}=23°$，$\delta_{襟副}=18°$。放襟翼前后的飞机模型如图 1 所示。

(a) 放襟翼前 (b) 放襟翼后

图 1 飞机模型

2.2 网格划分

网格是仿真计算域内一系列的离散点。计算流体力学通过离散控制方程，通过数值计算法得到各个网格节点上的物理特性数据。得到的速度、压力和温度等数据即为我们需要的仿真计算的数值解[7]。网格划分是数值计算的重要前处理工作，占据了整个仿真计算周期时间的 80%左右，网格质量的高低是影响计算结果的关键因素[8]。该机型外形结构复杂，采用 Delaunay 非结构三角化网格生成技术，非结构网格对不规则的复杂构型自适应能力较好。Delaunay 三角化的显著优点是能够使每一个三角形网格最小角尽可能大，使之接近于等边三角形单元，可显著提高非结构网格生成效率[9]。

飞机表面划分三角形非结构网格，网格尺寸为机身尺寸的 0.05%左右。飞机尾椎部分是减速伞伞舱位置，是本文仿真关注的重点区域，需要单独对该区域进行加密操作，保证后期流场仿真结果更加准确，尾椎部分网格单位尺寸值设为整机网格尺寸的 1/2。远场部分的尺寸根据机身整体尺寸划分。飞机长约 21 m，翼展 14 m，停机高度 6m。远场尺寸取机身尺寸的 20 倍左右，设定为$(400\times300\times100)\,m^3$ 的长方体。飞机正下方地面划分$(60\times60)\,m^2$ 的地效加密区，尾流场设置 6 个间距 1 m 的长方形纵切面加密区，每个长方形纵切面尺寸为$(4\times2)\,m^2$。图 2 给出了机身和远场各区域网格分布。表 1 给出了各区域面网格尺寸。

表 1 各区域面网格尺寸

m

机身表面	尾椎表面	尾流场加密区	地效加密区	远场边界
0.1	0.05	0.1	1	10

因在后期使用求解器数值进行计算时，需要用湍流模型处理，这里所指的湍流模型通常是充分发展的湍流，多应用于高雷诺数流动中[10]。而在近壁区因黏性作用，雷诺数不大，湍流发展不充分。所以在近壁区需要采取特殊边界层处理，在划分网格时要完成此工作。本仿真网格边界层第一层厚度取 10^{-5} m，最大边界层数设为 100，增长率 1.3，边界衰减系数 0.9，空间

(a) 机身表面

(b) 尾流加密区

(c) 地效加密区

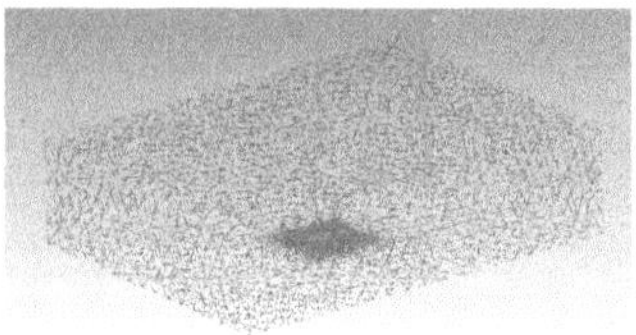

(d) 远场

图 2　网格分布

体网格类型为全类别，包括四面体、金字塔、棱柱体和六面体。最终生成的空间体网格类型包括四面体、金字塔和棱柱体三大类。其中，金字塔和棱柱体网格集中在边界层，四面体网格集中分布于整个远场。进一步，以战机模型及其表面网格为整体，迎角自 5°起，以 1°为单位依次抬升至 10°迎角。每变化 1°迎角采用相同的体网格生成法重新划分飞机边界层网格和空间体网格，网格检查无负体积，质量满足计算要求。5°～10°迎角下 $Z=0$ 纵切面体网格可视化如图 3 所示。

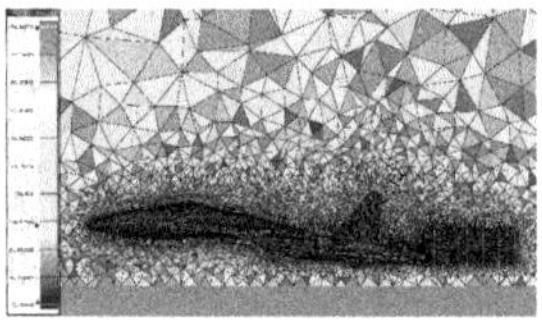

(a) 5°迎角

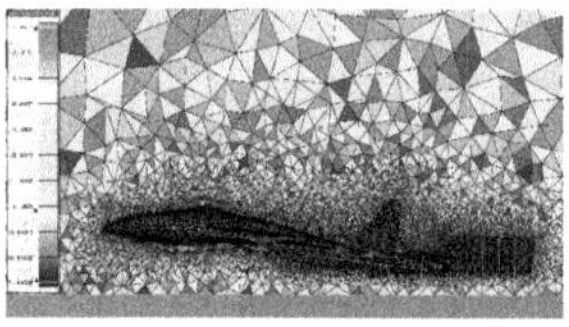

(b) 6°迎角

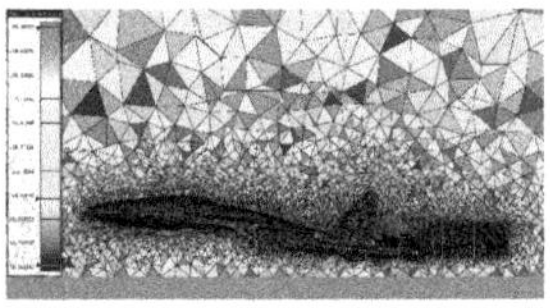

(c) 7°迎角

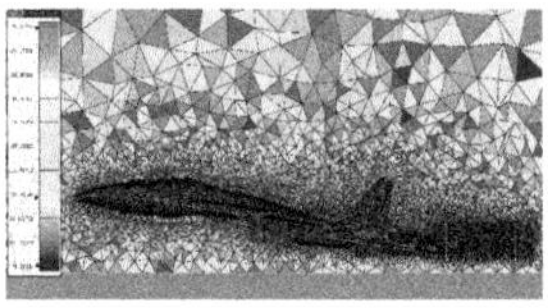

(d) 8°迎角

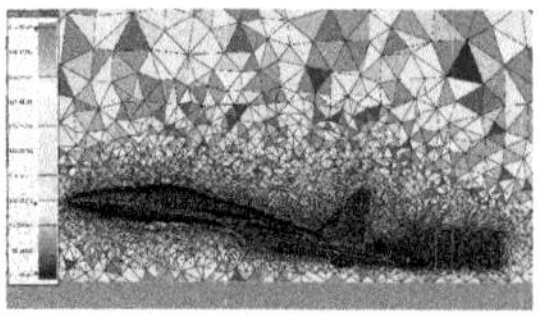

(e) 9°迎角

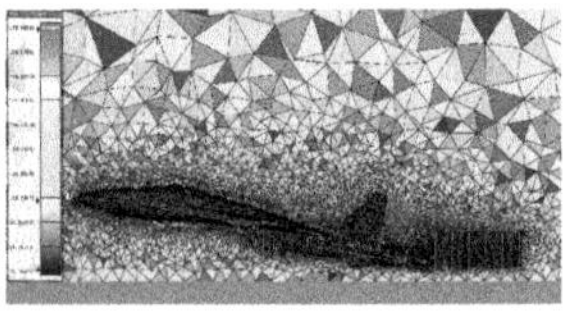

(f) 10°迎角

图 3　$Z=0$ 纵切面体网格

5°～10°迎角下空间体网格类型及数量如表 2 所列。

表 2　空间体网格统计

万

迎角/(°)	四面体	金字塔	棱柱体	总数
5	426.91	11.02	374.13	812.06
6	426.42	11.02	374.11	811.55
7	424.94	11.02	374.09	810.05

续表 2

迎角/(°)	四面体	金字塔	棱柱体	总数
8	419.14	11.00	374.15	804.29
9	419.33	10.98	373.62	804.50
10	419.12	11.02	374.13	804.27

3 理论模型与数值方法

3.1 理论模型

三维雷诺平均 N-S 方程(RANS)现广泛应用于各种 CFD 工程实例中[11]。其方法可将控制方程的瞬时运动分为平均运动和脉动运动,根据不同的经验和实验方法假设雷诺应力项,进而求解雷诺平均方程[12]。引入湍流模型的 RANS 方程可较为准确地计算飞行器气动力,是目前流场数值计算的主流方法。控制方程采用守恒形式,RANS 方程如下:

$$\frac{\partial \rho}{\partial t}+\frac{\partial}{\partial x_i}(\rho u_i)=S_{\mathrm{m}} \tag{1}$$

$$\frac{\partial}{\partial t}(\rho u_i)+\frac{\partial}{\partial x_j}(\rho u_i u_j)=-\frac{\partial p}{\partial x_i}+\frac{\partial \tau_{ij}}{\partial x_j}+\rho g_i+F_i \tag{2}$$

$$\frac{\partial(\rho T)}{\partial t}+\operatorname{div}(\rho u T)=\operatorname{div}\left(\frac{k}{c_p}\operatorname{grad} T\right)+S_{\mathrm{T}} \tag{3}$$

$$p=\rho R T \tag{4}$$

式中,S_{m} 是从分散的二级相中加入到连续相的质量;p 为静压;τ_{ij} 为应力张量;g_i 和 F_i 分别为 i 方向上的重力体积力和外部体积力;c_p 为比热容;T 为温度;k 为流体的传热系数;S_{T} 为黏性耗散项;R 为普适气体常数。

本文选择满足对雷诺应力的约束条件的可实现型 $k-\varepsilon$ 湍流模型,可保持与真实湍流一致。该湍流模型在实测数值计算中,性能表现更优于标准 $k-\varepsilon$ 模型和 RNG $k-\varepsilon$ 模型[13],并加入了数学约束,C_μ 不再是常量,改为随应变变化率的函数

$$C_\mu=\frac{1}{A_0+A_s\dfrac{kU^*}{\varepsilon}} \tag{5}$$

式中,$A_0=4.04$;$A_s=\sqrt{6}\cos\phi$;$\phi=\dfrac{1}{3}\arccos(\sqrt{6}W)$;$W=\dfrac{S_{ij}S_{jk}S_{ki}}{\tilde{S}}$。

3.2 数值方法

本文采用可较好计算可压缩流动的密度基稳态求解器,其对高速流场的结构捕捉能力较强[14]。控制方程为守恒形式,采用耦合隐式算法,Roe 离散格式。耦合求解器耦合了流动方程和能量方程,隐式算法可加速收敛,收敛速度快、效果好,相比耦合显式需要的内存更大,对计算机的配置要求较高[15]。空间离散化方面,梯度项采用基于单元格的最小二乘法,流体流量采用二阶迎风格式,湍动能项和湍流耗散项均采用一阶迎风格式。方程离散化后进行耦合

求解，库朗数取 5，湍动能项和湍流耗散项的亚松弛因子均取 0.8，湍流黏性项和固体壁面的亚松弛因子取 1。实际仿真结果表明，以上参数设置效果良好，残差收敛较快。

3.3 边界条件

边界条件方面，本文中的远场尺寸约为飞机尺寸的 20 倍，可满足仿真计算条件。战机迎角自 5°～10°变化，对应的滑跑速度自 300～255 km/h 变化。计算域远场前面为远场入口，设为压强入口边界条件，上面、左右面和后面为远场出口，设为压强出口边界条件，远场 5 个面均为自由空间；进气道截面设为压强出口边界条件，尾喷口截面设为压强入口边界条件；机身表面和地面均设为无滑移固体壁面条件。环境气压为海平面标准大气压 101 325 Pa，环境温度为 288 K。所有压强入口条件的流动方向定义为垂直于边界，压强出口条件的流动方向定义为导自临近单元，即紧邻压力出口的网格单元格流动方向。不同速度、迎角下各边界条件具体参数如表 3 所列。

表 3 边界条件参数

迎角/(°)	速度 τ/(km·h^{-1})	远场入口气流参数	远场出口气流参数	进气道气流参数	尾喷口气流参数
5	300	总压:105 643 Pa 静压:101 325 Pa 总温:291.6 K	静压:101 325 Pa 总温:291.6 K	静压:101 325 Pa 总温:291.6 K	总压:189 588 Pa 静压:145 100 Pa 总温:475 K
6	293	总压:105 441 Pa 静压:101 325 Pa 总温:291.4 K	静压:101 325 Pa 总温:291.4 K	静压:101 325 Pa 总温:291.4 K	总压:189 588 Pa 静压:145 100 Pa 总温:475 K
7	285	总压:105 216 Pa 静压:101 325 Pa 总温:291.3 K	静压:101 325 Pa 总温:291.3 K	静压:101 325 Pa 总温:291.3 K	总压:189 588 Pa 静压:145 100 Pa 总温:475 K
8	273	总压:104 891 Pa 静压:101 325 Pa 总温:291 K	静压:101 325 Pa 总温:291 K	静压:101 325 Pa 总温:291 K	总压:189 588 Pa 静压:145 100 Pa 总温:475 K
9	262	总压:104 606 Pa 静压:101 325 Pa 总温:290.8 K	静压:101 325 Pa 总温:290.8 K	静压:101 325 Pa 总温:290.8 K	总压:189 588 Pa 静压:145 100 Pa 总温:475 K
10	255	总压:104 432 Pa 静压:101 325 Pa 总温:290.6 K	静压:101 325 Pa 总温:290.6 K	静压:101 325 Pa 总温:290.6 K	总压:189 588 Pa 静压:145 100 Pa 总温:475 K

执行仿真计算的工作站 CPU 为 Intel Xeon，运行内存为 192 GB，12 核 24 线程，每度迎角计算耗时约 1 天。求解结束后，将数据文件导入可视化软件显示云图、描绘气流流线和提取分析仿真数据。

4　仿真结果及对放伞影响分析

4.1　全局分析

在分析尾流场之前先对全机外流场进行仿真结果的可视化，以便把握整体流场分布情况。以 7°迎角降落状态为例，图 4 为压强全局视图，从中可以看出大于 110 kPa 的高压区集中分布于尾喷口附近区域，此为尾喷口高压气流区；101～110 kPa 的次高压区主要集中在机头、尾椎与尾椎下方地面、机身下腹部表面与其正下方地面、尾喷流喷射到地面的后方区域，其中飞机下方的地面高压区为地面效应作用的结果；小于 101 kPa 的低压区主要集中在机翼上表面，机翼上下表面的压差使飞机产生一定的升力。

图 4　压强全局视图

图 5 为气流流线。机身周围可见明显的机翼涡、边条涡和翼尖涡。其中，边条涡是该型战机的一大特点。飞机前翼采用细长的三角边条翼，边条涡由边条翼产生，是战机飞行过程中前翼产生气流分离产生的涡流结构。该战机飞行产生的边条涡可以增大飞行迎角。翼尖涡的形成是由于飞机以一定的迎角滑行或飞行时会产生一定升力，飞机下翼面的压强大于上翼面，下方的高压气流沿着翼尖位置向上滚卷流动到上方低压区域，加上飞机本身具有前进速度，气流向后流动，因此形成了较长的翼尖涡流。

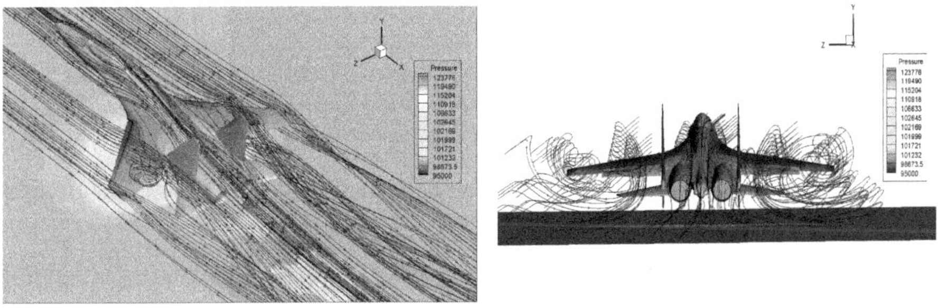

(a) 5°全局视图　　(b) 6°后视图

图 5　气流流线

4.2 轴向分析

轴向方面，给出尾喷口截面后 X 轴正方向 4 m 内特性。图 6 给出了 5°～10°条件下 $Z=0$ m 纵切面压强云图。

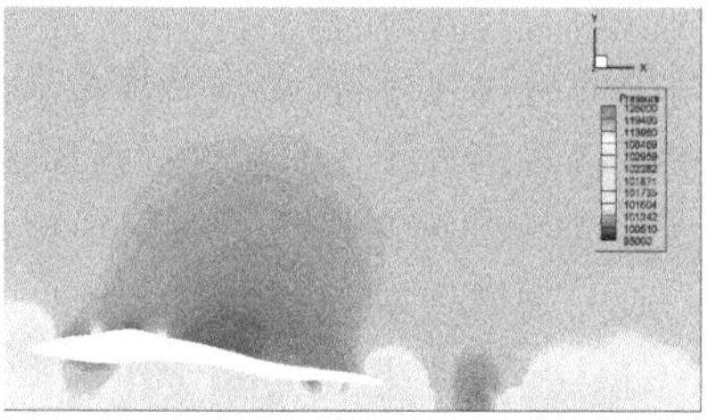

(a) 5°迎角

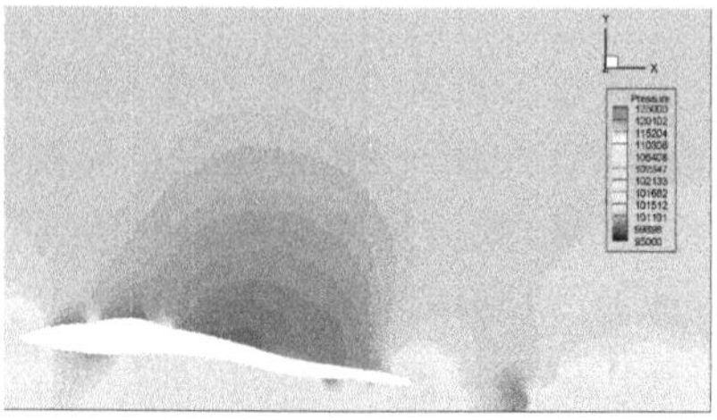

(b) 6°迎角

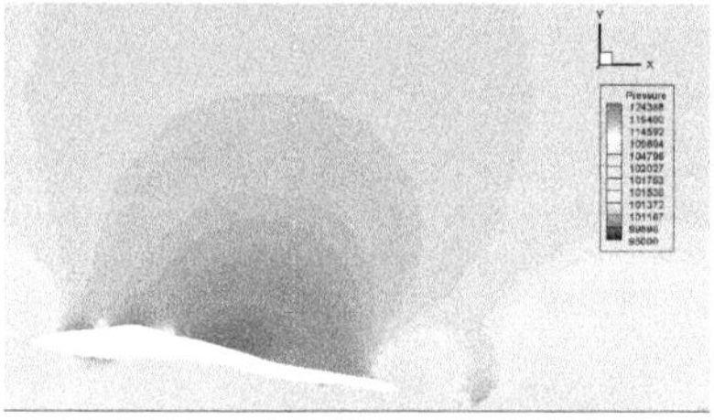

(c) 7°迎角

(d) 8°迎角

(e) 9°迎角

(f) 10°迎角

图 6　$Z=0$ 纵切面压强云图

图 7 给出了以两尾喷口外截面 Y 对称轴与尾椎表面交点为起点，沿 X 轴正向每隔0.15 m 的表压特性曲线。X 轴为距离起点的 X 方向位置，Y 轴代表表压大小。表压强也叫相对压强，是以大气压力为起点；绝对压强是直接作用在物体表面的所有压力，以绝对真空为起点。表压强和绝对压强之间的关系为

$$p_g = p_{abs} - p_0 \tag{6}$$

式中，p_g 为表压强；p_{abs} 为绝对压强；p_0 为标准大气压。

其中 $X=1.65$ m 之前为尾椎表面取点，$X=1.65$ m 之后为 X 轴水平方向取点。

从图像和曲线分析可知，伞舱附近存在一定的反压区（压力与放伞方向相反，不利放伞即为反压），表压范围在 -320～1 140 Pa（含尾椎伞舱表面）；不同迎角下，压强均以尾椎末端点为反压峰值点，沿轴向的两侧方向总体呈下降趋势；在 $X<0.6$ m 的区域内为低于标准大气压的负压真空区，且负压值先下降后上升；迎角越大、速度越小，尾椎末端点反压越小，不同迎角尾流场区域同位置点压差值较小，范围在 -210～140 Pa，轴向反压区大小与速度、迎角相关性不大。

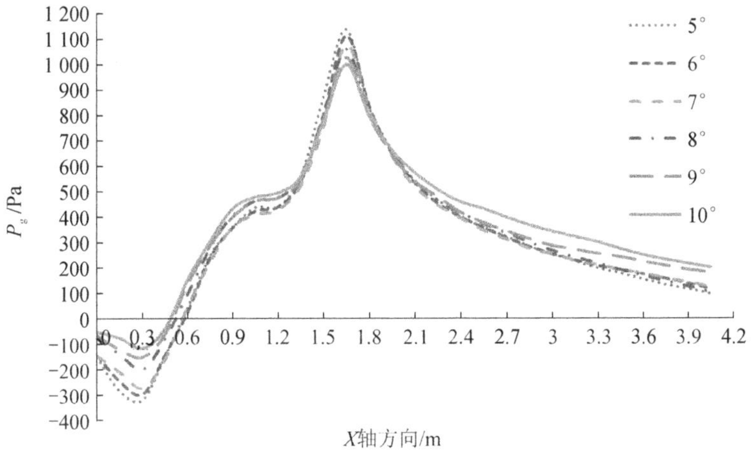

图 7 轴向表压特性曲线

4.3 横向分析

横向方面，给出以尾椎末端点为中心，Z 轴正反两方向各 1.2 m 范围内特性。图 8 给出了 5°～10°条件下过尾椎末端点横切面压强云图。

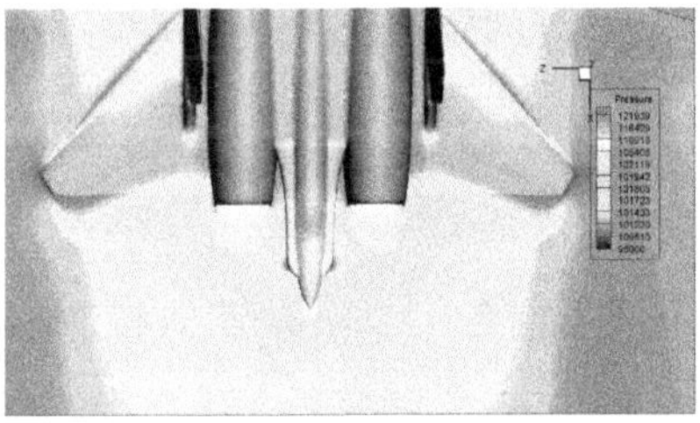

(a) 5°迎角

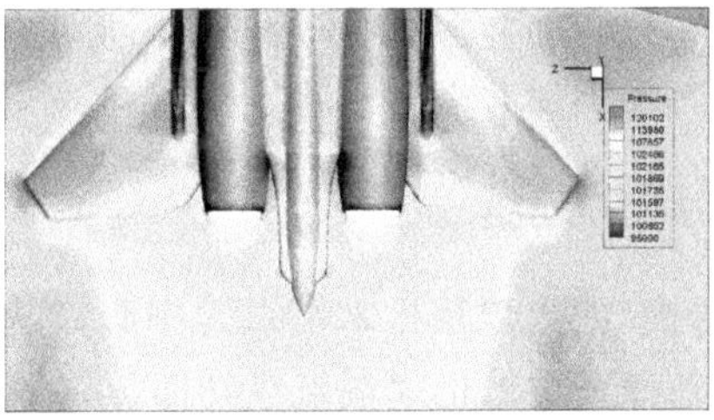

(b) 6°迎角

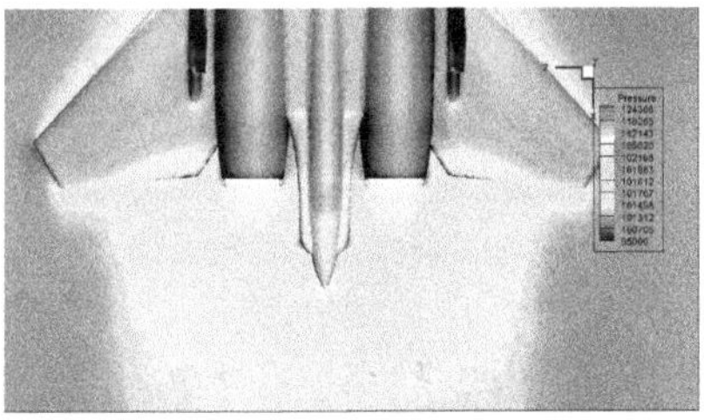

(c) 7°迎角

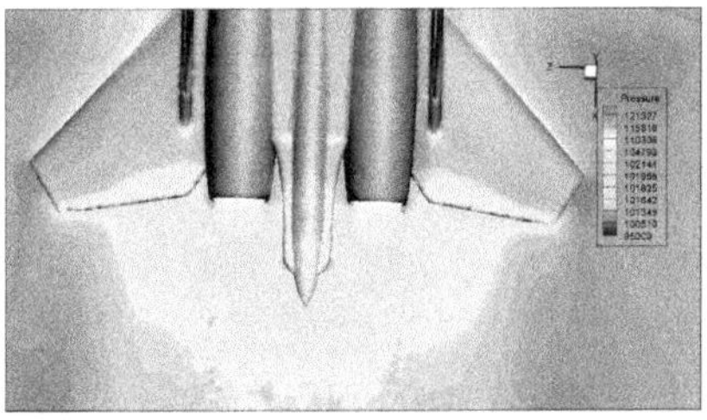

(d) 8°迎角

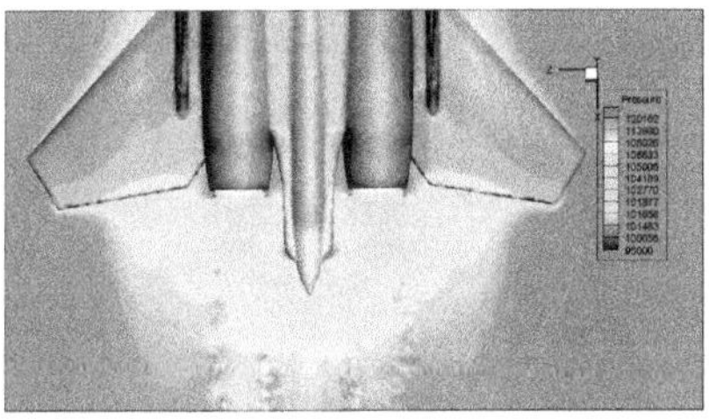

(e) 9°迎角

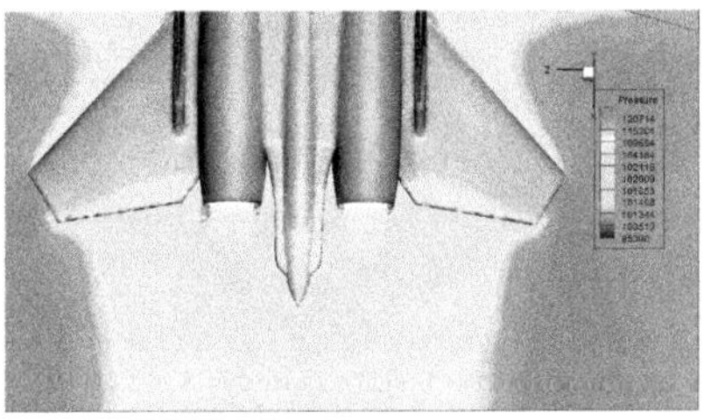

(f) 10°迎角

图 8 横切面压强云图

图 9 给出了以尾椎末端点为中心，Z 轴方向每隔 0.15 m 的表压特性曲线。X 轴为距离尾椎末端点的横向位置，Y 轴为表压大小。

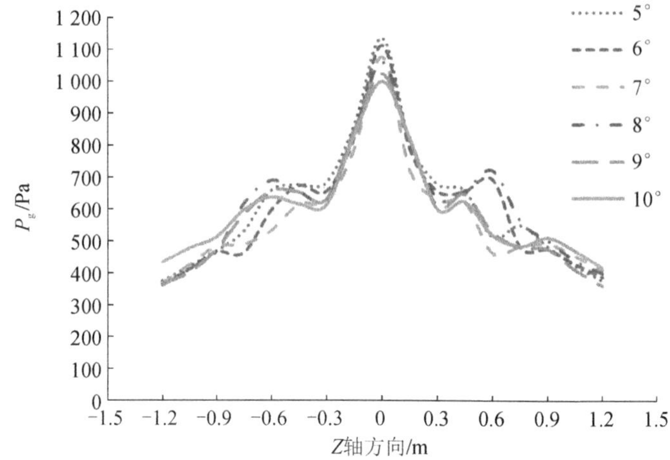

图 9　横向表压特性曲线

从图像和曲线分析可知，伞舱附近反压区表压范围在 360～1 140 Pa；不同迎角下，压强均以尾椎末端点为反压峰值点，沿 Z 轴两侧方向呈下降趋势，两侧下降曲线较为对称；迎角越大、速度越小，尾椎末端点反压越小，不同迎角尾流场区域同位置点压差值较小，范围在 −70～150 Pa，横向反压区大小与速度、迎角相关性不大。

4.4 纵向分析

纵向方面，给出以尾椎末端点为中心，Y 轴上下两方向各 1.2 m 范围内特性。图 10 给出了 5°～10°条件下过尾椎末端点纵切面压强云图。

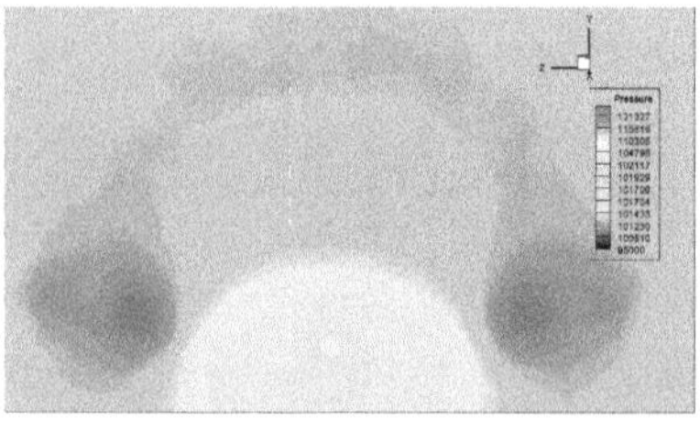

(a) 5°迎角

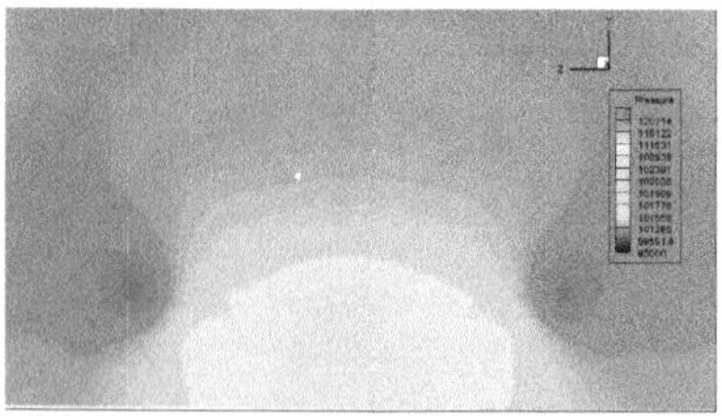

(b) 6°迎角

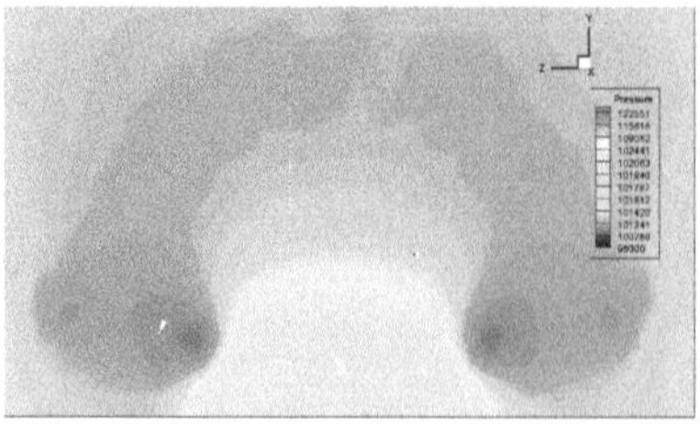

(c) 7°迎角

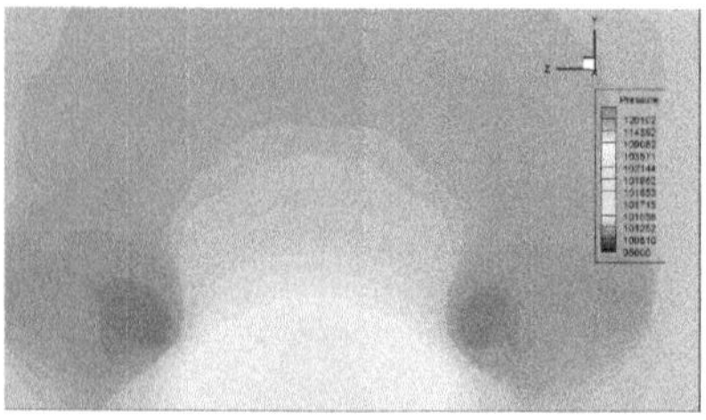

(d) 8°迎角

图 10　纵切面压强云图

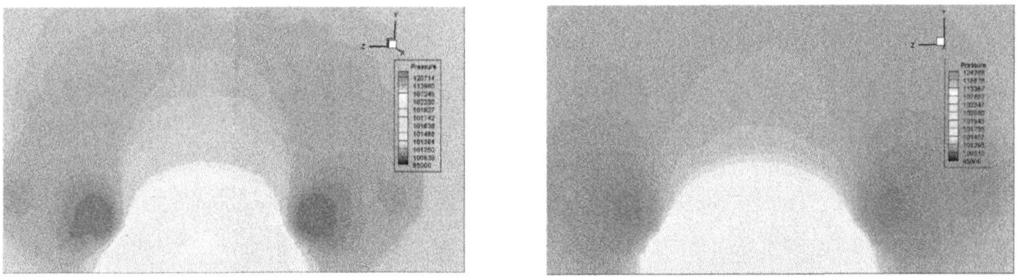

(e) 9°迎角　　　　(f) 10°迎角

图 10　纵切面压强云图(续)

图 11 给出了以尾椎末端点为中心,Y 轴方向每隔 0.15 m 的表压特性曲线。X 轴为距离尾椎末端点的纵向位置,Y 轴为表压大小。

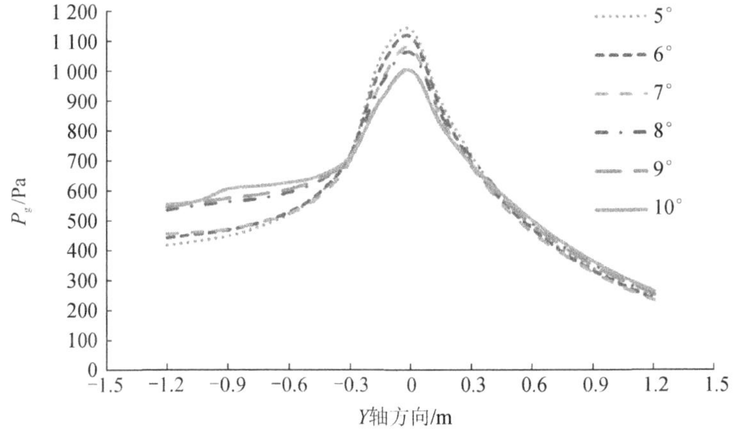

图 11　纵向表压特性曲线

从图像和曲线分析可知,伞舱附近反压区表压范围在 250～1 140 Pa;不同迎角下,压强均以尾椎末端点为反压峰值点,沿 Y 轴两侧方向呈下降趋势,在尾椎末端点上方压强持续下降直至接近外界大气压,在下方 0.6 m 后趋于平缓,受地效作用为稳定高压区;迎角越大、速度越小,尾椎末端点反压越小,不同迎角尾流场区域同位置点压差值较小,范围在 −160～150 Pa,纵向反压区大小与速度、迎角相关性不大。

4.5　气流流线分布

图 12 为 5°～10°条件下尾流场气流流线图。尾部流场区气流平顺,未见明显分离涡流。

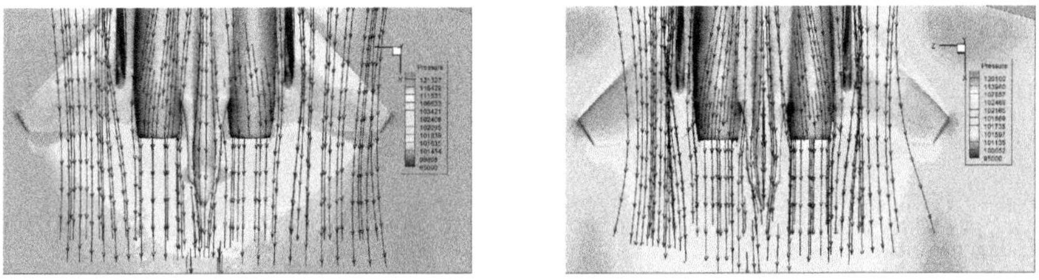

(a) 5°迎角　　　　(b) 6°迎角

图 12　尾流场气流流线

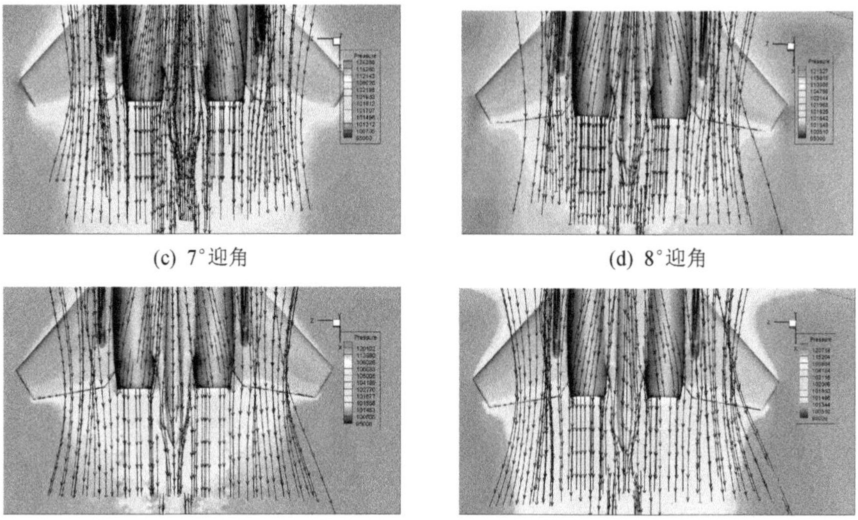

(c) 7°迎角 (d) 8°迎角

(e) 9°迎角 (f) 10°迎角

图 12 尾流场气流流线(续)

4.6 放伞影响分析

飞机的减速伞系统及其刹车制动系统可使战机在着陆和中止起飞时缩短滑跑距离，保证人机安全[16]。减速伞舱在战机尾椎处，伞舱门面积约 0.13 m^2，放伞时舱门打开机构向上打开，如图 13 所示。

图 13 伞舱门

伞舱下部装有锁闭机构，舱内固定减速伞锁。放伞时，由飞行员操作座舱内放伞/抛伞按钮执行该动作。中断起飞或降落时，要求飞机速度不大于 300 km/h 情形下，才允许放减速伞。放伞时先弹出 1 m^2 引导伞，张满的引导伞牵引拉出 25 m^2 主伞，主伞张满后使飞机减速，缩短滑跑距离。

需打开减速伞舱门时，通过按压座舱内开关按钮，电流进入舱门锁电磁铁线圈，扇形轮转动，使摇臂脱开，伞舱门在舱门打开机构的作用下迅速向上打开。在舱门关闭时弹簧处于压缩状态，压缩力为 1 380 N。打开舱门锁时，弹簧伸张，在弹力作用下打开舱门。

伞舱附近反压区的表压范围为 −320～1 140 Pa(含尾椎伞舱表面)，伞舱门面积约 0.13 m^2，取表压最大值与伞舱门面积相乘得到约 148 N 的流场最大反压力，而减速伞舱门打开机构结构的弹簧压缩力为 1 380 N，尾流产生的最大反压也远小于舱门打开时的弹簧作用力，对放伞影响作用较小并可忽略。

5 结束语

本文用计算流体力学(CFD)方法，采用可实现型 $k-\varepsilon$ 湍流模型、Roe 离散格式、耦合隐式算法等多种模型方法，在考虑地面效应和尾喷流的条件下，对不同速度和迎角的飞机尾流场进行数值仿真计算，通过仿真结果，分析了尾部流场对放减速伞的影响，得到以下结论。

(1) 在战机尾椎伞舱附近划分的(4×1.2×1.2)m^3 尾流场区域内，存在一定的反压区，表压范围为－320～1 140 Pa(含尾椎表面)。

(2) 在不同姿态的地面滑行条件下，压强均以尾椎末端点为反压峰值点，沿轴向、横向和纵向的两侧方向呈下降趋势。

(3) 迎角越大、速度越小，尾椎末端点反压越小，尾流场区域同位置点压差值在－210～150 Pa，反压区大小与速度、迎角相关性不大。

(4) 飞机尾流产生的反压远小于舱门打开时的弹簧作用力，尾部流场反压区对放伞影响作用较小并可忽略。

参考文献

[1] 田勇，万莉莉. 飞行性能工程学[M]. 北京：科学出版社，2015：62-63.

[2] 沈燕良，王建平，曹克强. 飞机减速伞机构的故障分析与改进设计[J]. 机床与液压，2004(07)：183-184.

[3] 朱武峰，辛庆伟，严忠. 飞机减速伞气动系统故障仿真[J]. 机床与液压，2015，43(15)：202-206.

[4] 留平. 舰载机发动机喷管高温高压流动特性仿真分析[J]. 舰船科学技术，2016(1)：145-149.

[5] 单时卓，张艳. 舰载导弹垂直发射过程中甲板面燃气流场仿真分析[J]. 火力与指挥控制，2014(3)：73-76，80.

[6] RO K. A descriptive modeling and simulation of aircraft-runway dynamics[R]. Collection of Technical Papers-AIAA/ASME/ASCE/AHS/ASC. Structures, Structural Dynamics and Materials Conference, 2003, 6.

[7] WEISS J, MARUSZEWSKI J, SMITH W, et al. Implicit solution of the navier-stokes equations on unstructured meshes[C]//Computational Fluid Dynamics Conference, 2013.

[8] KOC S, KIM H J, NAKAHASHI K. Aerodynamic design of complex configurations with junctions[J]. Journal of Aircraft, 2015, 43(6)：1838-1844.

[9] CAMPBELL S F, NGUYEN N T, KANESHIGE J, et al. Parameter estimation for a hybrid adaptive flight controller[R]. AIAA-2009-1803，2009.

[10] 雷燕，卢文科，李媛媛. 基于黎曼不变量的 PM 流动边界条件分析[J]. 武汉大学学报：理学版，2014(4)：369-373.

[11] NAPOLITANO M. Computational fluid dynamics in europe, a personal view[J]. 空气动力学学报，2016，34(2)：139-156.

[12] KEZ V, LIU F, CONSALVI J L, et al. A comprehensive evaluation of different radiation models in a gas turbine combustor under conditions of oxy-fuel combustion with dry recycle[J]. Journal of Quantitative Spectroscopy&Radiative Transfer, 2016, 172：121-133.

[13] 刘斌. Fluent 19.0 流体仿真从入门到精通[M]. 北京：清华大学出版社，2019.

[14] RAJESH K, NIRMAL K S. Large eddy simulation of flow over square cylinder arrays in an octagonal configuration at subcritical Reynolds numbers[J]. Heat Transfer, 2020，49(6)：56-58.

[15] CHANDRASHEKHAR R J, RASHMI P C. Modification in commercial bus model to overcome aerodynamic drag effect by using CFD analysis[J]. Results in Engineering, 2020，6(3)：19-21.

[16] 郝恒，杜一凡，曹海斌. 飞机阻力伞机构功能危险性分析与故障树分析[J]. 航空计算技术，2018，48(02)：37-43.

战斗机平尾翼面损伤对全机气动特性的影响分析

摘要：针对战斗机平尾翼面损伤后飞机的再平衡问题进行了研究，以某轻型战斗机为研究对象，利用 Pointwise 软件生成飞机无损状态和右侧平尾翼面外端损伤 50%的表面网格，然后将网格导入 ICEM CFD 的 Cart 3D 模块绘制出用于计算的笛卡儿体网格。分析了典型飞行状态下无损飞机的全机气动特性，基于飞机运动方程得到了初始平飞状态为 2°迎角和 4°平尾偏角的气动特性和发动机所需推力，运用迭代分析法从理论上分析了右侧平尾翼面外端损伤 50%时，维持飞机平飞所需迎角为 1.9°，左右副翼偏角分别为 1.2°和−1.2°，左平尾偏角为 6.7°，方向舵偏角为−0.5°以及 18 256.3 N 的发动机推力。

关键词：气动特性；翼面损伤；战斗机平尾；容损飞行

1 引 言

现代防空武器性能不断提升，使得飞机在军事冲突中的生存环境愈发恶劣。当飞机遭受非致命损伤时，如果飞行员能够对飞行性能变化情况做出正确的判断，积极采取合理的控制策略，就可以抵消或减弱飞机损伤带来的负面影响。通过研究损伤飞机的气动特性，得到不同损伤情形下的各气动系数变化规律，评估飞机的飞行性能，进而寻找操控受损战机的最佳决策方案，对提高飞行员应急处置能力、提升飞控系统的控制律重构水平以及提高战时飞行员和飞机的生存率具有重要意义。

国内外的学者对翼面损伤飞机的气动特性开展了许多卓有成效的研究。在国际方面，Krzysiak[1]回顾了图-154M 飞机在损失左机翼部分部件后坠毁的事故，然后通过风洞试验研究了该型飞机左机翼不同损伤程度对气动性能的影响。Render 等[2]通过风洞试验对比研究了单侧机翼不同位置遭受炮火损伤时与完好状态的气动特性差异。Frink 等[3]仿真计算了 NASA 通用运输模型的机翼、垂直尾翼和水平尾翼组件渐进损失时的气动特性，评估了两种非结构化 Navier - Stokes 流动求解器的效用。Shah[4]报道了 NASA 兰利研究中心的一种便携式防空导弹对运输机的损伤模型，并应用该模型评估了飞机的生存能力。

国内方面，参考文献[5]～[7]系统研究了飞机容损飞行机理，提出了相关的安全飞行和评估标准。参考文献[8]～[10]建立了战斗机被不同类型战斗部打击下的损伤模型，计算并对比分析了不同模型的气动特性差异，并研究了损伤后的纵向配平问题。贾忠湖等[11]基于 CFD 仿真方法研究了不同机翼损伤面积时的飞机再平衡问题。参考文献[12]～[14]通过建立机翼故障参数模型，进行了气动参数辨识与故障诊断研究，并基于参数辨识结果进行飞行包线估算和配平计算。参考文献[15]建立了受损飞机的飞行动力学模型，并计算了不同机翼损伤情况下的气动参数。

参考文献[16]～[18]研究了无人飞行器高超声速飞行时机翼结构损伤和减损控制技术。

以往的文献主要研究了不同程度的机翼损伤对飞机气动特性或飞行性能的影响，而对飞机尾翼受损情形研究较少。飞机尾翼虽然有效面积相对机翼小得多,但由于其远离飞机气动中心,损伤后会表现出与机翼受损时不同的气动特性。

本文建立了飞机平尾损伤模型,通过 CFD 仿真计算,研究了飞机的再平衡问题,并对飞机的飞行性能进行了评估。

2 平尾损伤飞机模型的建立

以某型正常布局、采用后掠机翼和全动平尾的飞机为例建立分析模型。为提高研究问题的计算效率,将模型的局部空隙、细小部件进行闭合和简化处理。利用 Pointwise 软件生成飞机无损状态的表面网格,然后将网格导入 ICEM CFD 的 Cart 3D 模块绘制出用于计算的笛卡儿体网格。

飞机的主要参数为:空重 8.433 t,最大起飞质量 19.187 t,机翼面积 27.87 m^2,翼展 9.45 m,展弦比 3.2,发动机中间推力 65.2 kN。

对平尾损伤模型做出一些假设:① 平尾损伤在瞬间完成,且忽略与机体的能量交换;② 损伤的平尾卡死在原平衡位置,另一侧平尾仍为全动平尾;③ 忽略质量损失对飞机重心的影响。在完整飞机表面网格的基础上,对平尾网格进行修改,得到右侧平尾 50%损伤的飞机表面网格,如图 1 所示。

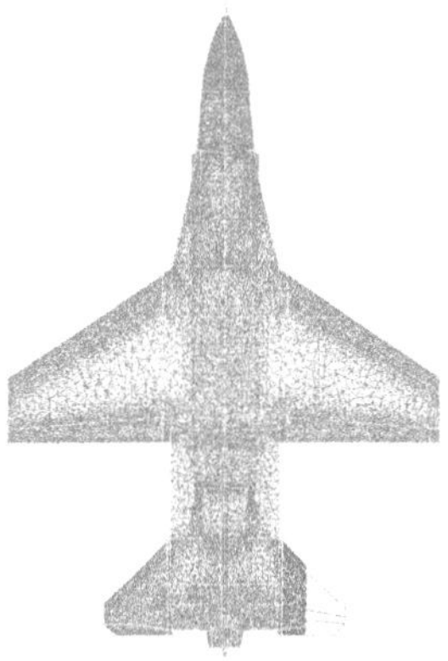

图 1 飞机右侧平尾 50%损伤的表面网格

3 典型飞行状态气动特性参数分析

3.1 典型飞行状态

虽然目前超声速战斗机的最大飞行速度在 2 倍声速附近,但较多情况下是高亚声速的飞行。本文结合实际情况,研究 $Ma=0.6$ 的典型飞行状态,不考虑侧风,飞机质量为13 t,飞行高度 2 km 时,查表得对应声速为 332.529 m/s,来流空气密度为 1.006 46 kg/m^3。通过 ICEM CFD 12.1 的 Cart 3D 模块计算得到无损伤飞机在 10°迎角时的气动特性,如表 1 所列。其中 C_L 为升力系数,C_D 为阻力系数,C_C 为侧力系数,C_l 为滚转力矩系数,C_m 为俯仰力矩系数,C_n 为偏航力矩系数。

表 1 无损飞机 10°迎角的气动特性

C_L	C_D	C_C	C_l	C_m	C_n
0.785 6	0.153 9	0	4e−4	0.198 4	1e−4

由于飞机无侧滑,表 2 中侧力系数、滚转力矩系数、偏航力矩系数的理论值都应该为零,表中这些系数的微小值是由于软件仿真计算时存在精度误差导致的。综合考虑计算精度及软件参数设置精度,规定当绝对误差值在±5e−4,或是百分误差小于 1%时,认为该误差值可以接受。

一次解算后，运用 Cart 3D 模块的批处理模块可以计算得到不同迎角时的气动特性，拟合得到气动特性曲线，如图 2 所示。

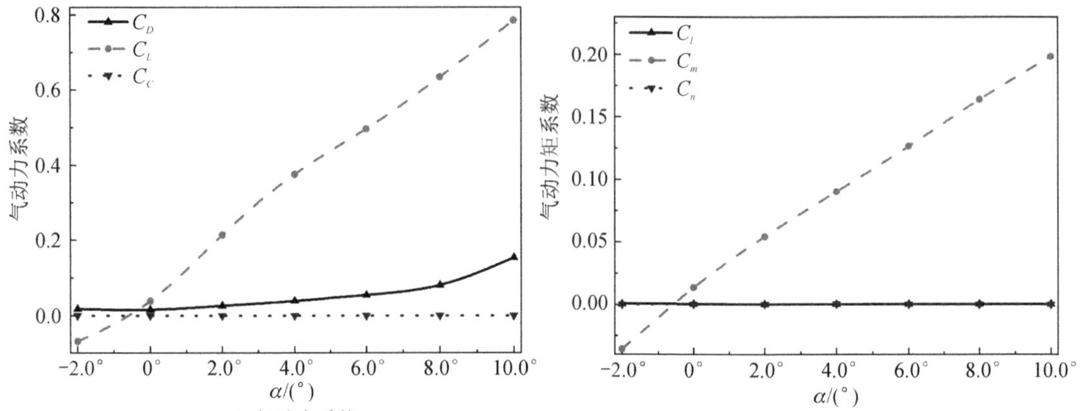

(a) 气动力系数　　(b) 气动力矩系数

图 2　无损飞机的气动特性

3.2　初始平飞状态

飞机保持稳定平飞需满足受力平衡和力矩平衡两个条件。首先建立飞机的受力平衡，然后协调滚转、俯仰和偏航力矩的平衡。基于典型飞行状态、飞机主要参数和气动特性数据，经过静态的反复迭代，消除力平衡和力矩平衡之间的耦合影响，求得初始平飞状态。求解流程如图 3 所示，迭代求解的次数为 N，典型调整过程和结果如图 4 所示。

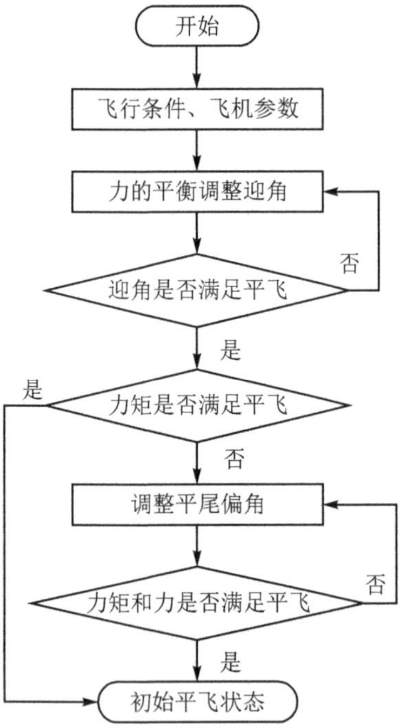

图 3　初始平飞状态的求解流程

图 4 中第 1 次调整点对应为飞机迎角 2.1°时的受力平衡。此时，将阻力系数 $C_D=0.026\ 67$ 代入平飞运动方程可得需用发动机推力大小为 14.794 kN，满足受力平衡条件。第 2 次调整点对应为迎角 2.1°以及平尾偏角 4.0°，满足力矩平衡条件。需要同时满足力和力矩的平衡条件，经反复迭代，分析得到图 4 所示的第 3 次调整点，对应为飞机迎角 2°和平尾偏角 4°。

因此确定初始平飞状态为迎角 2°和平尾偏角 4°，此时对应的气动特性数据如表 2 所示，代入平飞运动方程可求得所需推力为17.486 kN。

表 2　初始平飞状态对应的气动特性

参　数	C_L	C_D	C_C	C_l	C_m	C_n
取　值	0.230 9	0.031 3	−2e−4	2e−4	−4e−4	4e−4

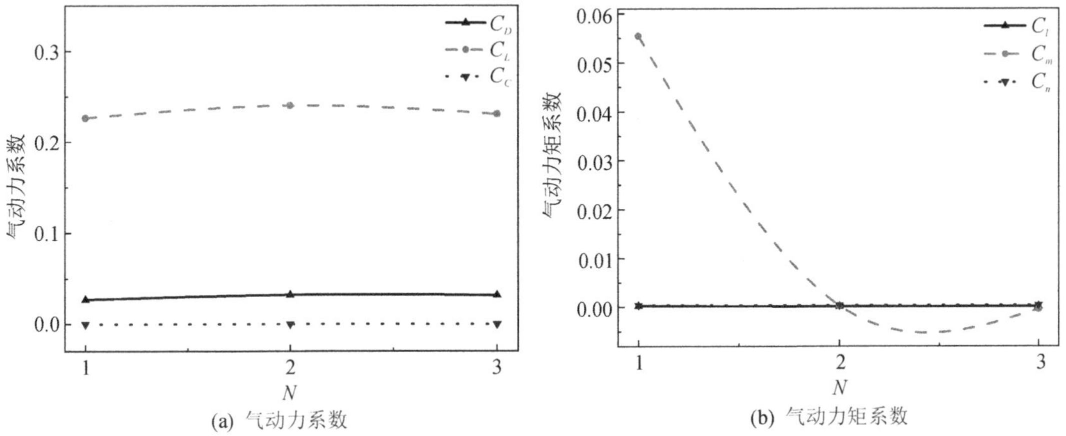

(a) 气动力系数　　(b) 气动力矩系数

图 4　初始平飞状态的气动特性

4　平尾损伤飞机再平衡分析

4.1　平尾损伤飞机的气动特性

本文采用右侧全动平尾损伤 50%的网格进行解算,在无侧滑、受损后飞行速度和飞行高度不变的条件下,求得气动特性数据如表 3 所列。

表 3　右侧平尾损伤 50%对应的气动特性

参　数	C_L	C_D	C_C	C_l	C_m	C_n
取　值	0.227 1	0.030 3	−7e−4	61e−4	−0.029 5	23e−4

从表 3 和表 4 数据对比可以看出,右侧平尾损伤飞机对各力和力矩系数都产生了不同程度的影响,按照相对变化量,影响程度由大到小依次为俯仰力矩系数、滚转力矩系数、偏航力矩系数、侧力系数、阻力系数、升力系数。俯仰力矩和滚转力矩的较大变化导致飞机发生大角度的姿态变化,影响飞行员对飞机的控制。借鉴参考文献[11]中飞机再平衡调整过程中划分影响因子的做法,本文首先考虑调整俯仰力矩系数和滚转力矩系数,同时考虑到两者调整过程会对升力系数造成较大影响,因此将俯仰力矩系数、滚转力矩系数、升力系数作为一级因子。考虑到阻力系数可以通过增大发动机推力的方式进行平衡,侧力系数和偏航力矩系数可以通过调整方向舵偏角来进行平衡,而这种调整对其他系数造成的影响相对较小,因此将偏航力矩系数、侧力系数、阻力系数作为二级因子。

4.2　再平衡假设及实现

忽略飞机平尾受损后的质量变化,认为飞行速度和飞行高度保持不变,飞机的右侧全动式平尾受损后卡死,保持原平衡状态的偏角 4.0°不变,而左侧平尾偏转不受影响。首先,按照气动力/力矩系数相对变化量的影响程度,依次对右侧平尾损伤后破坏平飞状态的 3 个一级因子

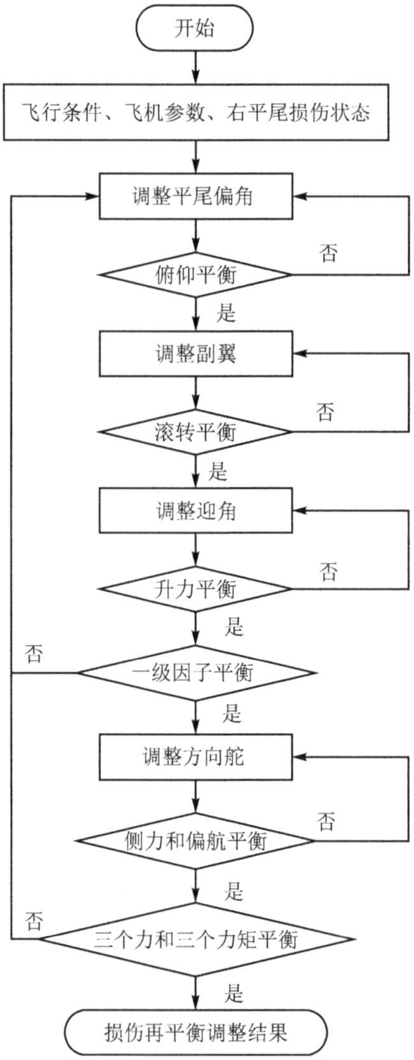

图5 再平衡调整流程

进行调节，分别调整左平尾偏角、左右副翼偏角和迎角。然后，通过调整方向舵偏角实现对偏航力矩系数和侧力系数的调整。最后，通过油门控制发动机满足阻力系数要求。在每一次辅助翼面偏角的调整完成后需要判断是否满足平衡条件，反复迭代从而求得相应的调整角度。在这一过程中消除力平衡和力矩平衡之间的耦合影响，比如由于方向舵偏转会带来侧力、偏转力矩以及滚转力矩等的同时变化，最终求得满足再平衡条件的调整结果。右侧平尾损伤50%的再平衡调整流程如图5所示，再平衡调整过程中的典型迭代求解结果如图6所示。

如图6所示，第1次调整点对应为左侧平尾偏角8.3°，达到俯仰力矩平衡；第2次调整点对应为左右副翼偏角分别为1.4°和−1.4°，达到滚转力矩平衡；第3次调整点对应为迎角1.9°，各系数与期望值之间差距减小，但仍不满足平飞要求；重复上述步骤，多次循环调节，直至第4次调整点对应的迎角1.9°、左平尾偏角6.7°、左副翼偏角1.2°、右副翼偏角−1.2°。至此，俯仰力矩系数、滚转力矩系数、升力系数满足了平飞要求。第5次调整点对应的是通过调整方向舵偏角为−0.5°时，对侧力系数、偏航力矩系数的调整，同时保证其他气动特性值的相对稳定。将最终的阻力系数 C_D=0.032 7代入平飞运动方程可得，需用发动机推力大小为18.256 3 kN。通过反复迭代和静态调整，最终分析得到的再平衡条件如表4所列。

表4 平尾损伤50%的调整结果

调整参数	数 值
迎角/(°)	1.9
左/右副翼偏角/(°)	1.2/−1.2
左/右平尾偏角/(°)	6.7/4.0
方向舵偏角/(°)	−0.5
需用推力/kN	18.256 3

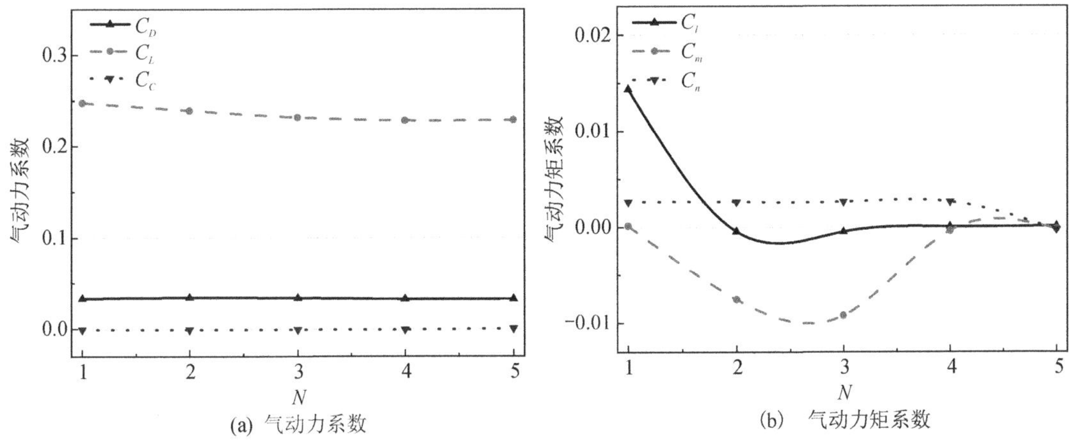

图 6　再平衡调整过程的气动特性

4.3　调整结果分析

(1) 右侧全动平尾翼面损伤 50%时,迎角由 2°减小至 1.9°。这是由于平尾上产生的配平升力相对而言较小,平尾翼面一定程度损伤后升力的损失主要通过调整左侧平尾偏角和副翼偏角进行弥补。

(2) 平尾损伤再平衡时需调整的左右副翼偏角比较小,分别为 1.2°和－1.2°。这是由于平尾面积相对较小,损失的部分翼面到飞机纵轴线的距离较短,导致损失翼面产生的滚转力矩也不大。

(3) 右侧平尾翼面损伤导致平尾上产生的配平低头力矩减小,要使飞机保持平稳则需要将左侧平尾偏角值增大至 6.7°。

(4) 平尾损伤后需调整的方向舵偏角相对于副翼和升降舵来讲较小,仅为－0.5°。这是由于本文没有考虑侧滑的影响,并且是对右侧平尾损伤后飞机再平衡的静态分析,因而平尾损伤产生的侧力、偏航力矩值都较小。

(5) 发动机需用推力由 17.485 6 kN 增加至 18.256 kN。可以看出右侧平尾损伤后,开始时阻力系数是减小的,随着副翼和平尾偏角的调整,阻力系数逐渐增大,因此需要增大发动机推力来平衡增大的空气阻力。

5　结束语

本文以某型战斗机为研究对象,运用 CFD 技术,基于静态分析法分析了飞机右侧平尾翼面外端损伤 50%时的气动特性,从理论上计算得到了维持飞机平飞所需的迎角以及副翼、升降舵、方向舵偏角的调整需求。研究结果对于翼面损伤飞机的飞行状态判断、飞机容损飞行机理和飞行安全研究以及飞机容损飞行放飞标准的制定具有一定的参考价值。

实际飞行中,尤其是战斗机结构受损后会发生俯仰、滚转、偏航等急剧的状态变化,仅仅依靠飞行员操纵实现平衡状态恢复和稳定操纵十分复杂,同时要考虑到各舵面偏转极限的问题,损伤严重时可能导致舵面偏转至极限时仍无法达到理论的平飞状态。可行的解决方案是将飞机结构损伤的相关信息通过传感器接入飞控系统，通过飞控系统实现结构损伤后的自动配平调整，从而保证飞机机翼、尾翼等气动敏感元件损伤后的飞行安全。

参考文献

[1] KRZYSIAK A. Wind tunnel tests of damage to the Tu-154M aircraft wing[J]. Journal of Aerospace Engineering, 2019, 32(6):04019083.

[2] RENDER P M, SAMAD-SUHAEB M, YANG Z, et al. Aerodynamics of battle-damaged finite-aspect-ratio wings [J]. Journal of aircraft, 2009, 46(3):997-1004.

[3] FRINK N T, PIRZADEH S Z, ATKINS H L, et al. CFD assessment of aerodynamic degradation of a subsonic transport due to airframe damage[R]. AIAA-2010-500, 2010.

[4] SHAH G H, Hill M M. Flight dynamics modeling and simulation of a damaged transport aircraft[R]. AIAA-2012-4632, 2012.

[5] 姚武文. 战伤飞机安全飞行评估标准与方法[M]. 北京:国防工业出版社, 2016:1-6.

[6] 姚武文, 周平, 蔡开龙. 飞机容损飞行机理与控制方法研究[J]. 航空维修与工程, 2010(2):54-56.

[7] 姚武文, 蔡开龙. 基于 CFD 仿真的外翼断裂飞机安全飞行研究[J]. 新技术新工艺, 2016(11):38-41.

[8] 张锋, 韩庆, 刘星. 战损飞机纵向气动特性分析[J]. 航空计算技术, 2013, 43(2):48-50.

[9] 巩彦明, 韩庆. 战损飞机动力学特性分析及杀伤研究[J]. 航空工程进展, 2015, 6(1):38-45.

[10] 高玉伟, 韩庆, 张锋, 等. 作战飞机翼面损伤对其气动特性的影响研究[J]. 飞行力学,2013,31(5):394-397.

[11] 贾忠湖, 王刚, 柳文林. 基于 CFD 的机翼损伤飞机再平衡问题研究[J]. 飞行力学,2018,36(3):19-22.

[12] 刘小雄, 孙逊, 唐强, 等. 飞机机翼故障的动态飞行包线估算方法[J]. 北京航空航天大学学报, 2013, 39(11):1515-1519.

[13] 刘小雄, 徐恒, 王亮亮, 等. 飞机翼面损伤的 L1 自适应重构控制方法研究[J]. 计算机测量与控制, 2015, 23(10):3415-3417.

[14] 王娟, 刘小雄, 孙逊, 等. 基于优化配平的机翼故障飞机飞行性能分析[J]. 计算机工程与应用,2014, 50(23):229-233.

[15] 陈志伟. 受损飞机的气动仿真及性能降级分析方法研究[D]. 西安:西北工业大学, 2018.

[16] 邵鹏. 高超声速无人机机翼结构损伤分析及减损控制技术研究[D]. 南京:南京航空航天大学, 2017.

[17] 邵鹏, 王玉惠, 吴庆宪, 等. 高超声速飞行器机翼关键部件损伤特性分析[J]. 电光与控制, 2017, 24(7):70-74.

[18] 应竣械, 王玉惠, 吴庆宪, 等. 高超声速飞行器机翼关键部件损伤特性研究[J]. 吉林大学学报(信息科学版), 2017,35(3):296-303.

低速飞机动态失速流场结构仿真

摘要：设计并绘制了低速飞机模型的CFD网格模型，用滑移网格法对其动态失速的流场进行仿真，得到不同时刻、不同仰角下的流场结构图，展示了流动分离首先发生在翼根，随后蔓延至翼尖的动态过程，分析了这种分离特征对飞行操控的影响。研究结果可为飞行员及科研人员提供参考。

关键词：飞机；动态；失速；流场；滑移网格

1 引 言

飞机的动态失速特性直接影响飞行安全及飞机技战术发挥。研究飞机动态失速特性的方法主要有：尾旋风洞试验、模型自由飞试验、仿真计算和飞机试飞等[1]。这些方法各有利弊，彼此难以互相取代。相比较而言，仿真计算成本低，可研究动态失速的过程并刻画流场结构，为飞行员及科研人员提供失速流场的直观印象，对研究飞机失速特性具有重要意义。

在动态失速流场仿真方面，叶川[2]等人利用滑移网格法进行非定常计算，得到了飞行器的动导数，计算结果与试验数据、文献数据以及其他方法获得的结果具有较好的一致性。米百刚[3]等人分别采用滑移网格法和旋转坐标系（准定常）方法对国际动导数标模 Finner 导弹实施了流场仿真，对动态气动设计特性中的滚转阻尼导数以及俯仰组合动导数进行了模拟，计算结果与风洞试验结果吻合良好，且滑移网格法计算结果精度更高。张扬[4]等人开展了类 F-22 战斗机模型的静态和动态 DES 类数值模拟，捕捉到了机头涡、边条涡、机翼侧缘形成的涡面等涡系结构以及下游处涡核破裂等与实验观测一致的现象，解析出了旋涡破裂等一些非定常信息，预测的气动力系数与试验测量值也较为接近，展现了较好的工程实用性。

从文献调研情况来看，滑移网格法是一种比较可靠的方法。本文利用滑移网格法计算低速飞机的动态失速流场，重点是对流场结构的刻画。

2 计算方法

2.1 模型及网格

本文计算用飞机模型如图 1 所示。该机采用下单翼、无后掠、正常式气动布局。机身为简单旋成体，机翼由内、外两段翼组成，内翼截面翼型为 NACA 4415，外翼翼梢翼型为 NACA 4412，且有 $-3°$ 的几何扭转（翼尖向下，即外洗）。机翼安装角为 $3°$（前缘向上）。

初始网格划分使用非结构全四面体网格，自远边界至模型表面逐渐加密，体网格总数 347 万。其中机体纵截面上的网格分布如图 2 所示。

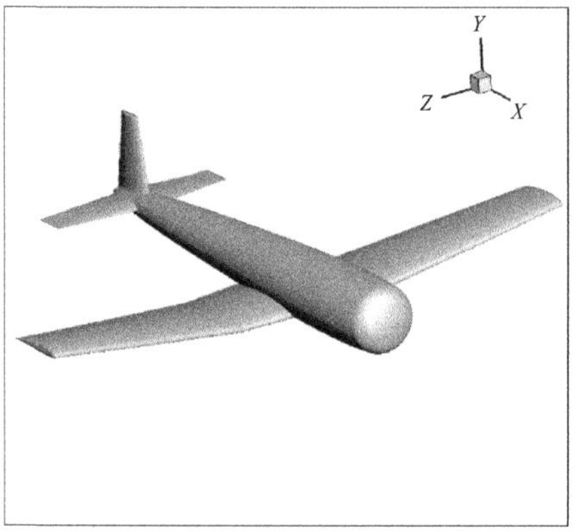

图 1 飞机模型

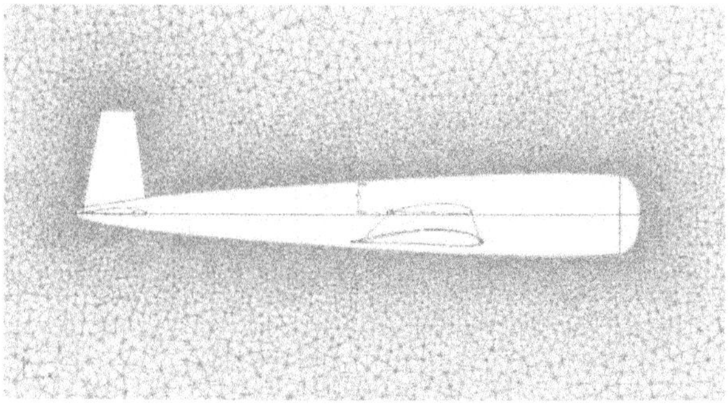

图 2 纵截面网格分布

网格运动采用滑移网格法。相比网格重构进行计算的方法，滑移网格法在网格运动过程中网格质量不变，不存在网格变形带来的影响，可以提高求解的精度，计算量也较小。

2.2 控制方程及离散格式

流动控制方程为积分形式守恒方程。

$$\frac{\mathrm{d}}{\mathrm{d}t}\int_V \rho\phi \mathrm{d}V + \int_S \rho\phi(\boldsymbol{u}-\boldsymbol{u}_{\mathrm{g}})\mathrm{d}S = \int_S \Gamma \nabla\phi \mathrm{d}S \tag{1}$$

式中，ρ 是流体密度；ϕ 泛指流场标量物理量；$\boldsymbol{u}$ 是流动速度矢量；$\boldsymbol{u}_{\mathrm{g}}$ 是网格运动速度矢量；Γ 是扩散系数；V 是控制体；S 是控制面；即控制体的边界面。

时间项采用一阶向后差分处理，即

$$\frac{\mathrm{d}}{\mathrm{d}t}\int_V \rho\phi \mathrm{d}V = \frac{(\rho\phi)^{n+1} - (\rho\phi)^{n+1}}{\Delta t}V \tag{2}$$

湍流模型取 Spalart-Allmaras 方程模型。该模型中的各常数取值为 $C_{b1}=0.135\ 5$，$C_{b2}=0.622$，$C_{v1}=7.1$，$C_{w2}=0.3$，$C_{w3}=2$，普朗特数取 0.667。

空间离散方面，梯度项采用基于格心的最小二乘法实施重构，压力项采用二阶格式离散，动量项采用二阶迎风格式离散，修正的湍流黏性系数采用一阶迎风格式离散。离散后的方程采用耦合算法求解，库朗数取 200，动量项和压力项的显式松弛因子均取 0.75，修正湍流黏性系数的亚松弛因子取 0.8，其他项的亚松弛因子均取 1。实际计算过程表明，上述设置取得了良好效果，实现了残差的快速收敛。

远场边界设为速度入口，速度大小为 180 km/h。飞机俯仰运动规律为，时间从 0 s 到 3 s 以 10°/s 的速率抬头，之后维持 30°的仰角不变。共计算 5 s 的时间，时间步长取为 0.01 s，每 10 个时间步保存一次瞬态流场。工作站 CPU 为 Intel Core I7－7820X，采用 5 核并行计算，总计算耗时约 2 天。

3 仿真结果及分析

本文仅述及压力分布。图 3 展示了飞机表面的压力分布计算结果，此时时间为 0.4 s，仰角 4°。从中可观察到上翼面及其附近的低压区，以及下翼面附近的高压区。另外，图 4 展示了此时的翼尖涡流结构。

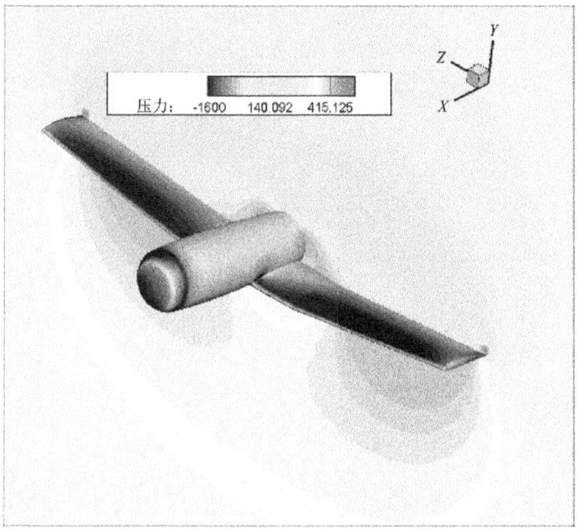

图 3 压力分布(t=0.4 s)

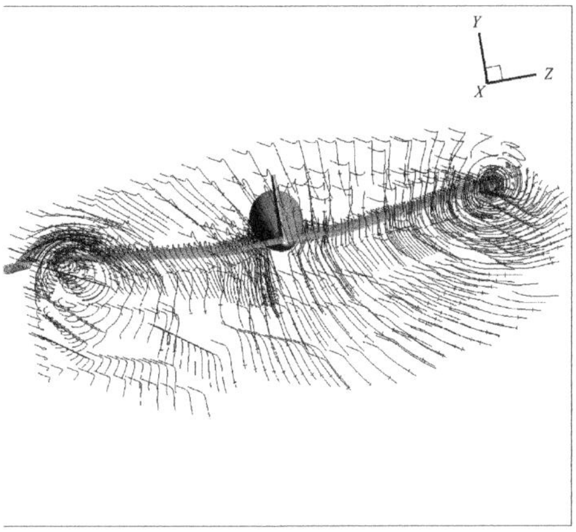

图 4 翼尖涡(t=0.4 s)

图 5 展示了不同时刻机翼附近流动分离的情况。t=1 s 时对应的仰角是 10°，可以看出此时翼根部位已出现较明显的流动分离，但翼尖部位仍为附着流动。t=1.5 s 时对应的仰角是 15°，此时翼尖部位开始出现少许分离，但范围不大，t=2.3 s 时对应的仰角是 23°，此时流动分离已扩展至整个翼面。可见，该模型的失速特征是翼根先失速，翼尖后失速，其原因主要是机翼采取了外洗的几何扭转。从图 5(a)中可以看出，翼根失速后，流过机翼的气流下洗程度减弱，从而作用在水平尾翼上向下的力减小，飞机容易自动低头，这有助于改出失速，因此，从飞行安全角度讲，这种失速特征是有利的(相比翼尖先失速而言)。

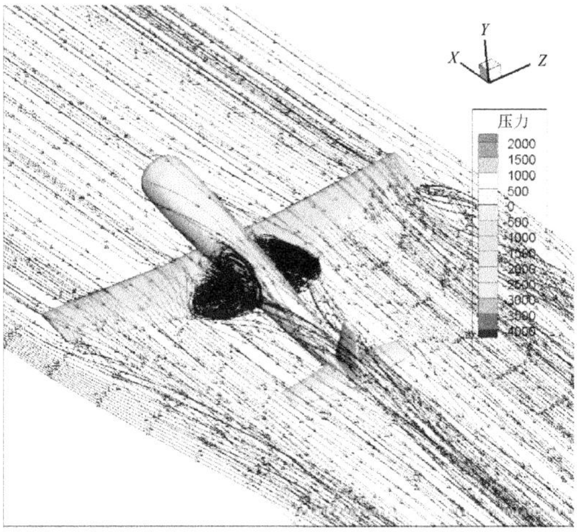

(a) t=1 s

图 5 流动分离流线图

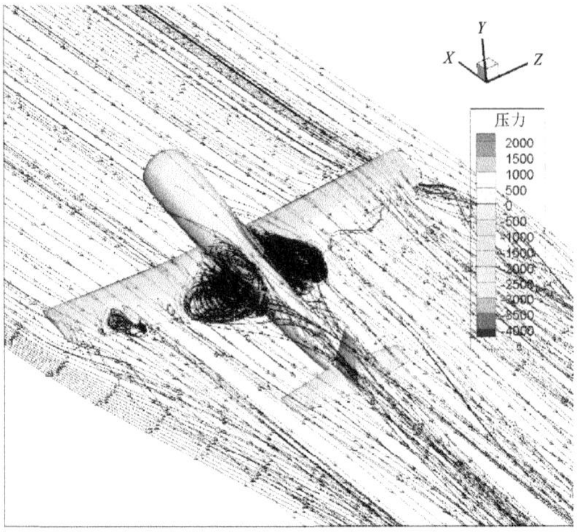

(b) t=1.5 s

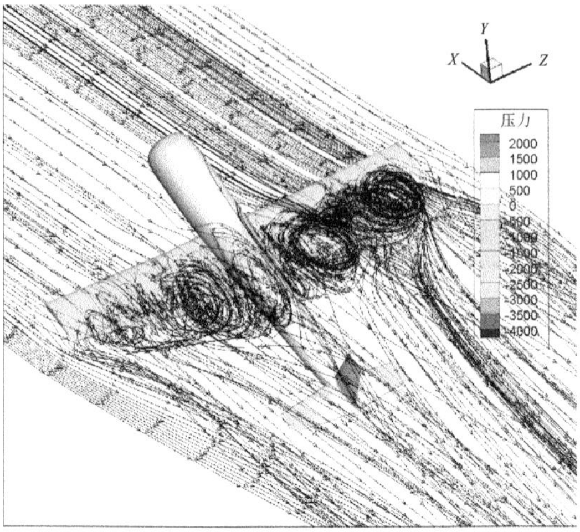

(c) t=2.3 s

图 5　流动分离流线图(续)

图 6 展示了仰角 30°时不同时刻流动分离的情况。$t=3$ s 之后飞机停止俯仰运动,保持仰角 30°不变。从中可看出,此时定常的边界条件产生了非定常的流谱,这是因为分离后的流动是不稳定的,少许的计算误差等扰动即可引起流动状态的持续、不可逆、不稳定的变化。

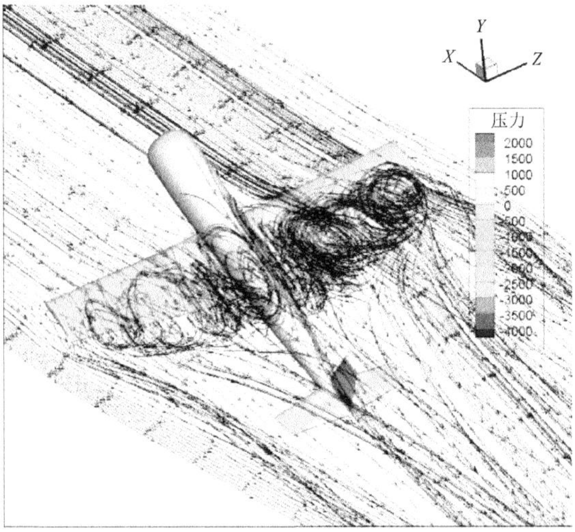

(a) t=3s

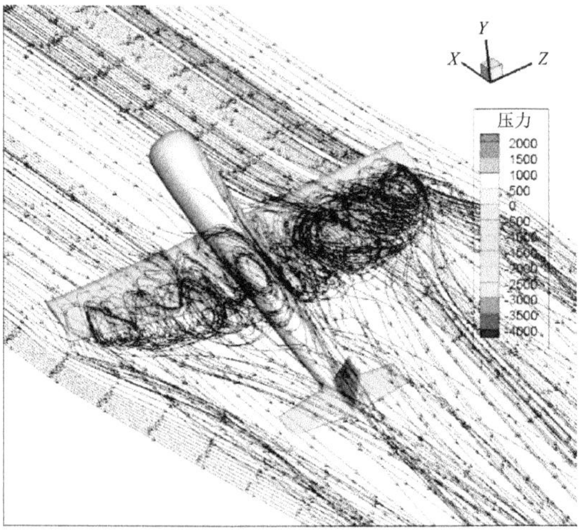

(b) t=3.3 s

图 6　不稳定的分离流动

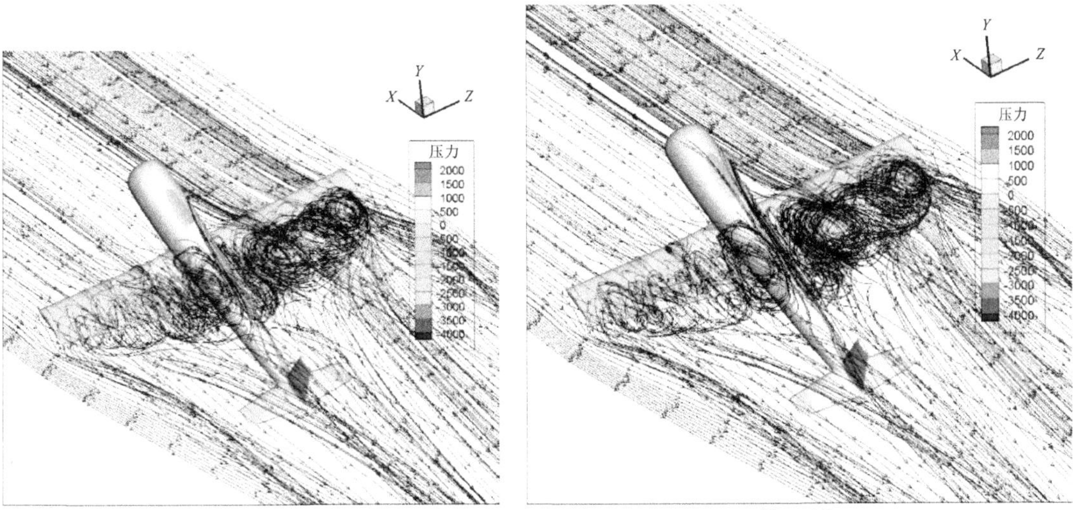

(c) t=4 s　　(d) t=4.3 s

图 6　不稳定的分离流动(续)

4　结束语

本文采用滑移网格法对一个飞机模型的动态失速流场进行了仿真，得到了飞机表面的压力分布情况，绘制了翼尖涡流线图，重点绘制了不同时刻的分离流场结构图。展示了翼根先失速、随后蔓延至翼尖的动态失速过程，分析了失速对主翼下洗流及飞行操控的影响。本文得到的流场结构图可为飞行员及科研人员提供参考和直观印象。同时应当指出，从计算精度来讲，本文的计算网格数(347 万)是不够的，为得到高精度的计算结果，应对计算网格尤其是边界层内的网格进行精细划分，并采用精度更高的计算模型。

参考文献

[1] 齐万涛，李伟，吕新波. 飞机失速/尾旋特性飞行仿真方法研究[J]. 航空科学技术，2016，27(7):16-19.

[2] 叶川，马东立. 利用 CFD 技术计算飞行器动导数[J]. 北京航空航天大学学报，2013，39(2):196-200.

[3] 米百刚，詹浩，朱军. 基于 CFD 数值仿真技术的飞行器动导数计算[J]. 空气动力学学报，2014，32(6):834-839.

[4] 张扬. 基于混合网格的飞行器大迎角 DES 类数值模拟方法研究[D]. 绵阳:中国空气动力研究与发展中心研究生部，2016.

基于 CFD 的机翼损伤飞机再平衡问题研究

摘要： 基于 CFD 进行研究，利用 Pointwise 绘制飞机无损、左侧机翼损伤 10%，20%，30%，50% 时的表面网格，在此基础上，利用 ICEM CFD 绘制笛卡儿体网格并进行流场解算。通过对舵面网格的调整，模拟飞机舵面偏转，确立了飞机无损时的初始平飞状态。对受损飞机进行流场解算，结合各气动系数计算结果分析损伤对飞行带来的影响。为提高研究效率，本文提出分级调节的研究思路，综合运用迭代的方法，多次调整飞机各舵面偏角以及迎角，实现了飞机的再平衡。

关键词： 机翼损伤；再平衡；笛卡儿网格；分级调节

1 引 言

现代战争中，各军事强国大力发展航母、新型战机、防空系统等，战机所面临的威胁越来越大。战机一旦被击中受损后，飞行就会受到严重影响，严重时将会导致飞机失控，机毁人亡。研究飞机战损后的再平衡问题，可以为战伤飞机飞行控制提供理论依据，能够减少战机的损失。

国内外在这方面已经有了一定的研究。巩彦明等[1]建立了某型作战飞机损伤情况下的模型，综合分析机翼脱离损伤对飞机重量、质心和机翼面积带来的影响，建立了损伤飞机的气动模型以及运动方程，计算了损伤飞机气动特性的变化情况。高玉伟等[2]参考某型战机实弹打击实验结果，建立了三种典型损伤模型，基于 N－S 方程计算了该战机在损伤前后的纵向气动特性。钟友武等[3]建立了结构部分受损的飞机动力学模型，提出了一种轨迹线性化控制方法，通过分析将结构受损飞机的控制转化为对扰动等不确定性因素的抑制问题。张锋等[4]以某型战机为例，建立了破片和离散杆两种损伤模型，基于 N－S 方程研究了两种损伤状态及其无损模型的纵向气动特性。Campbell 等[5]以某型运输机为例，建立了损伤模型并通过仿真计算其气动特性。Nguyen 等[6]运用风洞，对某型运输机损伤后的数据进行了测量。

CFD，即计算流体力学，是以流体力学为基础，以数值计算为工具，通过求解三大控制方程及附加方程来获得相关参数，对流动问题进行分析的方法[7]。本文基于 CFD 对机翼损伤飞机再平衡问题进行了研究，综合运用分级调节、迭代计算，实现对各损伤程度飞机的再平衡调整。

2 网格划分

2.1 表面网格划分

表面网格划分前，需对飞机模型进行一些简化。首先，飞机挂弹会增加损伤后的不确定因素。为了简化研究，不考虑飞机挂弹的影响。由于导弹的一些微小部件也会导致网格质量降低，影响最终的计算精度，因此在绘制网格前需将模型上的挂弹删去。初步简化后的模型见图 1。

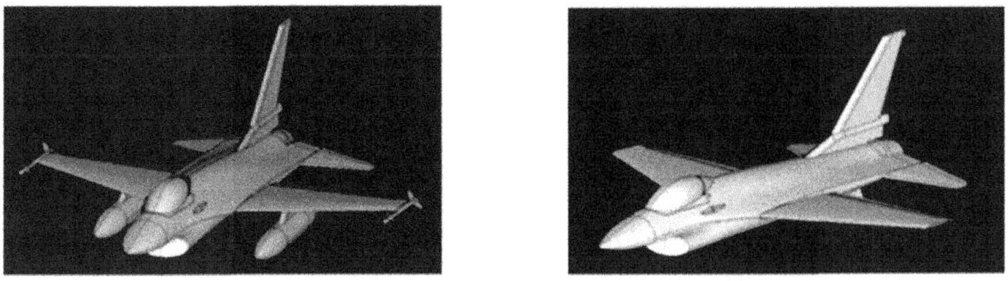

(a) 简化前　　(b) 简化后

图 1　模型简化

其次，进气道、尾喷口处流场情况较复杂，本文暂不考虑。因此，在网格绘制过程中对进气道及尾喷口进行封闭处理。

另外，飞机上存在许多细小部件、空隙，例如，空速管、进气道与机身间空隙等，为了保证最终生成的网格质量，在对整体气动性能影响很小的前提下，对这些部位进行合理简化。

由于对复杂几何外形有良好的适应能力以及自动生成能力，非结构网格在复杂外形流场模拟中的应用越来越受到重视[8]，本文表面网格均为非结构网格。为保证网格整体的对称性，先绘制飞机半模表面网格，再利用镜面对称，构成完整的飞机表面网格，如图 2 所示。

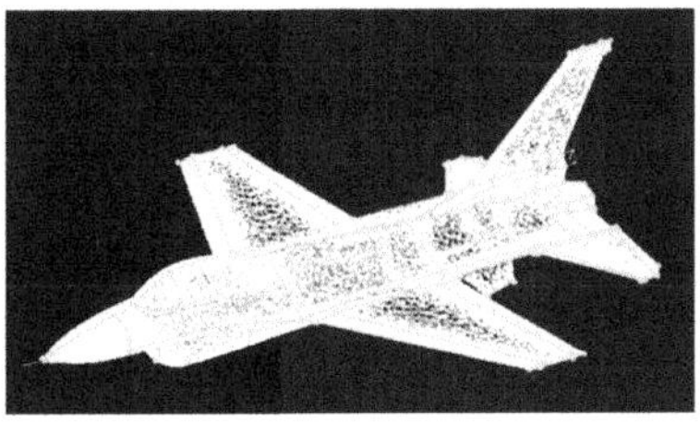

图 2　飞机表面网格

2.2　生成笛卡儿体网格

表面网格生成后，以此为基础生成笛卡儿体网格。笛卡儿体网格更适合于处理复杂几何外形的绕流和由于物体运动或形变而产生的非定常问题[9]。其特点为：① 能够根据物理模型表面曲率的变化，结合设置的参数，对网格自动进行加密；② 网格生成速度快，几百万个网格能够在 1～2 min 内生成；③ 网格处理速度快，由于其特殊的结构，解算过程中省掉了复杂的信息交换过程，大大加快了解算速度，但是在网格数量相同时，计算误差要大于结构化网格。本文计算采用自适应笛卡儿网格，并利用多重网格技术提升计算速度。

由于在后期再平衡过程中，要利用几套网格反复调整舵面偏角，进行大量的流场解算，因此需综合考虑计算精度和计算速度两个方面的因素。采用多重网格技术，用较少的网格数来达到较高的求解精度[10]，提高计算效率。

3　流场解算及初始平衡状态建立

3.1　相关假设

为简化研究，提出以下假设：

(1) 飞机不受侧风影响，飞行时无侧滑；

(2) 计算时，飞机受损前后所取的飞机质量、速度、飞行高度一定，保持不变；

(3) 飞机副翼一旦受伤，则认为完全失去偏转能力，而未伤及副翼时其偏转不受影响。

3.2 流场参数设置及解算

流场参数设置包括飞行 Ma、迎角、来流密度、侧滑角，根据假设来进行设置。本文中飞行 Ma 固定为 0.6。边界条件设置为远场条件，该边界条件用来模拟无穷远处可压缩自由流动。设置完成后进行解算，并求解升力系数 C_L、阻力系数 C_D、侧力系数 C_C、滚转力矩系数 C_l、偏航力矩系数 C_n 和俯仰力矩系数 C_m。

3.3 建立初始平飞状态

要建立飞机的初始平飞状态，首先需对飞机进行受力分析，计算期望升力系数值，然后调整飞机舵面网格，进行流场解算，使得飞机合外力为零、合力矩为零。然而由于各系数之间存在相互影响，因此需要综合考虑各系数，进行多次调整，采用迭代的方式进行求解。

经过多次调整和解算，确立初始平飞状态为：迎角 $\alpha=2.0°$，平尾偏角 $\phi=4.0°$，副翼不偏转，得到各气动系数计算结果为：$C_L=0.230\ 85$，$C_D=0.031\ 32$，$C_C=-0.000\ 19$，$C_l=0.000\ 15$，$C_n=0.000\ 42$，$C_m=-0.000\ 39$。

4 损伤建模及分析

4.1 建立损伤飞机模型

本文主要考虑飞机单侧机翼不同程度受损情况，在完整表面网格的基础上进行修改，用以模拟飞机左侧机翼各种损伤状态。机翼损伤模型的表面网格如图 3 所示。

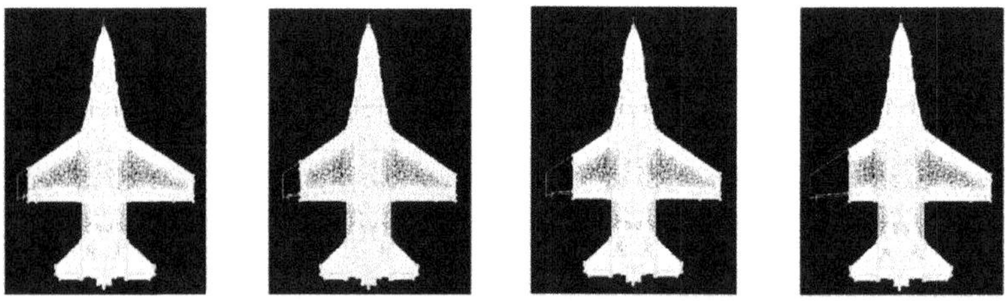

(a) 损伤10%　(b) 损伤20%　(c) 损伤30%　(d) 损伤40%

图 3 机翼损伤模型表面网格

4.2 损伤分析

对上述受损飞机网格进行流场解算，注意舵面偏角值以及迎角值，要与初始平飞状态相同，且其他条件均不变。

定义 ζ 表示机翼面积的损伤程度，$\zeta\in[0\%,100\%]$，对求解出的气动系数进行汇总，结果如图 4 所示。

从图 4(a)中可以看出，随着损伤面积的增加，升力系数明显降低，且幅度越来越大；相对而言，飞机的阻力系数、侧力系数的变化则较小。飞机的升力主要由机翼产生，因此飞机机翼受损最直接的影响就是升力的减小。这样的变化导致飞机的升力不足以平衡飞机的重力，如

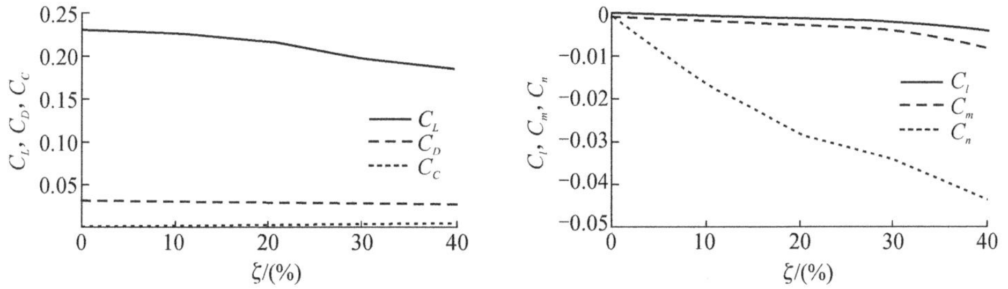

(a) 气动力系数　　(b) 气动力矩系数

图 4　损伤对气动系数的影响

果驾驶员不进行合理操纵来增加升力，飞机将会下落直至发生坠机事故。

从图 4(b)中可以看出，随着左侧机翼损伤程度逐渐增大，滚转力矩系数从 0 开始明显增大。这表明单侧机翼受损时，机体上会产生较大的滚转力矩破坏飞机的平飞状态，使得飞机发生滚转。

俯仰力矩系数、偏航力矩系数随着损伤面积的增加，仅有微量的变化。理论分析可知：① 由于机翼位于飞机质心附近，在本文假设受伤形式下，使得俯仰力矩变化量很小；② 在求解过程中，设置的侧滑角为 0°，无侧风，则机翼的这种损伤对偏航力矩系数不会产生太大的影响。

5　损伤飞机再平衡

5.1　分级调节思路

通过前文分析可知，要使飞机保持平飞，需要同时保证 6 个气动系数满足要求，而损伤对各个气动系数均造成了影响，且各系数在调整过程中也会存在相互影响，因此要实现再平衡是比较困难的。结合前文对损伤前后数据的分析，提出了分级调节的研究思路，流程图如图 5 所示。首先确定机翼损伤后破坏飞机平飞状态的一级因子和二级因子，先调节一级因子满足平飞条件，再对二级因子进行微调，最终得出使飞机在损伤状态下保持平飞的飞机姿态和舵面偏角等。飞机左侧机翼受损后，C_L，C_l 发生明显变化，这两者称为破坏飞机平衡状态的一级因子；C_D，C_C，C_n，C_m 也发生了一定程度的变化，但相对于前 2 个系数的变化来说，后 4 个系数的变化较小，称后者为破坏平衡状态的二级因子。

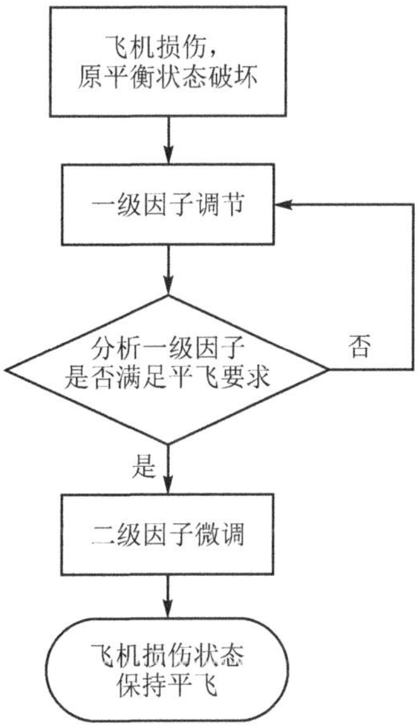

图 5　分级调节流程

5.2　损伤飞机再平衡的实现

再平衡调节过程中，要遵循分级调节的原则，按照先一级因子、后二级因子的顺序进行调整,依次寻找各损伤程度的飞机再平衡状态。结合前文假设,当机翼面积损伤 10%,20%时,副翼偏转不受影响,两侧副翼能够进行差动操作;当机翼面积损伤 30%,50%时,受损一侧机翼的副翼卡死,不能偏转,对侧机翼偏转不受影响。

通过对飞机舵面处的网格进行旋转,实现了对飞机舵面偏转操纵的模拟,如图 6 所示。

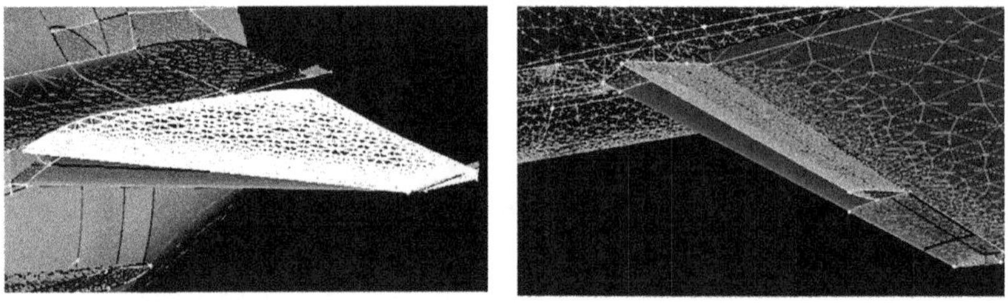

(a) 平尾偏转　　(b) 副翼偏转

图 6　舵面偏转示意图

结合损伤分析,确定以下调节思路。① 一级因子:滚转力矩主要通过副翼偏转的方式来平衡,升力不足主要靠调节飞机的迎角来弥补,但是这两者会产生相互影响,与前文得到平飞状态的方式相同,要采用类似的迭代方式进行调节,最终使得两个一级因子同时满足平飞要求。② 二级因子:通过对飞机平尾偏角、方向舵偏角进行微调,以及对发动机推力的调整来实现平衡,但调整过程中必须始终保持一级因子满足平衡要求。

为实现再平衡需要进行大量的网格修改和流场解算,最终可得到左侧机翼在不同损伤程度下飞机维持平飞所需的各舵面偏角以及迎角。对各损伤状态的再平衡调整结果如表 1 所列。

表 1　再平衡调整结果

ζ/%	Ma	α/(°)	δ_{al}/(°)	δ_{ar}/(°)	φ/(°)	δ_r/(°)
0	0.6	2.0	0	0	4.0	0
10	0.6	2.2	−1.6	1.6	3.9	0
20	0.6	2.3	−3.5	3.5	3.8	0.2
30	0.6	3.8	0	10.1	3.6	0.4
50	0.6	4.9	0	15.5	3.0	0.9

6　结束语

本文运用 CFD 技术建立了某型战机初始平衡状态,并对机翼不同程度的损伤状态进行了再平衡调节。通过旋转网格实现了对飞机舵面偏转的模拟,提出了分级调节思路并结合迭代计算,实现了损伤飞机的再平衡,从理论上得到了损伤飞机保持平飞所需的各舵面偏角以及迎角。本文对损伤飞机再平衡问题的研究采用的是静态分析方法,对飞机受损导致的滚转等运动状态造成的影响,还需要进一步研究。

参考文献

[1] 巩彦明，韩庆. 战损飞机动力学特性分析及杀伤研究[J]. 航空工程进展，2015，6(1)：38-45.
[2] 高玉伟，韩庆，张锋，等. 作战飞机翼面损伤对其气动特性的影响研究[J]. 飞行力学，2013，31(5)：394-397.
[3] 钟友武，倪少波，杨凌宇，等. 结构受损飞机动力学模型与飞行控制方法[J]. 北京航空航天大学学报，2013，39(2)：154-158.
[4] 张锋，韩庆，刘星. 战损飞机纵向气动特性分析[J]. 航空计算技术，2013，43(2)：48-50.
[5] CAMPBELL S F，NGUYEN N T，KANESHIGE J，et al. Parameter estimation for a hybrid adaptive flight controller[R]. AIAA-2009-1803，2009.
[6] NGUYEN N T，KRISHNAKUMAR K S，KANESHIGE J T，et al. Flight dynamics and hybrid adaptive control of damaged aircraft[J]. Journal of Guidance，Control，and Dynamics，2008，31(3)：751-764.
[7] 纪兵兵，张晓霞，古艳. ANSYS ICEM CFD 基础教程与实例详解[M]. 北京：机械工业出版社，2015.
[8] 张来平，王志坚. 三维复杂外形的非结构网格自动生成技术与应用[J]. 计算物理，1999，16(5)：552-558.
[9] 王俊杰，高正红. 基于复合叉树的自适应笛卡尔网格应用研究[J]. 应用力学学报，2006，23(4)：623-626.
[10] 叶正寅. 三维非机构自适应多重网格技术[J]. 空气动力学学报，2011，29(3)：365-369.

某大型无人机气动特性及稳定性分析

摘要：高空长航时无人机是一种新型的无人飞行器，在战场侦察和高空大气探测等方面有其特殊的用途。根据无人机特点，构造具有联接翼特征的气动布局，通过总体建模、网格划分、数值计算并应用 MATLAB 软件编程仿真，分析无人机升阻特性、纵向静稳定性和横航行静稳定性。计算结果达到设计要求，可为大型无人机总体设计提供理论依据和技术支持。

关键词：无人机；联接翼；稳定性

1 引 言

无人机具有载人机所不具有的优势，由于不考虑人的生理限制，可以研制出具有如长航时和高过载等特点的飞行器。本文正是利用这一特点，设计了一款具有长航时、高度巡航的大型联接翼无人机，并对其气动特性和稳定性进行了分析。

联接翼本质上是一种气动与结构一体化布局概念，只有充分应用气动/结构一体化分析与优化技术才能获得全局最优方案[1]。研究表明，联接翼飞机与常规飞机相比具有如下优点：重量轻；强度大；气动阻力小；较大的升力线斜率；较大的最大升力系数等[2]。

本文在联接翼布局概念研究的基础上，设计了无人机翼的分析模型，并用亚声速定常流的涡格法按联接翼布局特点略作改进，并进行了计算[3]。

2 模型建立

设计的无人机总体翼展 45 m，由主翼、副翼、垂尾和独立翼梢小翼组成。主副翼呈水平错位布局，是为增加无人机气动稳定性设计。主副翼都安装有福勒式开缝襟翼，主翼襟翼为增升襟翼，副翼襟翼为机动式襟翼。其前后位置互相交错，是为了减少两翼间产生的下洗涡流对副翼襟翼表面气流的干扰，降低其机动效果。机翼造型的比例设计参考了鸟类的翅膀，增加整体造型的美感与动感。

主翼为水平下单翼，变截面变后掠角设计。主翼根宽 3.5 m，后掠角 40°；主翼末端宽 0.5 m，后掠角 8°。主翼提供主要升力，其变截面的设计是造型的需要，也是为了配平纵向扭矩。

后主翼宽 0.8 m，前段是上反 15°的单翼，在离机体 1/3 处折弯呈 15°下反角。后主翼拱形翼是间接模仿了鸟类的翅膀形状，这种非水平翼翼型具有比水平翼更好的水平稳定性。

翼梢小翼安装在副发动机舱末端，总长 4 m，翼根宽 1 m，翼尖宽 0.3 m。翼梢小翼可以起到垂直安定面的作用，同时由于翼展很长，力矩很大，从而能够产生足够的扭矩来保证飞机的机动性。

飞机整体布局如图 1 所示。

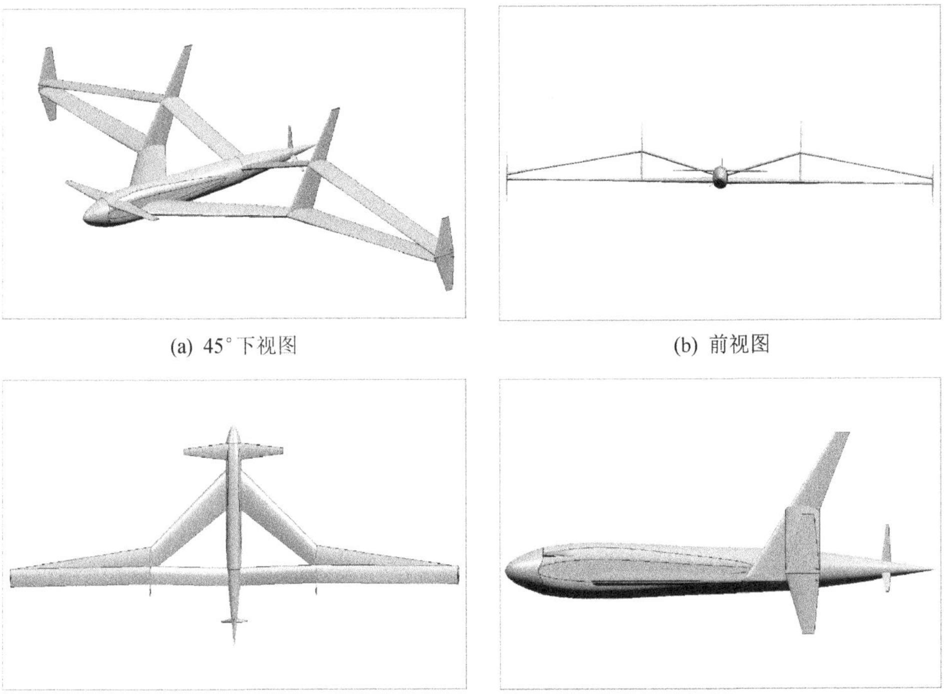

(a) 45°下视图　(b) 前视图

(c) 俯视图　(d) 侧视图

图 1　无人机整体布局

3　数值方法

涡格法亦称旋涡网格法，是用 Π 形马蹄涡来模拟升力作用作为迭加的基本解，所采用的升力面模型是：整个翼面及其后尾涡面用有限个展向和弦向分布的离散马蹄涡来代替，如图 2 所示。具体方法是将机翼在 xOz 面的投影面积先沿展向分成若干平行于 x 轴的列，然后沿着等百分比弦线在弦向分成若干行，这就把整个投影面积分成有限个微小的面元。在每个面元上布置一个马蹄涡，其附着涡线与该面元 1/4 弦线重合，两条自由涡线从 1/4 弦线的两个端点顺气流沿 x 轴方向伸向下游无限远处。每个马蹄涡的强度为常量，但不同面元上的马蹄涡强度一般是不同的。根据二维薄翼型结果，选取面元中线 3/4 弦点作为满足边界条件的控制点，同时在这些控制点上计算各离散马蹄涡对此面元的诱导速度。这样选择控制点位置，机翼的后缘条件亦可自动满足[4]。

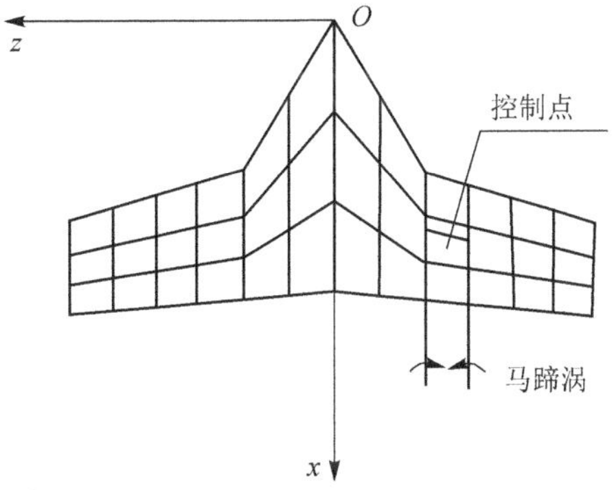

图 2　马蹄涡分布

设将机翼划分成 n 个面元，即有 n 个离散的马蹄涡和 n 个控制点，马蹄涡的无量纲强度分别用 $\gamma_1, \gamma_2, \cdots, \gamma_n$ 来表示。设来流方向与 x 轴一致，则位于第 j 个面元上的无量纲强度为

γ_j 的马蹄涡在第 i 个面元控制点处的诱导速度 V_{yij} 可根据毕奥-沙瓦定理表示为

$$\frac{V_{yij}}{V_\infty}=c_{ij}\gamma_j \tag{1}$$

式中，V_∞ 为来流速度；c_{ij} 为马蹄涡的影响系数在 y 轴上的分量。

c_{ij} 实质上是马蹄涡的三段涡线对 i 控制点的贡献之和，通常由 i 点及两个角点坐标来定，故它是一个预先算出的无量纲几何量。所有的面元马蹄涡在 i 点产生的总的 y 向诱导速度 V_{yi} 为

$$\frac{V_{yi}}{V_\infty}=\sum_{j=1}^{n}c_{ij}\gamma_j \tag{2}$$

按薄翼线化边界条件可得

$$\frac{V_{yi}}{V_\infty}=\left[\frac{\partial y(x,z)}{\partial x}\right]_i=\beta_i \tag{3}$$

将式(2)代入式(3)得

$$\sum_{j=1}^{n}c_{ij}\gamma_j=\beta_i \tag{4}$$

式中，β_i 在翼面方程给定时是已知的，$i=1,2,3,\cdots,n$。因有 n 个控制点，得到一组 n 阶线性方程组，利用计算机解得 n 个未知量 $\gamma_1,\gamma_2,\cdots,\gamma_n$，就不难求出机翼的气动特性。由于将来流视为理想气体不可压流，忽略其阻力，故只计算机翼的升力特性和力矩特性，其结果如下。

(1) 机翼沿展向剖面的升力系数 $c'_y(z)$ 为

$$c'_y(z)=\frac{2l}{b(z)}\sum_{i=1}^{k}\gamma_i \tag{5}$$

式中，l 为机翼展长；$b(z)$ 为翼剖面弦长；k 为翼剖面上面元的数目。

(2) 机翼的升力系数 c_y 按式(6)计算

$$c_y=\frac{2}{s}\sum_{i=1}^{m}c'_y(z)b(z)\mathrm{d}z \tag{6}$$

式中，s 为机翼面积；m 为半翼面上的面元列数。

(3) 机翼剖面绕 Oz 轴的俯仰力矩系数 $m'_z(z)$ 为

$$m'_z(z)=-\frac{l}{b^2(z)}\sum_{i=1}^{k}\gamma_i x_i \tag{7}$$

式中，x_i 为面元 1/4 弦线中点 x 的坐标。

(4) 机翼绕 Oz 轴的俯仰力矩系数按下式计算：

$$m_z=-\frac{2}{sb_A}\sum_{i=1}^{m}m'_{zi}(z)b_i^2(z)\mathrm{d}z \tag{8}$$

式中，b_A 为机翼的平均气动弦长。

实际计算中，为减小计算机的工作量和工作时间，在没有侧滑的情况下，因机翼上的载荷总是对称或是反对称的，所以可仅在半个机翼上布置马蹄涡，而另半个机翼的贡献可通过移动控制点的方法来考虑，这样就可以在不影响计算精度下，将未知数 γ_j 减小一半。

4 建模与网格划分

利用 MATLAB 软件，根据无人机外形参数进行整体布局的建模，并对整个机翼进行了网

格的划分。网格划分时，在满足计算精度的同时计算时间又不能太长，如图 3 所示。控制点分布情况如图 4 所示。

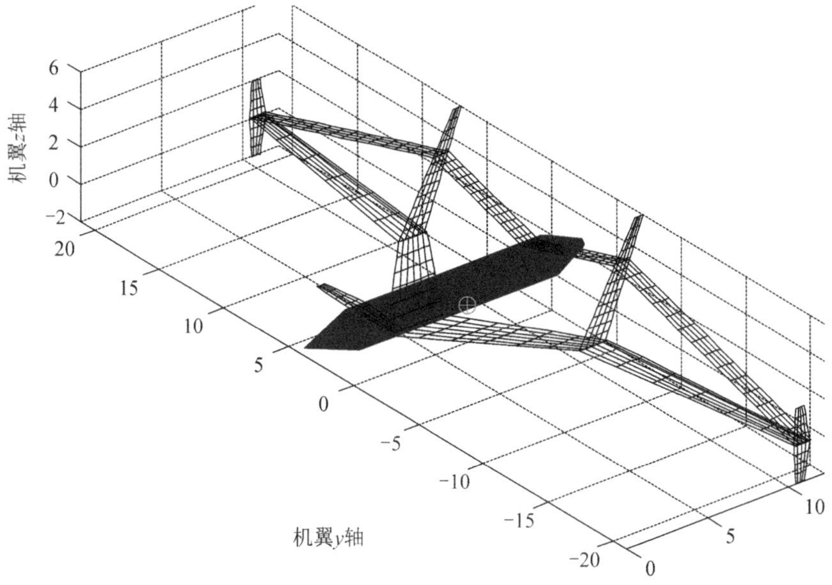

图 3　机翼表面网格

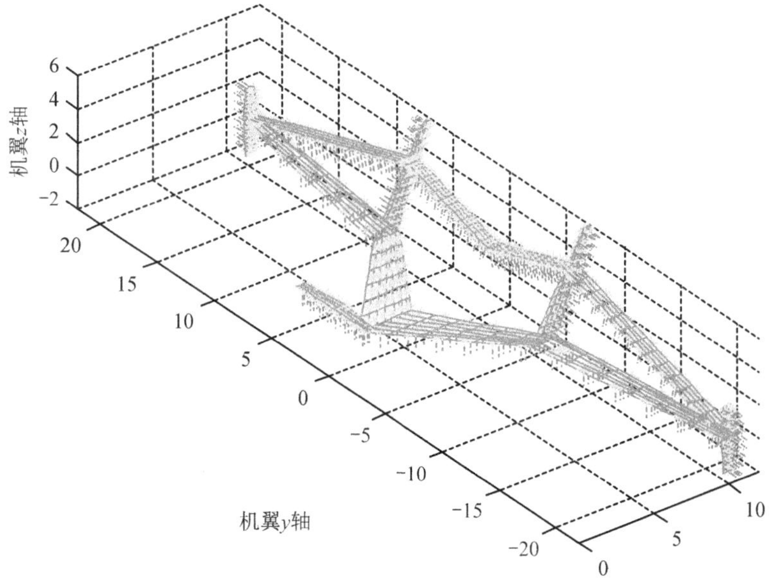

图 4　控制点分布

5　计算结果与分析

由图 5 可以看出，随迎角增大，升力系数逐渐增大，基本呈线性变化。图 6 显示，阻力系数随迎角的增加也是不断增大的，通过计算可知，最大升阻比可达 18.2，完全可以满足设计要求。

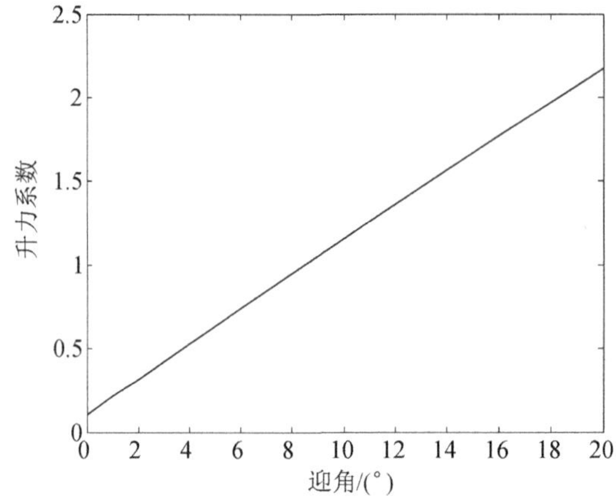

图 5　升力系数随迎角变化

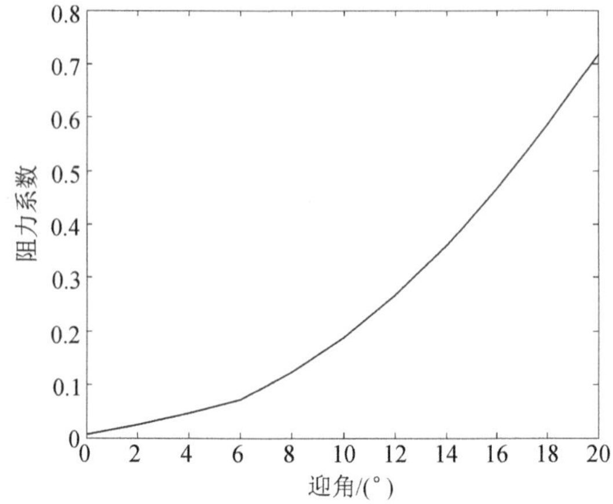

图 6　阻力系数随迎角变化

由图 7 可知，随升力系数增加，俯仰力矩系数呈逐渐减少趋势，其导数 $m_z^{c_y}<0$，说明飞机具有纵向静稳定性。同样，由图 8 可知，随侧滑角增加，飞机的横向力矩系数和航线力矩系数都呈减小趋势，曲线基本呈线性变化规律，且各自导数 $m_x^{\beta}<0$ 和 $m_y^{\beta}<0$，说明飞机具有横航向静稳定性[5]。

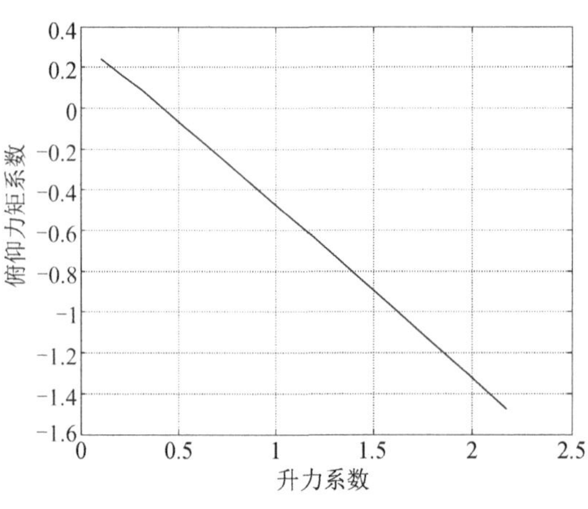

图 7　俯仰力矩随升力系数变化

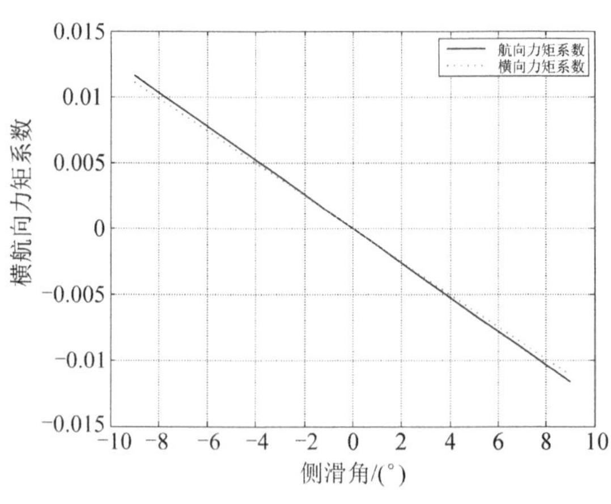

图 8　横航行力矩系数随侧滑角变化

6　结束语

根据无人机特点，考虑长航时和高度巡航的要求，设计了一种具有联接翼气动布局的大型无人机。通过计算，其升力特性、阻力特性及稳定性均满足设计要求。其结果可为联接翼布局的大型飞行器气动性能和飞行控制的科学研究提供理论支持。

参考文献

[1] WOLKOVITCH J. The joined wing: an overview journal of aircaft[J]. Journal of Aircraft,1986, 23(3): 161-178.

[2] MARY F S. Structural weight comparison of a joined wing and a conventional wing[J]. Journal of Aircraft,1982,19(6):485-490.

[3] 潘家正,吕庆风. 联结翼布局低速纵向气动特性研究[J]. 空气动力学学报, 1996,14(1):81-82.

[4] 徐华舫. 空气动力学基础[M]. 北京:北京航空学院出版社,1987.

[5] 熊海泉,刘昶,郑本武. 飞机飞行动力学[M]. 北京:航空工业出版社,1990.